中等职业教育国家规划教材（通信技术专业）
全国中等职业教育教材审定委员会审定

移动通信设备

（第3版）

彭利标　主　编

陈子聪　副主编

电子工业出版社

Publishing House of Electronics Industry

北京·BEIJING

内 容 简 介

本书内容主要包括移动通信概述（特点、分类、频段使用及工作方式）、数字蜂窝移动通信系统、数字手机的组成及工作原理、数字手机的基本维修方法、其他移动通信系统（无绳电话系统、集群移动通信系统、全球定位系统、蓝牙通信系统、个人通信网等）、移动通信的信道传输特性，最后在数字手机维修实践与训练章节中，对数字手机的各种常见设备故障和维修技巧做出了详细说明。本书旨在将学生培养成能够在通信设备的生产管理、技术服务等岗位工作的高素质劳动者。本书内容新颖，实践性强，密切结合当前移动通信设备的市场和学生的现状，注重加强对学生动手能力的培养。

本书可作为中等职业学校电子技术应用、通信技术、电子与信息技术等专业的教材和从事电子技术行业的工程技术人员的参考用书。本书还配有电子教学参考资料包，包括教学指南、电子教案及习题答案，详见前言。

未经许可，不得以任何方式复制或抄袭本书之部分或全部内容。
版权所有，侵权必究。

图书在版编目（CIP）数据

移动通信设备／彭利标主编．—3版．—北京：电子工业出版社，2014.4
中等职业教育国家规划教材．通信技术专业
ISBN 978-7-121-22770-7

Ⅰ．①移… Ⅱ．①彭… Ⅲ．①移动通信—通信设备—中等专业学校—教材 Ⅳ．①TN929.5

中国版本图书馆 CIP 数据核字（2014）第 060634 号

策划编辑：杨宏利
责任编辑：杨宏利　特约编辑：王　纲
印　　刷：北京虎彩文化传播有限公司
装　　订：北京虎彩文化传播有限公司
出版发行：电子工业出版社
　　　　　北京市海淀区万寿路 173 信箱　邮编 100036
开　　本：787×1 092　1/16　印张：15　字数：387 千字
版　　次：2002 年 7 月第 1 版
　　　　　2014 年 4 月第 3 版
印　　次：2019 年 2 月第 4 次印刷
定　　价：30.00 元

凡所购买电子工业出版社图书有缺损问题，请向购买书店调换。若书店售缺，请与本社发行部联系，联系及邮购电话：（010）88254888，88258888。
质量投诉请发邮件至 zlts@phei.com.cn，盗版侵权举报请发邮件至 dbqq@phei.com.cn。
本书咨询联系方式：（010）88254592，bain@phei.com.cn。

本教材（第 3 版）是根据教育部颁发的中等职业学校《移动通信设备》教学大纲的指导思想和具体要求编写的。

根据教学经验和通信技术的发展实际情况，为使本教材结构更合理，更具有实用性和先进性，在第 2 版的基础上又对该教材进行了修编。在第 1 章中为了便于加深理解移动通信的基本概念和便于使用移动通信设备，增加了移动通信技术的关键词和移动通信的主要业务介绍；在第 2 章中增加了移动通信的数字调制与解调技术，增加了信息处理的内容；将第 5 章其他移动通信系统中无线寻呼系统和小灵通电话系统删除，原因是目前已不再使用。为不失教材的完整性，也为了跟随移动通信技术的迅速发展，在第 5 章增补了 GPS（全球定位系统）和蓝牙通信的有关内容。为了反映新技术的应用，在第 6 章中加了一节介绍抗信道衰落技术的内容；在第 3 版中对实践性环节进行了一定的调整，将寻呼机实训内容删除，重点介绍了移动通信接收机实践与训练的具体方案、数字手机的具体维修方法以及维修仪及维修软件的使用等。每章后都附有习题，以巩固所学内容。书中加*的部分为选学内容，各学校可根据自己的实际情况灵活掌握。本教材针对当前职业教育的生源特点和培养目标，遵循因材施教的原则，主要考虑学生的基础和兴趣，突出职业的需求。注重理论与技能的有机结合，注重实训环节。其特色可以归结为：针对手机这种最常见的移动通信设备，一是列出大量主要元器件的外形并讲解其特点和检测方法；二是设计大量紧贴实际的实训，如典型手机整机拆装、手机主要元器件识别、手机电路元器件拆焊、手机电路的信号测试、手机指令秘诀的使用和手机故障检修仪的使用等；三是在实训的设计上为指导教师留下较大的空间，教师可根据本校实际情况灵活安排。这些特色能极大地调动学生的学习积极性，使教与学不再枯燥。本教材中的部分资料已在教学活动中多次使用，易学易懂，效果良好。本教材由天津理工大学中环信息学院彭利标任主编，河南信息工程学校陈子聪任副主编。参加编写的还有天津理工大学中环信息学院的王奉良和李冰玉老师。在本教材的编写过程中，参考了其他作者的资料和移动通信设备生产厂家的资料，在此一并表示感谢。由于电子信息技术发展迅速，产品更新快，加之编者水平有限，难免存在不当之处，请读者批评指正。

为了方便教师教学，本书还配有教学指南、电子教案及习题答案（电子版），请有此需要的教师登录华信教育资源网（http://www.hxedu.com.cn）下载或与电子工业出版社联系，我们将免费提供。E-mail:hxedu@phei.com.cn。

编 者

2014 年 3 月

目 录

第1章 移动通信概述 (1)
- 1.1 移动通信的发展概况 (2)
  - 1.1.1 移动通信的几个发展阶段 (2)
  - 1.1.2 我国移动通信的发展 (4)
  - 1.1.3 3G、4G 移动通信系统 (4)
  - 1.1.4 移动通信的发展趋势 (5)
- 1.2 移动通信的特点及分类 (5)
  - 1.2.1 移动通信的特点 (5)
  - 1.2.2 移动通信的分类 (7)
- 1.3 移动通信的工作方式 (7)
  - 1.3.1 单工制 (8)
  - 1.3.2 半双工制 (8)
  - 1.3.3 双工制 (9)
- 1.4 移动通信技术中的关键词 (10)
  - 1.4.1 系统与信号 (10)
  - 1.4.2 信号强度 (10)
  - 1.4.3 噪声与信噪比 (11)
  - 1.4.4 频谱 (11)
  - 1.4.5 有效性和可靠性 (11)
- 1.5 移动通信系统的频段使用 (12)
- 1.6 移动通信的主要业务 (13)
  - 1.6.1 移动通信的主要业务 (13)
  - 1.6.2 3G 移动通信的主要业务 (13)
- 习题 1 (15)

第2章 数字蜂窝移动通信系统 (17)
- 2.1 移动通信系统服务区域的组成形式 (17)
  - 2.1.1 大区制与小区制 (17)
  - 2.1.2 服务区覆盖方式 (19)
  - 2.1.3 小区的激励方式与小区分裂 (20)
  - 2.1.4 小区模型 (22)

    2.1.5 越区切换与位置管理 (24)
    2.1.6 话务量的概念与呼损率 (28)
  2.2 蜂窝移动通信系统主要组成 (30)
    2.2.1 蜂窝移动通信系统的网络结构 (31)
    2.2.2 无线信道 (34)
    2.2.3 多址接入技术 (35)
  2.3 移动通信系统的技术标准与主要参数 (38)
    2.3.1 数字蜂窝移动通信系统的技术标准 (38)
    2.3.2 GSM 数字蜂窝移动通信系统的主要技术参数 (41)
    2.3.3 码分多址通信系统的特点与主要技术参数 (42)
  2.4 移动通信的数字调制与解调技术 (43)
    2.4.1 数字调制技术的概念 (43)
    2.4.2 数字频率调制技术 (45)
    2.4.3 数字相位调制技术 (47)
  2.5 通用分组无线业务技术 (50)
    2.5.1 通用分组无线业务的功能 (50)
    2.5.2 通用分组无线业务的特征 (51)
  习题 2 (51)
第 3 章 数字手机的组成及工作原理 (54)
  3.1 GSM 型数字手机的组成及工作原理 (54)
    3.1.1 GSM 型数字手机的组成 (54)
    3.1.2 GSM 型数字手机的射频电路 (54)
    3.1.3 GSM 型数字手机的音频/逻辑电路及 I/O 接口 (58)
    3.1.4 GSM 型数字手机的电源电路 (61)
  3.2 GSM 型数字手机电路分析 (64)
    3.2.1 诺基亚 3210 型数字手机的主要技术指标 (64)
    3.2.2 射频部分电路分析 (65)
    3.2.3 逻辑/音频电路及 I/O 接口电路分析 (73)
    3.2.4 电源电路分析 (76)
  3.3 CDMA 型数字手机芯片组合与电路简介 (78)
    3.3.1 CDMA 型数字手机芯片组合与手机系统简介 (78)
    3.3.2 CDMA 型数字手机电路简介 (81)
    3.3.3 CDMA 型数字手机技术参数 (82)
  3.4 数字手机的 SIM 卡 (82)
    3.4.1 SIM 卡的内容 (83)
    3.4.2 SIM 卡的构造 (84)
  3.5 数字手机的电池 (85)
    3.5.1 数字手机电池种类和特点 (85)
    3.5.2 数字手机电池的主要指标 (86)

  3.5.3 正确使用数字手机电池 (87)
  3.5.4 辨别数字手机电池的真伪 (87)
  3.5.5 数字手机电池使用注意事项 (88)
 习题3 (88)

第4章 数字手机的基本维修方法 (90)
 4.1 数字手机维修基础 (90)
  4.1.1 数字手机故障分类 (90)
  4.1.2 数字手机维修基本名词 (92)
 4.2 数字手机的维修 (94)
  4.2.1 数字手机维修基本原则 (94)
  4.2.2 数字手机维修基本方法 (97)
  4.2.3 数字手机维修时的几种供电方式 (103)
 4.3 数字手机电路图的识图 (104)
  4.3.1 常见数字手机图纸类型 (104)
  4.3.2 读图方法 (105)
  4.3.3 数字手机电路识别方法 (106)
 4.4 数字手机维修的规律性 (108)
  4.4.1 数字手机的易损部位 (108)
  4.4.2 数字手机结构的薄弱点 (110)
 4.5 数字手机几种故障处理技巧 (112)
  4.5.1 进水数字手机的处理技巧 (112)
  4.5.2 摔过的数字手机的处理技巧 (112)
  4.5.3 线路板铜箔脱落的处理技巧 (113)
 习题4 (113)

第5章 其他移动通信系统 (116)
 5.1 无绳电话系统 (116)
  5.1.1 无绳电话机的发展 (116)
  5.1.2 无绳电话机的技术参数 (117)
  5.1.3 无绳电话机基本组成和信号流程 (118)
 5.2 集群移动通信系统 (121)
  5.2.1 集群移动通信系统的基本结构 (121)
  5.2.2 集群移动通信系统与蜂窝移动通信系统的区别 (122)
  5.2.3 无中心多信道选址移动通信系统 (123)
 5.3 全球定位系统 (123)
  5.3.1 GPS概述 (123)
  5.3.2 GPS基本组成 (124)
  5.3.3 GPS的定位原理 (126)
  5.3.4 GPS的典型应用 (127)
 5.4 蓝牙通信系统 (129)

5.4.1　蓝牙技术概述 (129)
　　　5.4.2　蓝牙的信息安全问题 (136)
　　　5.4.3　蓝牙技术应用 (137)
　5.5　移动卫星通信系统 (138)
　　　5.5.1　移动卫星通信系统的分类 (139)
　　　5.5.2　海事移动卫星通信系统 (139)
　　　5.5.3　陆地移动卫星通信系统 (140)
　　　5.5.4　低轨道移动卫星通信系统 (141)
　5.6　个人通信网 (142)
　　　5.6.1　个人通信网的组成要素 (142)
　　　5.6.2　个人通信的发展趋势 (143)
　习题5 (144)
第6章　移动通信的信道传输特性 (146)
　6.1　电波传播 (146)
　　　6.1.1　电波传播方式 (146)
　　　6.1.2　电波传播特性 (147)
　6.2　移动无线信道的特征 (150)
　　　6.2.1　信号的传输衰落 (150)
　　　6.2.2　电波传播的路径衰落预测 (151)
　6.3　噪声与干扰 (156)
　　　6.3.1　噪声 (156)
　　　6.3.2　干扰 (157)
　6.4　抗信道衰落技术 (160)
　　　6.4.1　分集接收技术 (161)
　　　6.4.2　差错控制技术 (162)
　　　6.4.3　Rake接收技术 (165)
　　　6.4.4　均衡技术 (166)
　习题6 (167)
第7章　数字手机维修实践与训练 (170)
　7.1　实训前的准备工作 (170)
　　　7.1.1　维修专用工具、仪器和实验用品 (170)
　　　7.1.2　建立良好的维修环境 (171)
　7.2　数字手机的拆装 (171)
　　　7.2.1　数字手机的拆装方法 (171)
　　　7.2.2　数字手机的拆装实例 (172)
　　　7.2.3　数字手机的拆装实训 (177)
　7.3　数字手机元器件识别与检测 (178)
　　　7.3.1　元器件识别与检测方法介绍 (178)
　　　7.3.2　元器件识别与检测实训 (194)

7.4 数字手机电路元器件拆焊 ……………………………………………………………… (197)
    7.4.1 元器件拆焊工具 …………………………………………………………………… (197)
    7.4.2 元器件拆焊实训 …………………………………………………………………… (201)
7.5 数字手机关键点的波形测试 …………………………………………………………… (202)
    7.5.1 波形测试工具 ……………………………………………………………………… (202)
    7.5.2 波形测试介绍 ……………………………………………………………………… (205)
    7.5.3 波形测试实训 ……………………………………………………………………… (208)
7.6 数字手机指令秘诀的使用 ……………………………………………………………… (209)
    7.6.1 使用方法 …………………………………………………………………………… (209)
    7.6.2 数字手机指令秘诀使用实训 ……………………………………………………… (214)
7.7 摩托罗拉维修卡的使用 ………………………………………………………………… (214)
    7.7.1 使用方法 …………………………………………………………………………… (214)
    7.7.2 使用实训 …………………………………………………………………………… (218)
7.8 数字手机免拆机软件维修仪的使用 …………………………………………………… (218)
    7.8.1 使用方法 …………………………………………………………………………… (219)
    7.8.2 使用实训 …………………………………………………………………………… (221)
7.9 数字手机多功能编程器的使用 ………………………………………………………… (222)
    7.9.1 使用方法 …………………………………………………………………………… (222)
    7.9.2 使用实训 …………………………………………………………………………… (224)
习题 7 …………………………………………………………………………………………… (225)

第1章 移动通信概述

用任何方法，以任何传输媒质将信息从一地传输到另一地，均可称为通信，即通信就是信息的传递和交换。传递信息是人类生活的重要内容之一，信息传递的手段很多，从古代的烽火、信鸽，到近代的电报、无线信号传输等，其中利用无线电进行信息传输占有极为重要的地位。人们之间的通信内容不仅指双方的语言通话，还包括数据、传真、图像、控制信号等各种信息传递业务。

自19世纪末无线电发明以来，无线通信作为一种新兴的通信技术得到了迅速发展，因为这种通信方式很适合人们在移动过程中进行通信。特别是上世纪70年代末，移动通信网建立以后，移动通信已经成为人类日常生活中不可缺少的重要组成部分。移动通信是指通信者双方至少有一方处在移动状态下（或暂时静止）而实现的通信，它是利用无线电波的辐射与传播，经过空间电磁场来传递信息的通信方式。

移动体（行人、车辆、船舶、飞机）与固定体之间，移动体与移动体之间的通信分别构成了陆地移动通信、海上移动通信和航空移动通信，图1.1为移动通信系统的组成示意图。当前世界移动通信技术已经进入了3G的全面运营阶段，移动通信已经成为通信领域中最具有活力、最具有发展前途的一种通信方式，是当今信息社会中最具个性化特征的通信手段，它的发展与普及改变了社会，改变了人类的生活方式。

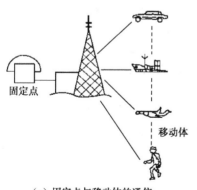
（a）固定点与移动体的通信

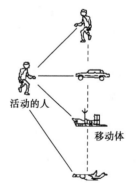
（b）移动体与移动体的通信

图1.1 移动通信系统的组成示意图

在未来，移动个人通信将会得到更加快速的发展。为让读者对移动通信有初步了解，本章首先给出与移动通信有关的一些概念，对典型的移动通信系统、移动通信的发展、应用以及主要涉及的业务范围做简要介绍。移动通信通常包括陆地蜂窝移动通信、卫星移动通信、无线寻呼、无绳电话和手持对讲机等。

1.1 移动通信的发展概况

根据信息的传输媒质不同，通信方式可分为有线通信（信息通过电缆、光缆等有线通信网络进行传输）和无线通信（信息经空间电磁波传输）。为了方便移动体之间的通信联系，只能通过无线电波来实现，即移动通信应属于无线通信的范畴。但多数移动通信网又依赖于公用交换电话网（PSTN，Public Switched Telephone Network）、公用数据网（PDN，Public Data Network）、综合业务数字网（ISDN，Integrated Service Digital Network）等有线通信网络技术。

现代移动通信技术是一门复杂的高科技新技术，不仅集中了无线通信和有线通信的最新技术成就，而且还集中了网络技术和计算机技术许多成果。它由发射系统、中继设备、接收设备等系统构成了庞大的移动通信网络设备。目前，移动通信已从模拟移动通信发展到了数字移动通信阶段，并且正朝着个人通信这一更高阶段发展。未来移动通信的目标是，能在任何时间、任何地点向任何个人提供快速可靠的通信服务。

1.1.1 移动通信的几个发展阶段

从20世纪的20年代至40年代为移动通信技术的早期发展阶段，在此期间，移动通信主要用于船舶、航空、警车等专用无线通信及军事通信。其使用频率在短波频段，其典型代表是美国底特律市警察使用的车载无线电系统。该系统工作频率为2MHz，到40年代提高到40MHz左右。

从20世纪40年代中期至60年代初，公用移动通信业务问世，为第二个发展阶段，移动通信所使用的频率开始向更高的频段发展。1946年，美国在圣路易斯城建立起世界上第一个"公用汽车电话网城市系统"。而后，德国、法国、英国等一些国家也相继组建了公用汽车电话系统，开通了汽车电话业务。在此期间，通信设备之间的通信接续工作为人工操作，而且网络结构大都属于二级结构，这时的移动通信主要使用甚高频（VHF，Very high frequency）150MHz和特高频（UHF，Ultra High Frequency）450MHz频段，东欧的一些国家采用330MHz频段，信道间隔为50kHz～120kHz，通信方式为单工方式。此阶段可用的信道数很少，因而通信网的容量也非常小。

第三个阶段是从20世纪60年代中期至70年代中期，推出了自动交换式的三级结构网。工作频率为150MHz和450MHz，信道间隔已缩小到20kHz～30kHz，信道数目大大增加，实现了无线频道自动选择，并能自动接续到公用电话网。其典型代表是美国推出的改进型移动电话系统（IMTS，Improved Mobile Telephone Service）。在这一时期，德国也推出了具有相同技术水平的B网。因此，该阶段是移动通信系统改进与完善的阶段。

第四阶段是从20世纪70年代中期至80年代，是移动通信技术蓬勃发展的阶段。进入70年代以后，经济较发达的国家对移动电话的需求量迅速增加，同时由于微电子技术和计算机技术的迅速发展，以及人们对超高频收信机、发信机、滤波技术、小型天线等设备的研制有了新的突破，加之新理论、新体制也在不断发展和完善，为模拟蜂窝移动通信系统的诞生奠定了坚实的基础。1974 年美国联邦通信委员会（FCC，Federal Communications Commission）在 800MHz 频段上为蜂窝移动通信分配了 40MHz 的带宽。同时，北欧也推出了北欧移动电话系统（NMT），在 1978 年的年底，美国贝尔实验室成功研制了高级模拟移动电话系统（AMPS），建成了蜂窝状移动通信网，大大提高了系统容量。1983 年，AMPS 首次在芝加哥投入使用，之后，服务区域在美国逐渐扩大，并且发展到太平洋的许多国家。1979 年日本推出了日本自动移动电话系统（NAMTS），而英国在 1985 年也推出了全址通信系统（TACS，Total Access Communications System）。这些系统均采用频分多址（FDMA）方式。早期的蜂窝移动通信系统主要工作在 150MHz 和 450MHz 频段上，后来为了有效利用频率资源，增加移动通信系统的信道容量，大多数移动通信系统均采用 800MHz 和 900MHz 的工作频段，信道间隔为 12.5kHz～30kHz。

第五阶段是从 20 世纪 80 年代中期开始，该阶段是数字蜂窝移动通信系统发展和成熟时期。模拟蜂窝移动通信系统自 80 年代推出以来，发展非常迅速，其中以 AMPS 和 TACS 系统为代表的模拟蜂窝网取得了很大成功。但是，模拟蜂窝移动通信系统暴露出频谱利用率低、不能提供数据服务、保密性差等弱点，其主要原因还是在于其信道容量已不能满足日益增长的移动用户的需求，所以到了 80 年代中期，欧、美、日等国家都开始开发数字蜂窝移动通信系统。

为了建立一个全欧洲统一的数字蜂窝移动通信系统，欧洲邮电主管部门会议于 1982 年成立了移动通信特别小组（GSM，Groupe Spécial Mobile），1988 年推出了欧洲移动通信系统标准，于 1992 年投入运营时分多址（TDMA）方式的 GSM 标准数字蜂窝移动通信系统。GSM 标准的工作频段最初设定在 900MHz，称为 GSM900。目前由于通信容量的需要，已将 GSM 标准推广到新的 1800MHz 频段和 1900MHz 频段，基本结构不变，分别称为 DCS1800 和 PCS1900。

由于美国的模拟蜂窝移动通信系统（AMPS）十分发达，这就要求新的数字蜂窝移动通信系统可与模拟蜂窝移动通信系统兼容，不仅能提供好的服务质量，而且能扩大系统容量，所以美国推出的数字蜂窝移动通信标准均是数字模拟兼容的双模体制。美国电信工业协会于 1989 年制定了模拟数字兼容的数字蜂窝移动通信标准 IS—54。DAMPS 是美国数字蜂窝移动通信系统（TDMA 方式）体制，它是在 AMPS 系统上发展而来的。DAMPS 系统是 AMPS 系统频谱利用率的 4.24 倍，信道数是 AMPS 的 3.75 倍。

PDC 是日本数字蜂窝移动通信系统的标准，与美国的 DAMPS 系统体制基本相同。

1993 年 7 月 16 日美国电信工业协会正式通过了美国 QUALCOMM 公司提出的世界上第一个码分多址（CDMA）方式的蜂窝移动通信标准 IS—95。1995 年 11 月 1 日，香港和记黄埔公司采用摩托罗拉公司的 CDMA 系统正式开通了全球第一个 CDMA 商用网。韩国三星电子公司于 1996 年 4 月 1 日也正式开通了 CDMA 系统。2002 年中国联通在我国大规模推广 CDMA 系统，并且很快使之得到普及。

目前，移动通信技术的发展非常迅速，从第一代模拟移动通信系统应用，到第二代数字移动通信系统的普及。而今，第三代移动通信系统已经全面运营，它主要有 WCDMA，CDMA2000，TD—SCDMA 三种移动通信的无线传输技术。第三代数字手机款式的主要特点是具有超大显示屏、触摸式键盘，具有摄像头、微机接口等。总之，第三代数字手机集通信、笔记本电脑、商务通三者的功能优势于一体。2001年10月1日，日本NTT下属的DoCoMo公司在世界同行的瞩目下正式推出全球第一个基于WCDMA标准的3G商用服务；日本KDDI公司于2002年4月1日正式推出基于CDMA 2000 1X的3G服务与DoCoMo公司竞争，使日本的3G通信被推向了一个小小的高潮。在移动互联服务基础较好的韩国，SK电信和韩国电信公司的3G商用服务也已经出炉。此外，美国Sprint PCS移动通信公司也已将自己设在全国的移动通信网络升级为以CDMA 2000 1X为标准的第三代网络。这被认为是美国无线互联网产业的一个里程碑。欧洲近期推出UMTS的第三代数字手机，这种数字手机将能使用户得到更好的互联网服务，数字手机屏幕将能接收到更好的图像。目前第三代移动通信（3G）已经步入市场，这又是移动通信进程中的重要一步，第四代移动通信已为时不远了。

1.1.2 我国移动通信的发展

我国民用移动通信起步较晚，直到1987年才采用了全址通信系统（TACS）体制900MHz频段，作为我国蜂窝移动通信系统标准。1987年年底在广州开通了第一个模拟蜂窝移动通信系统，之后其发展速度非常快。但由于模拟移动网通信存在容量小、业务类型少、信号质量不好、防盗打性能差等问题，在2001年12月31日，模拟蜂窝移动通信系统被淘汰出局，第一代移动通信设备在全国范围内停止使用。

第二代移动通信泛指数字蜂窝移动通信系统，我国目前主要采用GSM制和CDMA制，分别采用时分多址（TDMA，Time Division Multiple Access）方式和码分多址（CDMA，Code Division Multiple Access）方式。GSM系统由中国移动通信公司和中国联通公司运营，CDMA系统由中国联通公司运营。1994年广州、深圳、珠海、惠州四个城市相继引入GSM系统，至今我国GSM系统已运营近三十年。2002年中国联通公司大规模推广CDMA系统，并且很快使之普及。现在我国几乎没人都持有一部手机，除非经济特别不发达地区。

在未来的发展中，中国移动与中国联通，一个主攻GSM，一个主攻CDMA，市场竞争将依然激烈。中国移动将着重发展以GSM—GPRS—UMTS为路径的演进之路，中国联通虽仍将努力耕耘GSM网络，但其投资重心和业务重心都将转移至CDMA。由于CDMA 2000 1X在数据业务上的一定优势，所以中国联通将CDMA 2000 1X看做是今后在移动互联领域发展的首选。

2000年5月，我国提交的TD—SCDMA第三代移动通信标准被国际电信联盟正式采纳，成为第三代移动通信无线接口技术规范之一。这是我国电信历史上的第一次，也为扭转民族移动通信产业被动局面，为我国移动通信的迅速发展提供了难得机遇。目前，中国正在加紧研究、完善TD—SCDMA第三代移动通信标准，并推进其应用。

在我国范围内，移动通信已从当初固定通信的一种补充和延伸手段，发展成为一个独立承载通信功能的主要网络。

1.1.3 3G、4G 移动通信系统

自2000年开始，伴随着第三代移动通信系统（3G）的大量论述，以及2.5G产品GPRS系统的过渡，3G走上了移动通信舞台的前沿，于21世纪初期投入商用。当前，移动通信技

术的发展呈现加快趋势,当第三代移动通信系统方兴未艾之时,第四代移动通信系统(4G)的讨论已经如火如荼的展开,国际上通信技术发达的国家已着手制定 4G 的标准和产品,部分国家的标准已提交国际电信联盟(ITU,International Telecommunications Union),目前正在标准化。从技术上看,4G 系统在 3G 业务多媒体化的基础上,以无缝灵活支持高速宽带无线互联网业务为主要目标,打破蜂窝网结构,引入网络动态特性,并能做到在任何地方宽带接入互联网,实现多网融合。

1.1.4 移动通信的发展趋势

目前移动通信设备正朝着数字化、宽带化、小型化、可视化的方向发展。未来移动通信网也会向综合化、智能化、全球化、个人化的方向发展。蜂窝、无绳、寻呼和集群等各种移动通信系统将在第三代通信网中,以全球通用、系统综合为基本出发点逐步融合,力图建立一个全球性的移动综合业务数字网。借助各种高、中、低轨道卫星移动通信系统,解决全球覆盖,满足三维空间的个人移动性。移动通信网作为一种理想的智能接入网,将来必然要与固定通信网综合成全球一体网,实现人类通信的最高境界——个人通信。

1.2 移动通信的特点及分类

基于人们对移动通信设备的要求,移动通信与固定通信不同,它是通信环境比较差的一种通信方式。

1.2.1 移动通信的特点

因为移动台所处的位置和周围地理环境不断变化,使通信设备极易受外界环境因素的影响,所以移动通信具有与其他通信方式相比所独有的特点。

1. 移动通信必须利用无线电波进行信息传输

移动通信中的移动终端到基站之间必须靠电磁波,通过无线信道来传送信息,电磁波这种传播媒介允许通信中的用户在一定范围内自由活动,其位置不固定。但电磁波的传播特性受到诸多因素的影响。

在移动通信系统中,移动台不断运动,移动通信的运行环境复杂多变,随着传播距离的增加,电磁波会发生弥散损耗。城市地形起伏,高层建筑林立且形状各异,电磁波传播条件恶劣,会受到地形、地物、地貌的遮蔽而发生"阴影效应"。到达接收点的信号由直射波和各个方向的反射波叠加而成,是电波的多径传播,如图 1.2 所示。这些电磁波都是从同一天线发射出来的,但到达接收点的途径不同,而且移动台处于运动状态中,因此移动台接收的信号电平起伏不定,相位不断变化,其合成信号的强度不同,最大可相差 30dB 以上,即产生所谓的衰落现象,严重影响通信质量。因此,只有充分研究电波传播的规律,才能进行合理的系统设计。解决方法是在移动通信设备中采用自动功率控制(APC)电路。

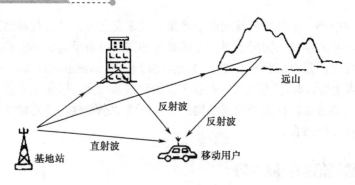

图 1.2 电波的多径传播示意图

2. 强干扰环境下工作

移动通信的信号质量不仅取决于设备本身的性能,还与外界噪声干扰有关。处于运动状态的移动台设备,外界环境变化很大,移动台很有可能进入强干扰区进行通信。处于移动台接收机附近的发射设备、汽车的点火系统、工厂的高频热合机、高频炉等电磁设备,对移动通信的信号影响也很严重。最常见的干扰有互调干扰、邻频道干扰及同频干扰等。因此,在系统设计时,应根据不同的外界环境和不同的干扰形式,采取不同的抗干扰措施。解决方法是在移动通信设备中采用各种变频电路和滤波器等技术。

3. 多普勒效应

移动台的载体运动达到一定速度时,如高速行驶的汽车、火车、超音速飞机、卫星等,接收到的信号载波频率将随着载体的运动速度而改变,产生不同的频移,通常把这种现象称为多普勒效应,它将产生随机调频,其示意图如图 1.3 所示。移动设备产生的多普勒频移为

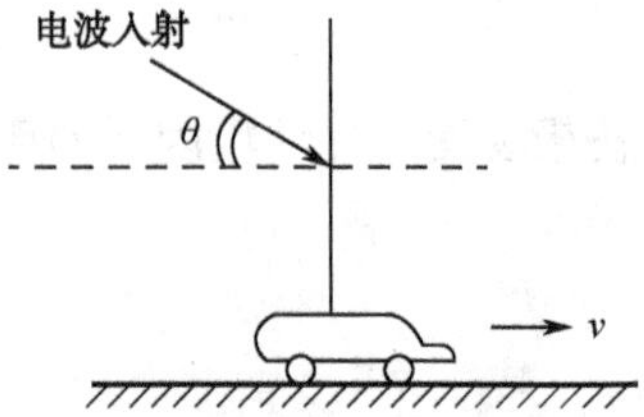

$$f_d = v/\lambda \times \cos\theta \tag{1-1}$$

式中,v 为移动台载体的运动速度,λ 为工作波长,θ 为电波入射角。此式表明,移动速度越快,入射角 θ 越小,则多普勒效应就越严重,从而使到达接收机的电波载频发生变化越明显,严重影响通信质量。因此只有采用锁相技术,才能接收到信号,所以移动通信设备都毫无例外采用了锁相技术。

图 1.3 多普勒效应示意图

【例 1-1】 在图 1.3 中,车载移动设备运动速度为 120km/s,运动方向如图中所示,通信发射机发射的信号频率为 900MHz,电波入射角为 60°,多普勒效应产生的频率偏移为多少?其接收频率变高了还是变低了?

解:因多普勒效应产生的频率偏移为

$$f_d = v/\lambda \times \cos\theta = 120 \text{m/s} \times 10^3 \times 900 \times 10^6 / (3 \times 10^8) \times 0.5 = 180\text{kHz}$$

因车载设备背向波源运动,所以产生的频偏为负值,接收频率会变低。

4. 跟踪交换技术

由于移动台经常处于运动状态,可能移动的范围很大,超出本地的服务区域,而且移动

台处在不同区域时,随时可能开、关机。因此,为了实现实时可靠的通信,移动通信必须有自己的跟踪交换技术,如位置登记、越区切换及漫游访问等跟踪交换技术。

5. 可用频谱资源非常有限,通信业务需求量与日俱增

移动通信可以利用的频谱资源非常有限,不断提高移动通信系统的通信容量,始终是移动通信技术发展中的热点。要解决这一难题,一方面要开辟和启动新的频段;另一方面要研究和发展各种新技术,采取新措施,提高频带利用率。因此,对有限频谱的合理分配和严格管理是有效利用频谱资源的前提,这是国际组织和各国频谱管理机构的重要职责。

6. 系统网络结构多种多样,网络管理和控制必须有效

移动通信网络可以根据不同通信地区的需要配置成带状(如铁路、公路等服务区)、面状(一个城市或地区服务区)或立体状(地面通信设施、低轨道卫星通信网络)等。移动通信网络既可单网运行,也可多网并行实现互连互通。为此,移动通信网络必须具备很强的管理和控制功能,如用户的登记和定位,通信链路的建立和拆除,信道的分配和管理,通信的计费、鉴权、安全和保密管理,越区切换和漫游控制等。

7. 对移动台的要求

由于移动台长期处于运动状态中,经常会遇到碰撞、灰尘、日晒、雨淋等情况,故要求移动设备应具有较强的抗冲击、防尘、防水防潮等能力,才能适应室外环境的变化,保持设备性能稳定可靠。由于移动台在基站覆盖区域内可以全方位运动,故移动台的天线在水平方向应无方向选择性。另外,为便于携带,移动台应具有体积小、重量轻、省电和操作简便等特点。

1.2.2 移动通信的分类

按使用环境不同,移动通信的形式主要有陆地移动通信、海上移动通信和航空移动通信三大主要类型,特殊的使用环境还有地下(如隧道、矿井、地铁等)、水下(如潜艇)和深空(如航天);按其服务对象,可分为军事移动通信设备、专业移动通信设备和公众移动通信设备;按交通工具来分,有汽车、坦克、火车、船舶、飞机和航天飞行器等的移动通信设备,还有个人便携移动通信设备等;按工作方式可分为单工、半双工和全双工;按组网方式及业务性质,又分为公用蜂窝移动电话系统、无线寻呼系统、集群移动通信系统、无绳电话系统、卫星移动通信系统等。

1.3 移动通信的工作方式

按通信状态和频率使用方法不同,无线通信的传输方式分为单向广播式传输和双向应答式传输。无线寻呼系统属于单向传输,而双向传输有单工、双工和半双工三种基本工作方式。

1.3.1 单工制

所谓单工制通信，是指通信的双方电台在同一时间只能有一方发送信号，而另一方接收信号的收信和发信方式。通信者双方发送信息时不接收，接收信息时不发送，通信双方电台交替进行收信和发信。平时通信双方的接收机均处于守候状态，天线接到接收机等待被呼。单工制又分为同频单工和双频单工（异频单工）两种。

同频单工制是指基站和移动台均使用相同的工作频率，如图1.4（a）所示。图中通信A、B双方的收、发信机，其工作频率均为f_1。通常通信双方的接收机均处在"守听状态"。当某方需要发话时，按下发话按钮，关掉自己的接收机，接通发射机，从而使自己的发射机工作。此时由于对方的接收机仍处在守听状态，故可实现通信。如果要听到对方的回话，必须松开发话按钮，使自己的移动设备处于接听状态，而对方要按下发话按钮进行发话。另外，通信双方的任何一方发话完毕，必须立刻松开发话按钮，否则会接收不到对方发来的信号。这种操作通常称为"按讲"工作方式。

双频单工制是指通信双方使用两个频率，例如，A方以f_1发射，B方以f_1接收；而B方以f_2发射，A方以f_2接收，如图1.4（b）所示。同样使用"按讲"方式工作，双频单工与同频单工的差异仅仅在于收发频率的异同。单工通信常用于点到点通信，例如，人们通常使用的手持对讲机就是以单工制方式工作的。

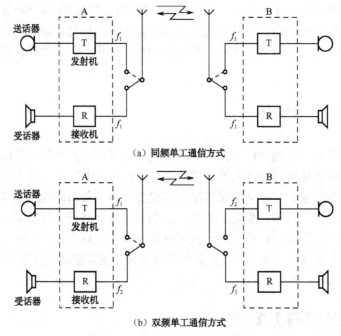

图1.4 单工通信方式示意图

1.3.2 半双工制

半双工制是指通信的双方有一方（如基站）在通信的过程中，既能发射信号，也能接收信号，以双工制方式工作，而另一方（如移动台）只能是以单工制方式工作，如图 1.5 所示。图中 A 方使用天线共用器，以双工制方式工作，收发信机交替工作，既能发话，也能收话，例如，以 f_1 发射，以 f_2 接收；而 B 方采用"按讲"方式工作，例如，以 f_1 接收，以 f_2 发射。目前的集群移动通信系统大多采用半双工制方式工作。半双工通信方式的优点是设备简单、功耗小、克服了单工通话断断续续的现象，但操作仍不太方便，所以半双工制主要用于专业移动通信系统中，如汽车调度等。

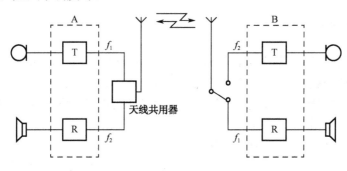

图 1.5 半双工通信方式示意图

1.3.3 双工制

双工制通信的任一方电台在发话的同时也能收听对方讲话，双方均使用天线共用器而不采用"按讲"方式工作。这当然也需要采用两个频率（一个频率对），每个频率形成一个方向的通信，如图 1.6 所示。双工制通信的特点是不管是否发话，发射机总是在工作，故电能消耗大，对以电池为电源的移动台不利。因此，在一些移动通信系统中，移动台只在工作时才打开发射机，而接收机总是工作的，通常称这种工作方式为准双工制方式。目前数字蜂窝移动电话系统采用准双工制工作方式。

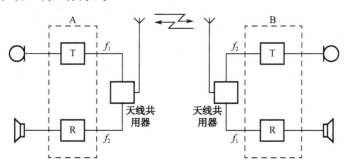

图 1.6 双工通信方式示意图

另外，在数字化通信设备中，常常采用时分双工制（TDD），其工作原理为一个时隙 T_{S1} 由 A 发 B 收，另一个时隙 T_{S2} 由 B 发 A 收；由于采用了数字技术，收、发切换速度极快，人们感觉不到在切换，因此虽然其本质是单工制，但在感觉上达到了和双工制一样的效果。

1.4 移动通信技术中的关键词

在移动通信系统中，人们经常会提到的关键词有信号、噪声、系统、频谱、信噪比、场强等。

1.4.1 系统与信号

通常认为，系统是指由若干相互关联、相互作用的事物，按一定规律组合而成的具有特定功能的整体。通信系统的任务是传输信息（语言、文字、图像、数据等），为了便于传输，先将信息按一定规律由转换设备变换成相对应的信号（扬声器将语言转换成电信号，光端机将电信号转换成光信号等）。

信号（Signal）是消息（Message）的载体，一般表现为随时间变化的某种物理量，而消息是信号的具体内容。在消息中包含一定数量的信息（Information），所以信号是信息的一种表示方法，通过信号传递信息。但信息的传送一般都不是直接的，它必须借助于一定形式的信号（电信号、光信号、电磁波信号等）才能传输和进行处理。在移动通信技术中，我们主要关心的是用做信息传输手段的电磁波信号。

电磁波信号的特性可以从时间特性（时域）和频率特性（频域）两个方面描述。在时域中，信号可表示为时间函数的数学表达式，即电磁波信号是时间 t 的函数，它具有一定的波形，有一定的时间特性，如出现时间的先后、持续时间的长短、重复周期的大小、随时间变化的快慢等。同时，信号在一定的条件下可以分解为许多不同频率的正弦分量，即信号具有一定的频率成分，表现为一定的频率特性。因此，用于无线通信的电磁波信号既是一个时间的函数，也可表示为一个频率的函数。

在无线通信中传输的语音、数据和图像的电磁波信号，其形式可以多种多样，也存在多种分类方式，如确定性信号与随机信号、连续信号与离散信号、模拟信号与数字信号、周期信号与非周期信号、能量信号与功率信号等。

模拟信号与数字信号是依据信号的幅度的属性认定的，如果一个信号的幅度在某一时间范围内能取任意值，这个信号就是模拟信号；如果一个信号的幅度仅能取得有限个值，这个信号就是数字信号。

1.4.2 信号强度

移动通信是无线通信，它是利用电磁波的辐射与传播，经过空间来传送信息的通信方式。在讨论信号的电波传播时，必须定量表示信号的强弱，因此有必要了解信号强度（Signal Intensity, SI）的概念。当信号沿着传输媒介传播时，其强度会有损耗或衰减，为了补偿这些损耗，可以在不同的地点加入一些放大器，以获得一定的增益。

信号强度最简单的表示方法是用功率来表示，工程上常用分贝（dB）来表示信号强度，即

$$SI = 10\lg(P_2/P_1) \quad (\text{dB}) \qquad (1\text{-}2)$$

式中，P_2 是信号的功率，P_1 是固定参考信号的功率，通常 P_1 取 1mW。信号的功率越大，其

信号强度就越高。

【例 1-2】某通信发射机发射的信号功率为 1W,其信号强度为多少?当发射功率增大为原来的 2 倍时,则信号强度增加了多少?

解:当信号功率为 1W 时,信号强度为

$$SI = 10\lg(P_2/P_1) = 10\lg(1W/1mW) = 30dB$$

当发射功率增大为原来的 2 倍($2P_2$)时,则信号强度为

$$SI_2 = 10\lg(2P_2/P_1) = 10[\lg2 + \lg P_2 - \lg P_1]$$
$$= 10[\lg2 + \lg(P_2/P_1)]$$
$$= 10\lg2 + 10\lg(P_2/P_1) = 10\lg P_2/P_1 + 3dB$$

即信号强度相应增加了 3dB。

1.4.3 噪声与信噪比

在通信系统中,信号不可避免地要受到噪声的干扰,噪声可分为乘性噪声和加性噪声。乘性噪声与信号密切相关,可通过选择元器件、正确设计工作点和减小信号电平等措施得到克服;而加性噪声独立于携带消息的信号,它始终干扰有用信号。在通信系统中,加性噪声分为内部噪声和外部噪声。外部噪声主要包括无线电噪声(如其他的无线电设备及收发信机等)、工业噪声(如电力线、电焊机、汽车点火等)和天电噪声(闪电、宇宙射线等);内部噪声是由组成通信系统的各部件所产生的,如热噪声、散弹噪声等。

噪声对信号的干扰程度用信号与噪声的功率比表示,即信噪比(Signal to Noise Ratio,SNR),用 S/N 或 SNR 来表示,单位为分贝(dB)。系统要求接收到的 S/N 值必须大于一定数值,这样接收端才能滤掉噪声,分辨出信号。一般来说,S/N 越高,信号质量越好。信噪比的计算公式为

$$SNR = 10\lg S/N \text{ (dB)} \tag{1-3}$$

式中,S 是信号的功率,N 表示噪声的平均功率。按照上述公式,当 $S=2N$ 时,SNR=3dB。

无线通信系统发射端的功率要受到各种因素的制约,不能任意提高发射功率,否则不仅会造成不必要的能源浪费,而且会对其他信号造成干扰。

1.4.4 频谱

实际上,一个电磁波信号是由多种频率分量叠加形成的,由傅里叶变换分析可知,电磁波信号可分解为不同频率的分量,而每一个频率分量都是正弦波。

一个信号的频谱(Frequency Spectrum)是指它所包含的频率范围。一个信号的绝对带宽是指它的频谱宽度。对于许多信号而言,其绝对带宽是无限的,但是一个信号的绝大部分能量都集中在相当窄的频带内,这个频带称为有效带宽。

1.4.5 有效性和可靠性

人们对通信系统的要求是多方面的,如信息传输的有效性、可靠性、适应性、标准性、

经济性等，其中有效性和可靠性起主导和决定性作用。有效性是通信系统传输信息速度的表征，如数字通信系统的传输速率（传码率、波形速率、码元速率等）；而可靠性是对通信系统传输信息质量上的要求，如数字通信系统的误码率、误信率、误字率、误句率等。

人们总希望通信系统传输信息既快又准确，即具有高的有效性和高的可靠性。然而有效性和可靠性是一对矛盾，在具体的通信系统的应用中，只能依据实际需要取得相对统一。例如，在满足可靠性一定的性能指标下，尽量提高传输速率；或者在维持一定有效性的前提下，尽量提高信息的传输质量。设计通信系统时，系统的可靠性和有效性应统筹兼顾。

1.5 移动通信系统的频段使用

频率作为一种资源并非取之不尽，用之不竭。在同一时间、同一场所、同一方向不能使用相同的频率，否则将形成"同频"干扰，无法进行通信。因而频率的利用必须按一定的规则有序地进行，这个规则就是国际电信联盟（ITU）召开的世界无线电管理大会上制定的国际频率分配表。国际频率分配表按照大区域和业务种类，共将全球划分为三大区域，大致如下：第一区域是欧洲、非洲、原苏联及蒙古和部分亚洲地区；第二区域是南美洲和北美洲；第三区域是亚洲和大洋洲地区。业务类型划分为固定业务、移动业务、广播业务、卫星业务及遇险呼叫等。各国可根据具体国情适当调整。

目前移动通信主要使用甚高频（VHF）的 130～300MHz 频段，以及特高频（UHF）的 450 MHz、800 MHz、900 MHz 和 1800 MHz 频段。其主要原因首先是这些频段电波的传输特性在视距范围内，一般为几十千米，而大部分车辆等移动体的日常运动半径也在这个范围内，因此这些频段适合于移动通信。其次由于天线长度决定于电波的波长，而移动台中使用最多的是四分之一波长的鞭状天线，故在这些频段，移动台的天线很短，便于携带。再者这些频段可以用较小的发射功率，获得较好的信噪比，抗干扰能力强。不同业务的移动通信系统所使用的频段如下所列。

① 无线寻呼系统。常用的频段是 130～300MHz，频率间隔为 25kHz。

② 数字蜂窝移动电话系统。我国采用 GSM 制式，其工作频率范围如下：移动台（MS）→基站（BS）之上行频率为 890～915MHz，基站（BS）→移动台（MS）下行频率为 935～960MHz，信道间隔为 200kHz。

双频 GSM 制式蜂窝移动电话系统在 1800MHz 频段使用的频率如下：上行频率为 1710～1785MHz，下行频率为 1805～1880MHz。

采用 CDMA 制式的数字蜂窝移动电话系统使用的频率如下：中国联通公司的上行频率为 825～839MHz，下行频率为 870～884MHz。

第三代蜂窝移动电话系统（IMT-2000）使用的频率为 2GHz 左右，即在 1700～2300MHz 的范围内。

③ 无绳电话系统。第一代无绳电话系统（CT1）的工作频段为 45/48MHz，信道间隔为 25kHz。第二代无绳电话系统（CT2）的工作频段为时分复用（TDM）：1900～1920MHz；频分复用（FDM）：1880～1900MHz 和 1960～1980MHz。

④ 集群移动通信系统。常使用的频段为 380MHz、450MHz 和 800MHz 左右。

⑤ 无中心多信道选址系统。我国规定该系统使用 915～917MHz 频段。

1.6 移动通信的主要业务

移动通信的业务是指移动通信系统为了满足用户的通信需求而提供的服务。随着移动通信的不断发展，移动通信的业务种类更加丰富多样，而且不同的系统其业务类型有所不同。但其基本业务包括：语音通话业务、短消息业务、语音信箱服务和传真、数据通信业务、人工查询业务、来电显示、呼叫限制等。

1.6.1 移动通信的主要业务

下面以 2G 系统为例，简单介绍移动通信的主要业务。

1．语音通话业务

语音通话业务是移动通信系统的最基本业务。系统为移动用户间或移动用户与固定用户之间提供实时的双向通话。紧急呼叫业务是提供在紧急情况下的一种简单拨号方式，接至最近紧急服务中心的特殊服务业务，如 119、120 等。

2．短消息业务

点对点短消息业务利用呼叫状态或空闲状态，由控制信道传送信息，信息量一般较小。它可分为移动台（MS）发送的短消息业务和移动台（MS）接收的短消息业务，还包括小区广播式的短消息业务，即网络在某一特定区域，以一定间隙向移动用户广播通用消息，如天气预报、会议通知、信息提示等，也是利用控制信道进行传送。

3．人工查询业务

用户可以拨打系统的免费查询电话，如中国移动的 10086、中国联通的 10010，进行查询服务，例如，话费查询、业务查询、办理或取消业务、紧急停机等。

4．语音信箱业务

语音信箱是存储声音信息的设备，按语音信息归属的用户进行存储，用户可根据需要随时提取。在其他用户呼叫某用户而不能接通时，可将声音存入此用户的语音信箱，或直接拨打该用户的语音信箱留言。

5．其他业务

其他业务有来电显示、呼叫转移、呼叫等待、呼叫限制等。因业务种类很多，这里就不一一述说了。

1.6.2 3G 移动通信的主要业务

当前我国的 3G 系统已经投入商用，3G 系统的用户数量快速增加，在此对 3G 的业务市场特点进行简单介绍。

1. 语音通信业务仍占主流，数据业务份额不断上升

尽管 3G 移动通信系统的最大特点是更高的数据通信业务能力，但目前对 3G 运营商来说，语音通信业务仍是他们的主要收入来源，但数据业务收入比重不断上升的趋势还是非常明显的。

2. 新业务层出不穷

随着 3G 网络运营经验的增加，其在业务创新方面的能力逐渐发挥出来。例如，移动 3D 音乐下载业务，该项业务已经在日韩、欧美等市场获得用户认可，业务量迅速增加，给运营商带来了直接的经济效益；移动 P2P 应用业务，通过 P2P 业务共享软件、图片、文件、视频等；流媒体业务，流媒体业务是指把连续的影像和声音信息经过压缩处理后放到网络服务器上，使移动终端可以边下载边播放；交互性，点播、直播、触发式监控；实时性，可边下载边播放；暂时性，客户端可接收、处理和回放流内容，处理和播放完随即被清除。3G 系统的视频/流媒体业务如表 1.1 所示。

表 1.1 3G 系统的视频/流媒体业务

类别	业务描述
视频通话	个人、企业沟通点对点视频、会议电话视频
	被叫关机、无人接听、忙转视频邮箱
	被叫关机、无人接听、忙的时候，主叫可通过菜单选择自录视频，可选定定时呼叫对方
	即时会议：点对点视频通话中，其中一方按特殊键+被叫号码，发起呼叫第三方加入
	通话过程中，其中一方将图表、文本的图像推送给对方
个性视频	角色替代：视频通话中，如果用户不想让对方看到自己，或者为了好玩，可以用卡通人物替代显示，并且可以有表情和动作
	个性留言：到运营商门户网站选择播放运营商提供的 Flash 短片、电影片断、图片和音乐，同时将生日留言、节日祝贺、情侣悄悄话等配音加上，并且可以选择多个片断接在一起；可以拨打特服号码视频录像，并到运营商网站选择背景图片、短片，例如生日、节日的烟花背景，用网络设备将两个视频混合；定时呼叫对方播放，或者通过邮件发送
	多媒体彩铃业务：用户可以设定自己的特色视频彩铃，作为被叫时播放给主叫听
视频点播直播	电影、电视、MTV、体育短片点播、电视直播、远程教育
远程医疗	医院大客户合作方案：开展无线远程医疗业务，设立远程医疗档案，可以在线诊断、离线录像诊断，运营商小额支付代收诊费
视频广告	商家可以根据用户的订购情况，推送免费的视频广告，如楼盘、汽车、衣食等
视频报警	个人安全综合业务：用户按紧急求助键后，网络智能服务器可以自动启动录像，并且主动呼叫（同时短消息通知）设定的求助号码，呼通后连通
视频监控	家庭、企业无线视频监控设备（视频手机的变种，分配移动号码，可以租赁给用户），用户可直接拨打接通后查看，可以定时录像，然后到相关网站查看
	交通路口监控：用户可以到运营商的网站查看某路口的交通状况

类 别	业 务 描 述
智能家居	家庭视频门铃，宠物喂养的视频，都可以和手机互通
条码识别	条码识别：用户到商场，想了解食品是否安全和厂家情况，可以直接用手机摄像头拍摄条码，网络则直接提供产品相关信息

3G 业务的花样翻新表现了运营商正在努力创造更多、更丰富的业务，以期待将更多的用户吸引至 3G 网络，而随着新的运营商不断采用 3G 网络，更多更好的 3G 新业务还会被开发出来。从全球 3G 发展的态势来看，运营商的数量和用户的数量明显增加，但由于 3G 用户的需求差异性非常大，因此并不存在"杀手级业务"，要想在 3G 市场的激烈竞争中取得成功，必须积极掌握新技术，寻找创新的商业模式，建立牢固的产业链。

习题 1

1. 填空题

（1）移动通信是指通信双方至少有_____处在移动状态下（或暂时静止）而实现的通信，它是利用_____的辐射与传播，经过空间来_____的通信方式。

（2）单工通信是指通信双方电台_____的进行收信和发信的方式；双工通信是指通信双方的任一方电台可在_____的通信方式，双方均使用天线共用器而不采用"按讲"方式工作。

（3）按使用环境，移动通信的形式主要有_____移动通信、_____移动通信和_____移动通信三大类。

（4）移动台的载体运动达到一定速度时，如高速行驶的汽车、火车、超音速飞机、卫星等，接收到的信号载波_____将随着载体的运动_____而改变，产生不同的_____，通常把这种现象称为多普勒效应。

（5）当移动台在运动中通信时，接收信号的频率会发生变化，这称为_____。由于移动而引起的接收信号的附加频移称为_____。

（6）一个信号的频谱是指它所包含的_____范围。

（7）对于许多信号而言，其绝对带宽是无限的，但是一个信号的绝大部分能量都集中在相当窄的频带内，这个频带称为_____。

（8）在无线通信系统中，噪声对信号的干扰程度用_____表示，即信噪比，用 S/N 或 SNR 来表示，单位为分贝（dB）。

（9）移动通信的业务是指_____而提供的服务。

2. 是非判断题（正确画√，错误画×）

（1）移动通信系统是指所有的通信设备组成部分，在通信过程中都是处于移动状态的。（   ）

（2）3G、4G 移动通信系统仅仅是指系统的载波频率为 3GHz、4GHz。（   ）

（3）人们总希望通信系统传输信息既快又准确，即满足有效性和可靠性，在具体应用中，完全可以同时满足这两个要求。（   ）

（4）不论是 2G、3G、4G 移动通信系统，其基本业务都包括语音通话业务、短消息业务、语音信箱服务和传真、数据通信业务、人工查询业务、来电显示、呼叫限制等。（　　）

3．选择题（将正确答案的序号填入括号内）

（1）在移动通信系统中，信道内传输的是（　　）。
　　A．电磁波信号　　　　B．光信号　　　　C．声音信号　　　　D．图像信号

（2）移动通信系统的工作频段为（　　）。
　　A．音频频段　　　　B．视频频段　　　　C．高频微波频段　　　　D．光频频段

（3）WCDMA、CDMA2000、TD-SCDMA 是（　　）的三大主流标准。
　　A．2G 系统　　　　B．3G 系统　　　　C．光纤系统　　　　D．电视广播系统

4．简答题

（1）移动通信有何特点？

（2）移动通信设备的工作方式有哪几种？它们的主要区别在哪里？

（3）现行蜂窝移动电话系统分几代？主要制式分别是什么？复用方式分别是什么？我国主要采用什么制式？分别由哪几家运营公司经营？

5．画图题

（1）查阅有关参考书，画出双工通信系统的工作示意图，并简述其工作过程。

（2）画出多普勒效应示意图，并说明什么场合接收频率变高，什么场合接收频率变低。

6．计算题

（1）在图 1.3 中，车载移动设备运动速度为 150km/s，运动方向如图中所示，通信发射机发射的信号频率为 1900MHz，电波入射角为 60°，车载接收机接收到的频率为多少？如果车载移动设备运动方向与图中相反，接收机接收到的频率又为多少？

（2）某发射机发射的信号功率为 10W，其信号强度为多少？当发射功率增大为原来的 4 倍时，则信号强度增加了多少？

第 2 章 数字蜂窝移动通信系统

数字蜂窝移动通信系统由移动台（MS）、基站（BS）、移动业务交换中心（MSC）及与市话网（Public Switch Telephone Network，PSTN）相连的中继线等组成。通过基站和移动业务交换中心，可以实现在整个服务区内任意两个移动用户之间的通信。也可以经过中继线与市话网连接，实现移动用户与市话用户之间的通信，从而构成了一个有线、无线相结合的移动通信网络。

蜂窝技术是现代移动通信网的基础，是解决频率资源限制和用户容量问题的重大突破。该技术是由美国贝尔实验室最早提出的。它巧妙地利用了频率复用技术，在有限的频谱上提供非常大的容量，却不需要在技术上做出重大的改变。

2.1 移动通信系统服务区域的组成形式

移动通信网的网络布局结构直接影响通信系统的容量、频率资源的利用率和通信质量等技术指标。根据移动通信系统服务区域覆盖方式和范围的不同，可将移动通信网范围划分为小容量的大区制和大容量的小区制。

2.1.1 大区制与小区制

早期的移动通信系统，在其覆盖区域中心设置大功率发射机，采用高架天线把信号发送到半径可达几十公里的整个区域（大区制）。

1. 大区制

大区制就是一个服务区域（如一个城市）内只有一个基站（BS），负责移动通信的联络和控制，如图 2.1 所示。这种系统致命的弱点是只能同时提供极为有限的信道给用户。大区制早已不能满足全球移动通信用户数量的爆炸式增长。例如，20 世纪 70 年代在美国开通的 IMTS（Improved Mobile Telephone Service）系统，仅能提供 12 对信道，也就是说只能允许 12 对用户同时通话，如果第 13 对用户要求通话，就会发生堵塞。

在大区制服务区中，为了扩大服务区域的范围，通常基站发射机的输出功率比较大（一般在 200W 左右），其覆盖半径大约为 30~50km。对移动台来讲，因为电池容量有限，通常移动台发射机的输出功率都较小,故移动台距基站较远时,移动台可以收到基站发来的下行信号,但基站却收不到移动台发出的上行信号。为了解决两个方向通信信号强弱不一致的问题,可以在适当地点设立若干个分集接收站(R),如图2.1中虚线所示,以保证服务区内双向通信的质量。

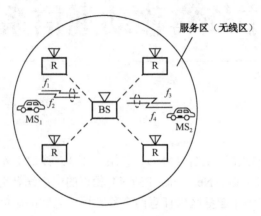

图2.1 大区制移动通信服务区示意图

在大区制中,为了避免相互间的干扰,在服务区内的所有频道(一个频道包含收、发一对频率)的频率都不能重复使用。例如,图2.1中所示的移动台 MS_1 使用了频率 f_1 和 f_2,而另一个移动台 MS_2 就不能再使用这对频率了,只能使用频率 f_3 和 f_4 进行通信,否则将产生严重的同频干扰。因而这种大区制体制的频率利用率很低,通信容量受到了限制,满足不了用户数量急剧增长的需要。换言之,大区制只能适用于业务量不大的城市,或者作为向小区制过渡的一种形式。

2. 小区制

为了提高移动通信系统容量,把整个服务区域划分为若干个小区,每个小区分别设置一个基站,负责本小区移动通信设备的联络和控制,这种制式称为小区制。在移动业务交换中心(MSC)的统一控制下,实现小区之间移动用户通信的转接,以及移动用户与市话用户的联系。小区制示意图如图 2.2 所示(图中假设为 5 个小区)。每个小区各设一个小功率基站($BS_1 \sim BS_5$),每个基站的发射功率一般为 5~10W,足以满足各无线小区移动通信的需要。如果每个小区都分配不同的频谱,那么将需要大量频谱,对于宝贵的频谱资源是一种浪费。为了提高频谱的利用率,需要将相同的频谱在相隔一定距离的小区中重复使用,只要保证使用相同频率的小区之间干扰足够小即可。例如在图2.2中,移动台 MS_1 在 1 小区使用频率对 f_1 和 f_2 通信时,在 3 小区的另一个移动台 MS_3 也可使用相同的频率对(f_1 和 f_2)进行通信。这是由于 1 小区与 3 小区相距较远,且隔着 2、4、5 小区,各基站发射功率又不大,所以使用相同频率也不会形成同频干扰。故对图2.2的情况,只需 3 对频率(3 个频道),就可与 5 个移动台通话。如果采用大区制,要与 5 个移动台通话,必须使用 5 对频率。很明显,小区制提高了频率的利用率,而且由于基站功率减小,也使它们相互间的干扰减少了。

小区制虽然提高了频率的利用率,但是在某移动台通话过程中,从一个小区转入另一个小区的概率增加了,移动台需要经常更换工作频道。无线小区的范围越小,通话过程中转换频道的次数就越多，因此也就提高了对控制交换功能的要求，从而使设备复杂化。再加上基站数量的增加，使得建网成本增高，因此无线小区的范围也不宜过小。在实际工程中，应权衡利弊，综合考虑选取无线小区的半径（小区的覆盖半径一般在 2～10km），无线小区的范围还可根据实际用户数量的多少灵活确定。

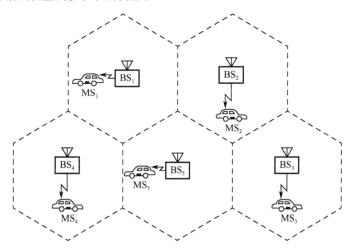

图 2.2　小区制移动通信服务区示意图

2.1.2　服务区覆盖方式

小区制移动通信系统的频率复用和覆盖方式有两种：一种是带状服务覆盖区，另一种是面状服务覆盖区。

1．带状服务覆盖区

带状网络服务区主要用于覆盖如公路、铁路、海岸等带状服务场合，为了克服同频干扰，通常采用图 2.3（a）所示的双频率组配置和图 2.3（b）所示的三频率组配置。如果基站天线采用定向辐射，则覆盖区是图 2.3（a）所示的扁圆形结构；如果采用全向天线，则覆盖区是图 2.3（b）所示的圆形结构。在带状小区中，小区呈线性排列，区群的组成和同频道小区距离的计算都比较方便。

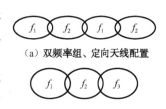

图 2.3　带状服务区示意图

2．面状服务覆盖区

陆地移动通信的大部分服务区是宽广的面状区域，要将此面状服务区域划分为多个无线小区，与无线小区的形状有关。图 2.4 示出了几种形状的小区结构，从图中可以看出，在单位无线小区覆盖半径相同的条件下，覆盖同样面积的面状服务区时，正六边形相邻小区中心间距最大，这样各小区之间频率干扰最小；单位小区的有效面积最大，整个服务区所需要的小区个数最少；各小区之间交叠区域面积和交叠距离最小，这有利于通信设备的越区频率切换。另外，在构成一个面状服务区时，为了防止同频干扰，邻接的无线小区不能使用相同的频率（或频率组）。正六边形能确保邻接小区不出现相同频率所需的最少频率数目，如图 2.4

所示。图中序号表示不同的频率组或频道组，也称信道组。可以看出，图2.4（a）最少需要6个信道组，图2.4（b）最少需要4个信道组，而图2.4（c）仅需3个信道组就可以做到整个服务区中邻接小区不使用相同频率。

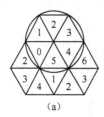
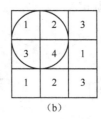
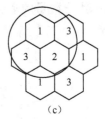

图2.4　面状小区构成的几何图形

因此，面状服务区以正六边形小区组成服务区为最好。由于服务区中各小区结构形状类似蜂窝，因此把这种小区称为蜂窝网结构。通常所讲的蜂窝移动通信就是指小区形状是正六边形的蜂窝网。现代蜂窝移动电话网，就是在理论上以正六边形小区覆盖整个服务面积为基础进行研究的。蜂窝小区的概念实质上就是频率的地域复用。蜂窝移动通信正是由于采用了频率的地域复用技术，才较好地解决了有限的频谱和不断增长的移动用户数量之间的矛盾。

整个蜂窝频谱被划分为若干个频率组，每个频率组一般有十个到数十个频率对（发射、接收频率对），每一个基站区使用一套频率组。各基站区即各蜂窝小区，使用分配给该小区的频率组来向本蜂窝区内的移动台发射信号或接收移动台信号。相邻的蜂窝小区不能使用同一频率组以避免同频干扰，但相隔一定距离的蜂窝小区可以彼此重复使用相同的频率组，其条件是相互间的同频干扰已减小到不影响信号的正常接收，这种方法称为不同地域的频率重复使用。用这种方法意味着同一频率组可以在不同地域内重复使用，使得在整个移动服务区及整个网络管理区域内，可以有许多对通信者在同一频率对上进行通信，从而大大提高了频率资源的使用效率。

2.1.3　小区的激励方式与小区分裂

区群内小区数越多，同信道小区距离就越远，抗同频干扰性能就越好。用六边形覆盖服务区时，基站发射机或安放在小区中心（中心激励），或安放在六边形六个顶点中的三个上（顶点激励）。

1. 小区激励方式

上述分析都假定基站位于小区的中心，其实根据基站在小区所设置的位置不同，目前多采用以下两种激励方式。

① 中心激励方式。基站位于无线覆盖小区的中心，采用全向天线实现全小区覆盖，如图2.5（a）所示。

② 顶点激励方式。在每个正六边形不相邻的三个顶点上设置基站，并采用定向天线实现扇形小区覆盖。常见的顶点激励方式有三种：三叶草形、120°扇面形和60°扇面形。定向天线采用120°，小区形状采用正六边形的三叶草形结构，如图2.5（b）所示；定向天线采

用 120°，小区形状采用扇形的结构，如图 2.5（c）所示；定向天线采用 60°，小区形状采用扇形的结构，如图 2.5（d）所示。

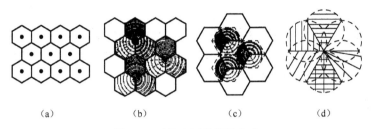

图 2.5 无线小区的激励方式

由于顶点激励方式采用的是定向天线，所以对来自定向天线之外的同频干扰信号，有一定的抑制作用，从而降低了干扰。该方式允许以较小距离进行频率复用，提高了频率利用率，对简化设备和降低成本都有好处。

2．小区分裂

在整个服务区内，每个小区的大小可以是相同的，这只能适应用户密度均匀的情况。而实际上用户的分布是不均匀的，如城市中心区的用户密度高，郊区的用户密度低。为了适应这种情况，在用户密度高的地方用面积小的小区，在用户稀疏的地方用面积大的小区。另外，随着城市建设的发展，原先人口稀疏的地方有可能会变成高密度的用户区，蜂窝移动通信系统小区内的通信业务量增多，移动用户数量增加，信道资源紧张，这就需要添加基站，将小区面积划小，这种解决通信业务量的方法叫做小区分裂，如图 2.6 所示。

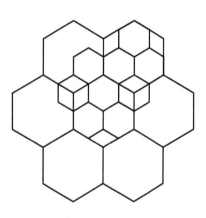

图 2.6 小区分裂示意图

蜂窝小区分裂有两种基本方法，一是针对中心激励方式的小区，在原基站上分裂，换用方向性天线将小区扇形化，分裂后变为顶点激励方式。在图 2.7（a）中，使用 120°方向性天线，将小区分为 3 个扇区。在图 2.7（b）中，使用 60°方向性天线，将小区分为 6 个扇区。二是针对顶点激励方式，将蜂窝小区半径缩小，在两个原基站连线的中心点上加设新的基站。图 2.7（c）以 120°扇面形结构为例，分裂后激励方式不变，原基站天线有效高度适当降低，发射功率减小，避免小区间的同频干扰。

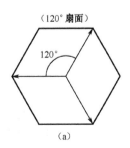 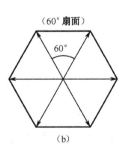

图 2.7 蜂窝小区的分裂示意图

2.1.4 小区模型

在蜂窝状移动通信网中，为了便于频率复用，提高频率资源利用率，并能保持同频信道间的距离相等且为最大，通常先由若干个邻接的无线小区构成一个无线区群，称为单位无线区群，再由若干个无线区群构成整个面状服务区。

1. 无线小区模型

为了防止同频干扰，要求每个单位无线区群中的小区不得使用相同频率，只有在不同的单位无线区群中，才可使用相同的频率。

目前常用的无线区群的模型有三种，如图 2.8 所示。图 2.8（a）为中心激励方式，每个无线小区配置 1 个频率组，这样 12 个无线小区形成一个区群共需 12 个频率组。图 2.8（b）为顶点激励方式，采用 120°定向天线扇形小区，每个基站配置 3 个频率组，若以 7 个无线小区形成一个区群，则共需 7×3=21 个频率组。图 2.8（c）也为顶点激励方式，采用 60°定向天线激励三角形小区，每个基站配置 6 个频率组，若以 4 个基站形成一个区群，则共需 4×6=24 个频率组。我国原邮电部规定，采用 7 个基站 21 个无线小区的模型，即如图 2.8（b）所示的结构。

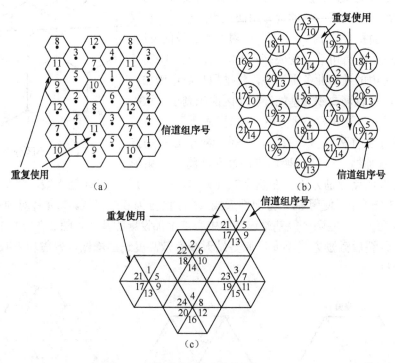

图 2.8 各种频率配置方式的小区模型

以上分析假定整个服务区的地形地貌相同，且用户均匀分布，所以无线小区大小相同，各基站开设的信道数也相同。而在一个实际的移动通信网中，其服务区内各部分用户的分布是不均匀的。例如，闹市区的用户密度高，话务量大，而郊区的用户密度低，话务量小。为了适应这种情况,小区的划分和信道数的分配就应灵活设计。例如,在闹市区,无线小区面积划小一些或分配的信道数多一些;而在郊区,小区面积划大一些或分配的信道数少一些,如图2.9所示。

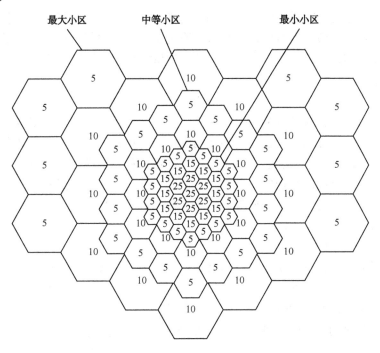

图2.9 用户分布不均匀时的区域划分

2. 直放站

在组网时,出于经费或地形、地貌等方面的考虑,会出现无线电波覆盖不到的地区,称为盲区或死区,如图2.10中阴影部分所示。为了实现整个服务区内的通信,使死区变活,消除盲区,通常在适当的地方建立直放站,以沟通盲区内的移动台与基站之间的通信。直放站实际上是一个同频放大的中继站,可实现基站与处于盲区内移动台的信号接收和转发。其增益约为80dB,覆盖距基站30~50km的地区。由于直放站具有简单、可靠、易于安装等特点,因此已得到广泛的应用。

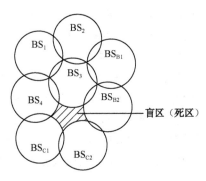

图2.10 蜂窝移动网的盲区示意图

2.1.5 越区切换与位置管理

越区切换是指当前正在进行通信的移动台与基站之间的通信链路从当前基站移动到另一个基站的过程。在移动通信系统中,用户可在系统覆盖范围内任意移动。为了能把一个呼叫传送到随机移动的用户,就必须有一个高效的位置管理系统来跟踪用户的位置信息变化。

1. 越区切换

越区切换通常发生在移动台从一个基站覆盖的小区进入另一个基站覆盖的小区时,为了保持通信的连续性,将移动台与当前基站之间的链路转移到移动台与新基站之间的链路。还有一种情况是某小区业务信道容量几乎全被占用,这时移动台被切换到业务信道比较闲的相邻小区。在移动台进行越区切换的过程中,人们所关心的主要性能指标包括:越区切换的失败率、因越区失败而使通信中断的概率、越区切换的速率、越区切换引起的通话中断时间间隔以及越区切换发生的时延等。

(1) 越区切换的原则

在决定何时需要进行越区切换时,通常根据移动台处接收的平均信号强度来确定,也可以根据移动台处的信噪比、误帧率等参数来决定。

假设移动台从基站甲移动到基站乙,其信号强度的变化如图 2.11 所示。决定何时要进行越区切换的准则如下。

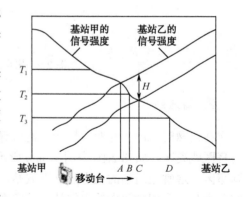

图 2.11 越区切换示意图

准则 1:相对信号强度准则。在任何时间都选具有最强接收信号,如图 2.11 中所示的 A 点将要发生越区切换。准则 1 的缺点是在原基站的信号强度仍满足要求的情况下,会引起太多不必要的越区切换,非常容易导致移动台在两个基站之间来回切换,这就是所谓的乒乓效应。

准则 2:带阈值的相对信号强度准则。当前基站信号足够弱,以至低于预设阈值,而另一个基站比当前基站信号强度高的情况下,才进行切换。图 2.11 中,在阈值为 T_2 时,将在 B 点发生切换。使用这个准则时,只要当前基站信号足够强,就不需要进行切换。该准则中的阈值选择很重要,如果阈值设定得太高,则和准则 1 没有区别。

准则 3:滞后的相对信号强度准则。只有新基站与当前基站相比信号强得多,有一个滞后的差值 H,才发生越区切换,如图 2.11 中的 C 点。这种越区切换模式阻止了乒乓效应。因为一旦发生越区切换,差值 H 就起反作用。可以认为在该准则下,越区切换机制有两个状态:尽管移动台分配给基站甲,但当基站乙相对基站甲的信号强度达到或超过 H 时,该机制就会发生一次越区切换;一旦移动台被分配给基站乙,它将一直保持到相对信号强度低于 H,移动台才会在该点返回基站甲。准则 3 的唯一缺点是如果基站甲仍有足够的信号强度,则第一次切换是没必要的。

准则 4:带阈值和滞后的相对信号强度准则。只有当前基站的信号强度低于规定的阈值,新基站的信号强度比当前基站高一个滞后差值 H 时才发生越区切换,如图 2.11 中的 D 点所示。

(2) 越区切换的分类

根据移动台与原基站以及目标基站连接方式的不同,可以将越区切换分为硬切换和软切换两大类。

硬切换(Hard Handoff,HHO)是指在新的通信链路建立之前,先中断旧的通信链路的切换方式,即先断后通。

软切换(Soft Handoff,SHO)是指需要进行越区切换时,移动台先与目标基站建立通信链路,再切断与原基站之间的通信链路的切换方式,即先通后断。软切换只有在使用相同频率的小区之间才能进行,因此在模拟系统和 TDMA 系统中均不具备进行软切换的条件。

(3) 越区切换的控制策略

越区切换控制包括两个方面:一方面是越区切换的参数控制,另一方面是越区切换的过程控制。在移动通信系统中,过程控制的方式主要有以下三种。

① 移动台控制的越区切换。在该方式下,移动台连续监测当前基站和几个越区时的候选基站的信号强度和质量。在满足某种越区切换准则后,移动台选择具有可用业务信道的最佳候选基站,并发送越区请求。

② 网络控制的越区切换。在该方式下,基站监测来自移动台的信号强度和质量,在信号低于某个门限值后,网络开始安排向另一个基站的越区切换。网络要求移动台周围的所有基站都监测该移动台的信号,并把测量结果报告给网络。网络从这些基站中选择一个基站作为越区切换的新基站。

③ 移动台辅助的越区切换。在该方式下,网络要求移动台测量其周围基站的信号质量,并把结果告诉给当前基站。网络根据测试结果决定何时进行越区切换以及切换到哪一个基站。

在现有的系统中,PACS 和 DECT 系统采用了移动台控制的越区切换,IS-95 和 GSM 系统采用了移动台辅助的越区切换。

(4) 越区切换时的信道分配

越区切换时的信道分配,解决当呼叫要转到新小区时,新小区如何分配信道这一问题。要使得越区失败的概率尽量小,常用的做法是每个小区预留部分信道专门用于越区切换。这种做法的缺点是:由于新呼叫使可用信道数减少,有可能增加呼损率。但这样做减少了通话被中断的概率,从而符合人的使用习惯。

2. 位置管理

在现有的第二代数字移动通信系统中,位置管理采用两层数据库,即原籍(归属)位置寄存器(HLR)和访问位置寄存器(VLR)。通常一个公用陆地移动通信网(Public Land Mobile Nerwork,PLMN)由一个 HLR(它存储着其网络内注册的所有用户的信息,包括用户预定的业务、记账信息、位置信息等)和若干个 VLR(一个位置区由一定数量的蜂窝小区组成,VLR 管理该网络中若干位置区内的移动用户)组成。

(1) 位置管理的任务

位置管理包括两个主要任务,即位置登记(Location Registration)和呼叫传递(Call Delivery)。位置登记的步骤是在移动台的实时位置信息已知的情况下,更新位置数据库(HLR 和 VLR)和认证移动台。呼叫传递的步骤是在有呼叫给移动台的情况下,根据 HLR 和 VLR

中可用的位置信息来定位移动台。

与上述两个问题紧密相关的另外两个问题是：位置更新（Location Update）和寻呼（Paging）。位置更新解决的问题是移动台如何发现位置变化及何时报告它的当前位置。寻呼解决的是如何有效地确定移动台当前处于哪一个小区。

位置管理涉及网络处理能力和网络通信能力。网络处理能力涉及数据库的大小、查询的频度和响应速度等，网络通信能力涉及传输位置更新、查询信息所增加的业务量和时延等。位置管理所追求的目标就是尽可能小的处理能力和附加的业务量，从而最快地确定用户的位置，以求容纳尽可能多的用户。

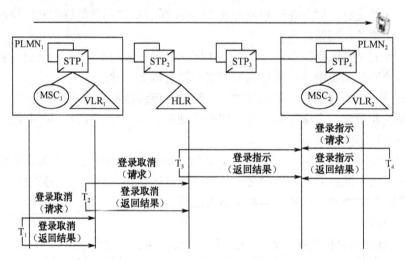

图 2.12　移动台位置登记过程

在现有的移动通信系统中，将覆盖区域分为若干个登记区（Registration Area，RA），在 GSM 系统中，登记区称为位置区（Location Area，LA）。当一个移动终端（MT）进入一个新的 RA 时，位置登记过程分为三个步骤：在管理新 RA 的新 VLR 中登记 MT（T_1），修改 HLR 中记录服务区该 MT 的新 VLR 的 ID（T_2），在旧的 VLR 和 MSC 中注销 MT（T_3、T_4）。其过程如图 2.12 所示。当移动终端（MT）从 $PLMN_1$ 移动到 $PLMN_2$ 时，移动台向 $PLMN_2$ 的 MSC_2 发出登记请求，MSC_2 将在 VLR_2 中登记 MT（T_1），并将登记指示返回给 MT；随后 MSC_2 修改 HLR 中记录服务区该 MT 的新 VLR 的 ID（T_2），并将结果返回；之后，将 VLR_1 和 MSC_1 中关于 MT 的信息注销（T_3、T_4）。

呼叫传递过程主要分为两步：确定被呼叫 MT 服务的 VLR 及确定被呼叫移动台正在访问哪个小区，呼叫传递过程如图 2.13 所示。由图 2.13 可见，确定被呼叫 VLR 和数据库查询过程如下。

① 主叫 MT 通过基站，向其 MSC 发出呼叫初始化信号。

② MSC 通过地址翻译过程，确定被呼叫 MT 的 HLR 地址，并向该 HLR 发送位置请求消息。

③ HLR 确定出为被叫 MT 服务的 VLR，并向该 VLR 发送路由消息；该 VLR 将该消息中转给为被叫 MT 服务的 MSC。

④ 被叫 MSC 给被叫的 MT 分配一个称为临时本地号码（Temporary Local Directory

Number，TLDN）的临时标识，并向 HLR 发送一个含有 TLDN 的应答消息。

⑤ HLR 将上述消息中转给为主叫 MT 服务的 MSC。

⑥ 主叫 MSC 根据上述信息便可通过 SS7 网络向被叫 MSC 请求建立呼叫连接。

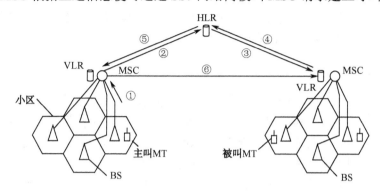

图 2.13　呼叫传递过程

上述步骤允许网络建立从主叫 MSC 到被叫 MSC 的连接。但是由于每个 MSC 与一个 RA 相联系，而每个 RA 又有多个蜂窝小区，这就需要通过寻呼的方法，确定被叫 MT 在哪一个蜂窝小区中。

（2）位置更新和寻呼

在移动通信系统中，将系统覆盖范围分为若干个登记区（RA）。当用户进入一个新的登记区时，它将进行位置更新。当有呼叫到达该用户时，将在该 RA 内进行寻呼，以确定移动用户在哪一个小区范围内。位置更新和寻呼信息都是在无线接口中的控制信道上传输的，因此必须尽量减少这方面的开销。在实际系统中，位置登记区越大，位置更新的频率就越低，但每次呼叫寻呼的基站数目就越多。在极限情况下，如果移动台每进入一个小区就送一次位置更新信息，则用户位置更新的开销将会非常大，但寻呼的开销很小；反之，如果移动台从不进行位置更新，这时如果有呼叫到达，就需要在全网络范围内进行寻呼，寻呼的开销非常大。

由于移动台的移动性和呼叫到达情况是千差万别的，因而一个 RA 很难对所有用户都是最佳的。理想的位置更新和寻呼机制应该能够基于每一个用户的情况进行调整。这就需要动态的位置更新策略，动态位置更新策略主要有以下三种。

① 基于时间的位置更新策略。每个用户每隔 ΔT 秒周期性地更新其位置。ΔT 可由系统根据呼叫到达间隔的概率分布动态确定。

② 基于运动的位置更新策略。在移动台跨越一定数量的小区边界（运动门限）以后，移动台就进行一次位置更新。

③ 基于距离的位置更新策略。当移动台离开上次位置更新后所在小区的距离超过一定的值（距离门限）时，移动台进行一次位置更新。最佳距离门限的确定取决于各个移动台的运动方式和呼叫到达参数。

基于距离的位置更新策略具有最好的性能，但实现它的开销最大。它要求移动台能有不同小区之间的距离信息，网络必须能够以高效的方式提供这样的信息。而对于基于时间和运动的位置更新策略，实现起来比较简单，移动台仅需要一个定时器或者运动计数器就可以跟踪时间和运动情况。

2.1.6 话务量的概念与呼损率

移动通信的频率资源十分紧张,不可能为每一个移动台预留一个信道,只能为每个基站预留一组信道,供该基站所覆盖的小区内所有移动台共用。

1. 话务量的概念

在多信道共用的情况下,一个基站若有 n 个信道为小区的全部移动用户所共有,当其中 k($k<n$)个信道被占用后,其他用户可以按照呼叫的先后顺序来占用剩下的($n-k$)个信道,但是基站最多可保障 n 对用户同时进行通话,如果再有新的呼叫用户便不能接入。这种情况发生的概率有多大呢?这就需要了解话务量和呼损率的概念。

在话音通信中,业务量的大小用话务量来度量,话务量分为流入话务量和完成话务量。流入话务量的大小取决于单位时间(小时)内平均发生的呼叫次数 λ 和平均每次呼叫持续时间 h。因此流入话务量 A 为

$$A = \lambda \cdot h \tag{2-1}$$

式中,λ 的单位为次/小时;h 的单位是小时/次;话务量 A 的单位定义为 Erlang(爱尔兰),简写为 Erl。由式(2-1)可以看出,流入话务量 A 是平均一小时内所有呼叫需要占用信道的总小时数。如果从一对信道的角度去看,1Erl 就代表了每小时内用户要求通话的时间为一小时,这也是一个信道能达到的最大呼叫话务量,由于用户的呼叫是随机的,不可能不间断地连续利用信道,也就是说信道的利用率为 100%是不可能发生的情况。

【例 2-1】 某通信网中平均每小时有 225 次呼叫,平均每次呼叫的通话时间为 2 分钟,计算该通信网的流入话务量。

解:平均每次呼叫时间 $h = 2$(分钟/次)$= 2 \times \dfrac{1}{60}$(小时/次)$= \dfrac{1}{30}$(小时/次),平均每小时呼叫次数 $\lambda = 225$,所以该通信网的流入话务量 $A = 225 \times \dfrac{1}{30} = 7.5$(Erl)。

2. 呼损率

在信道共用的情况下,通信网无法保证每个用户的所有呼叫都能成功,必然会有少量的用户通话失败。若已知全网用户在单位时间内平均呼叫次数为 λ,而呼叫成功的次数为 λ_0($\lambda_0 < \lambda$),则完成话务量为

$$A_0 = \lambda_0 \cdot h \tag{2-2}$$

流入话务量与完成话务量之差,即为损失的话务量,损失话务量占流入话务量的比例称为呼损率,记为 P,即呼损率为

$$B = \frac{A - A_0}{A} = \frac{\lambda - \lambda_0}{\lambda} \tag{2-3}$$

呼损率越小,成功呼叫的概率就越高,用户的满意度就越高。因此呼损率 B 被称为通信网中的服务等级。例如,某通信网的服务等级为 $B=0.001$,表示在全部呼叫中有 1‰的概率未接通。对于一个通信网来说,要想使呼损率降低,只有让流入话务量 A 减少,也就是少容纳

一些用户，但这又是建设通信网所不希望的。所以呼损率和流入话务量是一对矛盾，在设计通信网时要综合考虑，寻找一个最佳的平衡点。

实际的通信网络中往往有很多信道，人们关心的不是某一个信道的完成话务量，而是全网的完成话务量。设一个通信网总的信道数量为 n，在观察时间 T（小时）内有 i（$i<n$）个信道同时被占用的时间为 t_i（$t_i<T$），可以算出实际通话时间为

$$\sum_{i=1}^{n} i \cdot t_i = 1 \cdot t_1 + 2 \cdot t_2 + 3 \cdot t_3 + \cdots + n \cdot t_n = G \cdot h \tag{2-4}$$

式中，G 为全网的通话次数，h 为全网平均每次通话时间。单位时间内全网的完成话务量为

$$A_0 = \frac{1}{T} G \cdot h = \frac{1}{T}\sum_{i=1}^{n} i \cdot t_i = \sum_{i=1}^{n} i \frac{t_i}{T} \tag{2-5}$$

当观察的时间足够长时，t_i/T 就表示总信道中，有 i 个信道被同时占用的概率，用 P_i 表示，则式（2-5）可以改写为

$$A_0 = \sum_{i=1}^{n} i \cdot P_i \tag{2-6}$$

【例 2-2】 设某通信网中的信道数 $n=10$，经上午 9 时至 11 时两个小时的观察，统计出 i 个信道同时被占用的时间（小时数）如表 2.1 所示，计算该通信网的完成话务总量。

表 2.1 某系统信道同时被占用时间统计

i	1	2	3	4	5	6	7	8	9	10
t_i	0.2	0.3	0.4	0.5	0.4	0.3	0.2	0.1	0.1	0.1

解：利用公式（2-5）可得全网的完成话务量 A_0 为

$$A_0 = \frac{1}{2}(1\times0.2+2\times0.3+3\times0.4+4\times0.5+5\times0.4+6\times0.3+7\times0.2+8\times0.1+9\times0.1+10\times0.1)$$
$$=5.95 \text{（Erl）}$$

这个结果说明，在总共 10 个信道中，在 2 个小时的观察时间内，平均每小时有 5.95 个信道同时被占用，每个信道每小时被占用的时间为 5.95/10=0.595 个小时。因为一个信道最大可容纳的话务量为 1 爱尔兰，因此它的平均信道利用率为 59.5%。

对于多信道共用的移动通信网，如果满足每次呼叫相互独立，在时间上都有相同的概率，且每个用户选用无线信道是任意的，则其呼损率为

$$B = \frac{A^n/n!}{\sum_{i=1}^{n} A^i/i!} \tag{2-7}$$

式（2-7）为电话工程中的第一爱尔兰公式，三个参数 B、A 和 n 给定任意两个，都可以算出第三个参数。在工程中，可根据表 2.2 所示的爱尔兰呼损表来确定各个参数，呼损率不同，信道利用率也不同，信道利用率 η 用每小时每信道完成话务量来计算，即

$$\eta = \frac{A_0}{n} = \frac{A(1-B)}{n} \tag{2-8}$$

由表 2.2 可以看出，在给定呼损率 B 的条件下，随着信道数 n 的增大，完成话务量 A 不断增长，当 $n<3$ 时，A 随 n 的增长接近指数规律；当 $n>6$ 时，则接近线性关系。

显然，在一天的 24 小时中，每个小时的话务量不可能相同。话务量是指用户一天中最忙的那几个小时平均话务量的统计平均值，用 A_B 来表示。忙时话务量与全天话务量之比称为集

中系数，用 k 表示（k 一般为 10%～15%），它代表了忙时话务量占全天话务量的比例。

表 2.2 爱尔兰呼损表

B	1%	2%	3%	5%	10%	20%	40%
n	A	A	A	A	A	A	A
1	0.01010	0.02041	0.03093	0.05263	0.11111	0.25000	0.66667
2	0.15259	0.22347	0.28155	0.38132	0.59543	1.0000	2.0000
3	0.45549	0.60221	0.71513	0.89940	1.2708	1.9299	3.4798
4	0.86942	1.0923	1.2589	1.5246	2.0454	2.9452	5.0210
5	1.3608	1.6571	1.8752	2.2185	2.8811	4.0104	6.5955
6	1.9090	2.2759	2.5431	2.9603	3.7584	5.1086	8.1907
7	2.5009	2.9354	3.2497	3.7378	4.6662	6.2302	9.7998
8	3.1276	3.6271	3.9865	4.5430	5.5971	7.3692	11.419
9	3.7825	4.3447	4.7479	5.3702	6.5464	8.5217	13.045
10	4.4612	5.0840	5.5294	6.2157	7.5106	9.6850	14.677
11	5.1599	5.8415	6.3280	7.0764	8.4871	10.875	16.314
12	5.8760	6.6147	7.1410	7.9501	9.4740	12.036	17.954
13	6.6072	7.4015	7.9667	8.8349	10.470	13.222	19.598
14	7.3517	8.2003	8.8035	9.7295	11.473	14.413	21.243
15	8.1080	9.0096	9.6500	10.633	12.484	15.608	22.891
16	8.8750	9.8284	10.505	11.544	13.500	16.807	24.541
17	9.6516	10.656	11.368	12.461	14.522	18.010	26.192
18	10.437	11.491	12.238	13.385	15.548	19.216	27.844
19	11.230	12.333	13.115	14.315	16.579	20.424	29.498
20	12.031	13.182	13.997	15.249	17.613	21.635	31.152
21	12.838	14.036	14.885	16.189	18.651	22.848	32.808
22	13.651	14.896	15.778	17.132	19.692	24.064	34.464
23	14.470	15.761	16.675	18.080	20.737	25.281	36.121
24	15.295	16.631	17.577	19.031	21.784	26.499	37.779
25	16.125	17.505	18.483	19.985	22.833	27.720	39.437

2.2 蜂窝移动通信系统主要组成

一个移动通信系统主要包括发送设备、接收设备和管理系统，只有组成通信网络才能方便地进行通信服务业务。通信网可分为固定有线网和移动网络，信道可分为有线信道和无线信道，多址技术是通信技术的关键。

2.2.1 蜂窝移动通信系统的网络结构

1. 本地网结构

我国的数字蜂窝移动通信系统本地网一般采用三级网络结构。一个移动业务交换中心（MSC）控制许多基站（BS），每个基站负责本小区内众多移动台（MS）的通信和控制，图 2.14 为数字蜂窝移动通信系统本地网组成示意图。移动台和基站都设有收发信机、控制单元和天线等设备。每个基站都有一个可靠通信的服务范围，称为无线小区。无线小区的大小和范围，主要由发射功率、基站天线的高度和天线的方向性决定。移动业务交换中心的主要功能是信息的交换和整个系统的集中控制管理，通过与其他通信网互连互通，实现不同用户之间的通信业务，例如，通过中继线与公用交换电话网，也就是市话网（PSTN）连接进行有线用户和无线用户的通信联络，也可与长途网连接进行通信等。

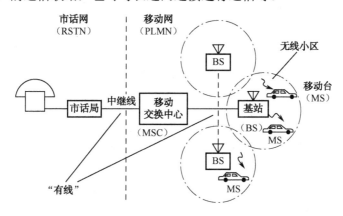

图 2.14　数字蜂窝移动通信系统本地网组成示意图

2. 区域联网结构

所谓区域联网，是指在某几个关系比较密切的移动电话局之间，建立信令和通话专线，形成一个"区域"。区域内的通信仍要通过原来的本地网。如图 2.15 所示为我国 900 MHz 蜂窝移动电话区域联网的网络结构。

由图 2.15 可见，整个联网区域分成若干个移动交换区，每个移动交换区一般设立一个移动电话交换局。在联网区域内，根据需要，规定一个或若干个移动电话局作为移动汇接局，以疏通该区域内其他移动电话局的来话及转话业务。在各移动电话（汇接）局之间设置专用通话线路，以利于自动漫游和越局切换。各移动电话交换局之间的通话线路可根据需要采用专设或通过长途网来实现。

3. 蜂窝移动通信交换局的组成

数字蜂窝移动通信交换局由移动业务交换中心（MSC）、归属用户位置登记器数据库（HLR）、访问者位置登记器数据库（VLR）、设备身份登记器数据库（EIR）、认证中心数据库（AUC）、操作维护中心（OMC）和接口部分等组成，如图2.16所示。

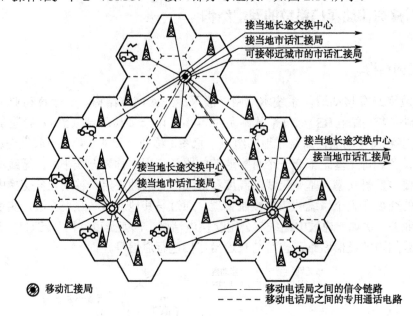

图2.15　900MHz蜂窝移动电话区域联网的网络结构

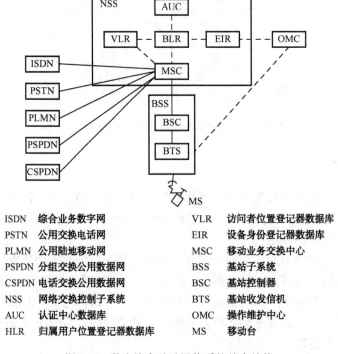

ISDN	综合业务数字网	VLR	访问者位置登记器数据库
PSTN	公用交换电话网	EIR	设备身份登记器数据库
PLMN	公用陆地移动网	MSC	移动业务交换中心
PSPDN	分组交换公用数据网	BSS	基站子系统
CSPDN	电话交换公用数据网	BSC	基站控制器
NSS	网络交换控制子系统	BTS	基站收发信机
AUC	认证中心数据库	OMC	操作维护中心
HLR	归属用户位置登记器数据库	MS	移动台

图2.16　数字蜂窝移动通信系统基本结构

（1）移动业务交换中心

移动业务交换中心（MSC）是移动通信网的核心部分，主要用来处理信息交换和整个系统的集中控制管理，为移动台（MS）即数字手机用户和公用交换电话网（PSTN）、公用数据网（PDN）以及综合业务数字网（ISDN）的用户提供呼叫的交换功能。移动业务交换中心处理用户呼叫所需的数据来自三个数据库：一是归属位置登记器数据库（HLR），二是访问者位置登记器数据库（VLR），三是认证中心数据库（AUC）。移动业务交换中心根据移动电话用户所在的当前位置及状态信息，不断地刷新数据库。

（2）归属用户位置登记器数据库

归属用户位置登记器数据库（HLR）用以存放该移动中心所辖区内的移动电话用户有关文档，包括移动电话用户所有的静态数据和动态数据。HLR 向移动业务交换中心（MSC）提供服务区域的动态信息，即有关移动台当前确切位置的动态数据，以便使该呼叫信息能及时传送到被呼叫移动电话用户。当一个移动用户购机，首次使用 SIM 卡加入蜂窝系统时，必须通过 MSC 在该地的 HLR 中登记注册，把其有关参数存放在 HLR 中。当呼叫一个不知处于哪一地区的用户时，均可由 HLR 中该用户的原籍参数获知它处于哪个地区，进而建立起通信链路。

（3）访问者位置登记器数据库

访问者位置登记器数据库（VLR）是一个用于存储访问者信息的数据库。一个 VLR 通常为一个 MSC 控制区服务，也可以为几个相邻的 MSC 控制区服务。移动台（MS）的不断移动，导致了其位置信息的不断变化，这种变化的位置信息在 VLR 中进行登记。访问者位置登记器数据库中存储所有进入移动业务交换中心所覆盖区域的移动电话用户信息，由移动业务交换中心建立输入和输出呼叫。访问者位置登记器数据库是一个动态的用户数据库，它与归属用户位置登记器数据库不断地交换信息。存储在访问者位置登记器数据库中的用户数据，将跟随用户进入其他移动业务交换服务中心的 VLR 中。

（4）认证中心数据库

认证中心数据库（AUC）即鉴权中心，在 AUC 中存储的信息，用来保护经过空中接口的通信。它不仅认证用户，而且鉴别欺骗，同时还对传输信息进行加密。各种认证资料都存储在认证中心数据库中，以防止未授权者窃取。

（5）设备身份登记器

设备身份登记器（EIR），主要完成对移动台的识别、监视、锁闭等功能。用户移动台的国际移动设备身份码（IMEI）存储在设备身份登记器中，用以检验及认证用户移动台的身份，防止未授权的设备，如偷盗的数字手机入网。目前，我国营业部门还没有对数字手机的 IMEI 实行鉴别。

（6）操作维护中心

操作维护中心（OMC）负责所有移动通信网络部件的操作运行及维护，也负责无线网络的运行及维护。所有移动通信网络部件都与操作维护中心相连接。

（7）接口

接口部分包括移动业务交换中心与基站系统之间的接口、移动业务交换中心与归属用户位置登记器数据库（HLR）之间的接口、HLR 与访问者位置登记器数据库（VLR）之间的接口，同时还包括不同移动业务交换中心之间的接口，以及移动业务交换中心与 PDN、PSTN、ISDN 间的接口等。

4．基站子系统（BSS）

基站是移动业务交换中心（MSC）和移动台联系的桥梁，是连接通信网络固定部分和无线部分的接口,通过空中无线接口,可同时与多个移动电话用户保持通信联系。基站子系统通常可分为基站控制器(BSC)和基站收发信机(BTS),前者实现基站系统的控制功能,后者提供信息的传输。基站主要是为移动台提供一个双向的无线信道。

(1)基站控制器

基站控制器是基站的智能控制部分,负责本基站的收发信机的运行、呼叫管理、信道分配、呼叫接续等。一个基站控制器可以控制管理最多 256 个基站收发信机。数十个基站收发信机和一个基站控制器可以组成一个基站,每个基站为一定覆盖范围内的移动台提供通信网络服务,形成一个蜂窝小区。

(2)基站收发信机

基站收发信机完全由基站控制器控制,一个基站一般由数十部小功率的收发信机组成。每一部收发信机都占用着一对双工收发信道,这些收发信道或为业务(话音)信道,或为控制信道。基站所拥有的收发信机的数量相当于有线电话的"门"数。显然,基站覆盖区拥有的收发信机多,移动用户呼叫"抢线"就容易。

2.2.2 无线信道

信道是通信网络传递信息的通道。在基站中,每条无线信道对应一个信道单元,其主要设备是收发信机和控制单元(CU)。

1. 无线信道结构

无线信道结构如图 2.17 所示,它是移动台与基站的通信链路。收发信机均工作在预先选好的频率上。其中移动台(MS)只有一部收发信机,工作频率可变。通常移动台每次开机时,先自动调谐到一条控制信道上;当通话时,根据移动业务交换中心发出的指定信道命令,移动台自动地变频,切换到指定的空闲话音信道上去。

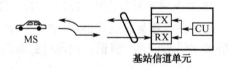

图 2.17 无线信道结构

(1)话音信道

话音信道(VC)主要用于传送话音信号。每个无线小区有若干条话音信道,它的占用和空闲受移动业务交换中心(MSC)控制和管理。当一条话音信道被占用时,基站的该信道发射机打开;而当其空闲时,该信道的发射机关闭。这些动作全是根据移动业务交换中心的命令来完成的。话音信道除了传送话音信号外,有时还传送监测音、信号音和数据等。

(2)控制信道

控制信道(CC)主要用于移动台的寻呼和接入。通常在一个无线小区中,只有一条控制信道。所以一个"中心激励"的基站需要配备一套控制信道单元,而一个"顶点激励"的基站则应配备多套控制信道单元。若采用 21 个无线小区模型的区群结构,则单位区群内将有 21 条控制信道。平时只要移动台开机,就停靠在一个信号音最强的控制信道上。当移动台主呼时，在控制信道上发出主呼信号，通过基站向移动业务交换中心发出入网信息，故控制信道又称接入控制信道。当移动用户被呼时，移动业务交换中心通过基站在控制信道上发出呼叫移动台信号，所以控制信道又被称为寻呼控制信道。在控制信道中，还传送其他大量数据，如指定话音信道、重试等。

2. 移动用户的激活和分离

在数字蜂窝移动通信系统中，每个移动用户有自己的智能卡（用户卡），即 SIM 卡，在 SIM 卡中存有一个国际移动用户识别码（IMSI）。SIM 卡是用户财产，这样，IMSI 就与唯一用户联系起来。当移动用户开机后，在空中搜寻信号音最强的信道，最后锁定在控制信道上，并向移动业务交换中心发出入网请求，登记其位置信息。这样，移动业务交换中心就认为此移动用户被激活，对该移动用户识别码做"附着"标记。移动用户关机时，通过控制信道向网络发送最后一次消息，其中包括分离处理请求，移动业务交换中心接收到分离消息后，就在该用户对应的识别码上做"分离"标记。

3. 多信道共用

所谓多信道共用，就是一个小区内的若干条信道为该小区所有用户共用。当其中一些信道被占用时，其他需要通话的用户可根据控制中心发出的指定信道命令，自动调谐到指定的空闲信道上进行通话。因为任何一个移动用户选取空闲信道和占用信道的时间都是随机的，而小区全部信道同时被占用的概率较小，因此，采用多信道共用技术可以大大提高信道的利用率，使用户通话的阻塞率明显下降。

2.2.3 多址接入技术

什么是多址接入技术？简单地讲，就是要使众多的移动用户共用公共通信信道所采用的一种技术。

在移动通信系统中，同一时刻可能有许多用户，通过同一个基站与其他用户进行通信，因而必须对不同用户的移动台以及基站发出的信号赋予不同的特征，使基站能从众多移动台的信号中，区分出是哪一个用户的移动台发来的信号；而各移动台又能识别出基站发出的信号中，哪个是发给自己的信号，否则就不能建立通信联系。解决该问题的办法称为多址技术，实现多址的方法基本上有三种，即采用频率、时间或码元分割的多址方式，通常分别称为频分多址（FDMA）、时分多址（TDMA）和码分多址（CDMA）。实际中常用三种基本多址方式的混合多址方式，如 FDMA/TDMA、FDMA/CDMA、TDMA/CDMA 等。多址方式可使众多用户共用通信链路，扩大用户容量，这正是网络运营商所希望的。

1. 频分多址

频分多址（FDMA）是把通信系统的总频段划分成若干个等间隔的频道（信道），并分配给不同的用户使用，即每一个正在通信中的用户占用一个信道（一对频率）进行通话。信道宽度能传输一路数字话音信息，在相邻信道之间无明显窜扰。如图 2.18 所示是频分多址信道划分的示意图，在高、低频段之间留有一段保护频段，其作用是防止同一部移动电话机的发射机对接收机产生干扰。

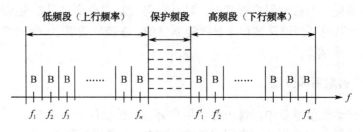

图 2.18　频分多址的信道划分

　　FDMA 通信系统的工作示意图如图 2.19 所示。该系统的基站能同时发射和接收多个不同频率的信号。任意两个移动用户之间进行通信都必须经过基站的中转，因而两个移动用户必须同时占用两个信道（两对频率）才能实现双工通信。这些信道的分配都是临时的，一旦该用户之间的通信结束，信道就被释放，以供其他用户们使用。

　　早期的模拟蜂窝移动通信系统采用的就是频分多址接入技术。

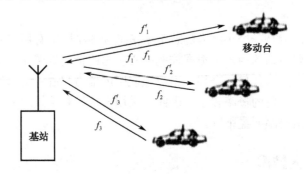

图 2.19　FDMA 通信系统的工作示意图

2．时分多址

　　时分多址（TDMA）是指把一个通信频道按等时间间隔分成周期性的帧，每一帧再分割成若干个时隙 t_i，每个帧内的时隙是互不重叠的。根据一定的时隙分配原则，使各个移动用户在每帧内只能按指定的时隙向基站发送信号，在满足定时和同步的条件下，基站可以分别在各自的时隙中接收到各个移动用户的信号而不混扰。同时，基站发向多个移动用户的信号都要按顺序安排在预定的时隙中传输，各个移动用户只要在指定的时隙内接收，就能把发给它的信号区分出来。一个时隙就是一个信道，即可容纳一个移动用户。该信道是一个物理信道。每一个移动用户占用不同的时隙进行通信，即同一个信道可供若干个用户同时通信使用。在信道数相同的情况下，采用 TDMA 比 FDMA 通信方式能容纳更多的用户。如图 2.20 所示是时分多址的信道划分示意图。如图 2.21 所示是时分多址通信系统的工作示意图。

　　现在正广泛使用的 GSM 数字移动通信系统采用的就是 TDMA 和 FDMA 相结合的方式，即按频率将射频载波划分为若干个频点，再将每个频点按时间划分为若干个时隙（信道），每次通信收、发设备各占用一个时隙（信道）。

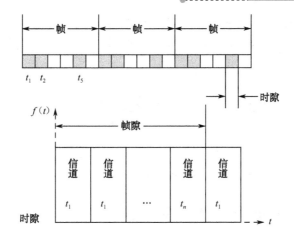

图 2.20 时分多址的信道划分

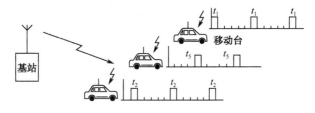

图 2.21 时分多址通信系统的工作示意图

3．码分多址

在码分多址（CDMA）通信系统中，不同用户传输信息所用的信号，不是靠频率不同，也不是靠时隙不同来区分，而是用各自不同的编码序列来区分，即靠信号的不同波形来区分。如果从频率域或时间域来观察，多个 CDMA 信号是互相重叠的，如图 2.22 所示。

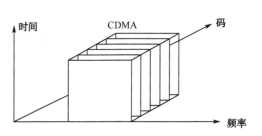

图 2.22 码分多址示意图

在 FDMA 和 TDMA 系统中，为了扩大通信用户容量，都尽力压缩信道带宽，但这种压缩是有限度的，因为信道带宽变小将导致通话质量下降。而 CDMA 却相反，大幅度地增加信道宽度，这就是扩频通信技术。采用扩频通信技术，如何解决通信用户容量问题呢？办法是不同的移动台都分配一个独特的、随机的码序列来实现多址方式。对于不同用户的信号，用相互正交的不同扩频码序列（或称为伪随机码）来填充。这样的信号可在同一载波上发射，接收时只要采用与发送端相同的码序列进行相关接收，就可恢复信号。即接收机可以在多个 CDMA 信号中，选出其中使用预定码型的信号，而其他使用不同码型的信号，因为与接收机本身产生的码型不同而不能被解调。这种多址方式可以用在同一房间用不同语言交谈的例子来类比，尽管环境有些嘈杂，但是用汉语交谈的双方能相互听见，也只能听清汉语，而把其他的语言作为背景噪声，在这里不同的语言可以类比为不同的码型。

CDMA 的关键是所用扩频码有多少个不同的互相正交的码序列，就有多少个不同的地址码，也就有多少个码分信道。数量众多的用户可以共用一个频率，使系统的通信容量增加。这时，可将 CDMA 看成一个蜂窝系统，整个系统使用一个频率，即各蜂窝同频，而根据扩频码来区分用户。

2.3 移动通信系统的技术标准与主要参数

采用不同的多址方式、不同的调制方法、不同的功率控制技术、不同的同步形式和越区切换方式等，移动通信有不同的技术体制标准。

2.3.1 数字蜂窝移动通信系统的技术标准

移动通信技术发展始于 20 世纪 20 年代，是 20 世纪的重大成就之一。在不到 100 年的时间里，随着计算机和通信技术的发展，移动通信得到了举世瞩目的发展，其发展速度令人惊叹。当前，移动通信已成为人们生活中不可缺少的一部分。第二代移动通信系统（2G）向第三代移动通信系统（3G）的演进，促进了技术融合，促进了全球统一标准的形成。随着 3G 服务的提供，移动电话的普及率将进一步扩大，各项新技术的应用也必将推动下一代宽带移动通信系统不断向前迈进。

1．第三代移动通信系统

第三代移动通信系统（3G）最早于 1985 年由国际电信联盟（ITU）提出，当时被称为未来公众陆地移动通信系统（FPLMTS），1996 年更名为 IMT-2000（国际移动通信-2000），其含义是在 2000 年左右投入商用，并工作在 2000MHz 频段上的国际移动通信系统。它以多媒体业务为主要特征，把语音通信与多媒体通信结合起来，能够提供图像、音乐、网页浏览、视频会议等信息服务。3G 不同于采用 TDMA 技术和电路交换技术的 2G，它以 CDMA 技术和分组交换技术为基础，能支持更多的用户，提供更高的传输速率。1999 年 11 月 5 日在芬兰赫尔辛基召开的 ITU（国际电信联盟）TG8/1 第 18 次会议上最终确定了 3 类（TDMA、CDMA-FDD、CDMA-TDD）共 5 种技术标准，作为第三代移动通信的基础。其中 WCDMA、CDMA2000、TD-SCDMA 是 3G 的三大主流标准。ITU 在 2000 年 5 月批准了针对 3G 网络的 IMT-2000 无线接口的 5 种技术标准，如表 2.3 所示。

表 2.3　IMT-2000 无线接口的 5 种技术标准

多址接入技术	正式名称	习惯称呼
CDMA 技术	IMT-2000　CDMA-DS	WCDMA
	IMT-2000　CDMA-MC	CDMA2000
	IMT-2000　CDMA-TDD	TD-SCDMA /UTRA-TDD
TDMA 技术	IMT-2000　TDMA-SC	UMC-136
	IMT-2000　TDMA-MC	P-DECT

2. 第三代移动通信的三大主流标准

（1）WCDMA 标准

IMT-2000 CDMA-DS 又称宽带码分多址（WCDMA），其核心网基于演进的 GSM/GPRS 网络技术，空中接口采用直接序列扩频（DS），此标准同时支持 GSM MAP（GSM 移动应用部分）和 ANSI-41 两个核心网络。欧洲的爱立信公司作为主要厂家，最先对 WCDMA 技术进行技术研发，日本于 1994 年开始 IMT-2000 无线传输技术的研究，最后确定将 NTT 公司的 CDMA 综合 FDD/TDD 方式作为日本的方案，最终爱立信和 NTT 达成一致协议，进行技术融合，形成了现在的 IMT-2000 CDMA-DS。目前这种方式得到了欧洲、北美、亚太地区各 GSM 运营商和日本、韩国多数运营商的广泛支持，是第三代移动通信三大主流标准之一。

WCDMA 技术有如下特点：可适应多种速率的传输，灵活提供多种业务；基站收发信机（BTS）之间可以不用全球定位系统（GPS）同步；优化的分组数据传输方式；支持不同载频之间的切换；上、下行快速功率控制；反向采用导频辅助的相干检测；充分考虑了信号设计对电磁兼容的影响。

（2）CDMA2000 标准

IMT-2000 CDMA-MC 又称 CDMA2000，它是北美的朗讯、摩托罗拉、北电及韩国三星等公司联合提出来的基于 CDMAOne 的系统方案。CDMAOne 是基于 IS-95 标准的各种 CDMA 制造厂家的产品和不同运营商的网络构成的一个家族概念，也是国际 CDMA 发展组织的一个品牌名称。CDMA2000 沿用了 IS-95 的主要技术和基本技术思路，可以后向兼容。

（3）TD-SCDMA 标准

TD-SCDMA（Time Division Synchronous CDMA）即时分-同步码分多址，是我国提出的国际标准。UTRA-TDD 是通用陆地无线接入时分双工，该标准的制定目前陷入停顿状态，所以 IMT-2000 CDMA-TDD 常指 TD-SCDMA。

TD-SCDMA 系统的关键技术包括智能天线技术、联合检测技术、同步 CDMA 技术、接力切换技术、动态信道分配技术。

TD-SCDMA 有如下优势。

① 频谱灵活性和支持蜂窝网的能力。采用 TDD 方式，仅需要 1.6MHz（单载波）的最小带宽，频谱安排灵活，不需要成对的频率，能较好解决当前频率资源紧张的矛盾。若带宽为 5MHz，可支持 3 个载波，在一个地区可组成蜂窝网，支持移动业务。

② 大容量和广覆盖。TD-SCDMA 采用了联合检测、智能天线、快速功率控制等技术，可降低多径衰落，并使发射机的发射功率总是处于最低水平，采用接力切换，降低了网络资源消耗，提高了全网容量，覆盖范围广。

③ 高的频谱利用率。采用 TDD 方式，不需要分配成对的上下行频谱，可有效利用频率资源，比其他 3G 多了一种多址方式，且采用智能天线技术，相同的频带内基本信道数更多，频谱利用率更高，在 3 个主流标准中具有最高的频谱效率。

④ 适合上、下行不对称业务的开展。TD-SCDMA 采用了 TDD 技术，可以通过灵活配置上、下行时隙转换点，改变上、下行时隙数，尤其适合目前互联网、视频点播等不对称业务的实现。

⑤ 适用于多种使用环境，设备成本低。TD-SCDMA 系统性价比高。它具有我国自主知

识产权，在网络规划、系统设计、工程建设、长期技术支持等方面带来方便，大大节省建设投资和运营成本。

3G 三大主流技术标准比较如表 2.4 所示。

表 2.4 3G 三大主流技术标准比较

项目	TD-SCDMA	WCDMA	CDMA2000
载波间隔	1.6MHz	5MHz	1.25MHz
码片速率	1.28Mc/s	3.84Mc/s	1.2288Mc/s
双工方式	TDD	FDD	FDD
多址方式	CDMA+TDMA+FDMA	CDMA+FDMA	CDMA+FDMA
调制方式	QPSK 和 8PSK	HPSK（上行）QPSK（下行）	BPSK（上行）QPSK（下行）
功率控制频率	上、下行：200Hz	上、下行：1500Hz	上、下行：800Hz
基站间同步	同步	同步或异步	须用 GPS 同步
切换方式	硬切换+接力切换	硬切换+软切换	硬切换+软切换

目前数字蜂窝移动通信系统的主要制式有：采用时分多址（TDMA）方式的 GSM 系统、TDMA IS-136 系统（最初被称为 D-AMPS）、PDC 系统，采用码分多址（CDMA）方式的 CDMA IS-95 系统、CDMA2000 1x 系统、WCDMA 系统等。我国数字蜂窝移动通信网以 GSM 制式为主，同时也采用 CDMA 制式。

3．第三代移动通信系统的主要特性

① 全球化。IMT-2000 是一个全球性的综合系统，它包含多种系统，在设计上具有高度的通用性。该系统中的业务以及它与固定网之间的业务可以兼容，能提供全球漫游。

② 多媒体化。提供高质量的多媒体业务，如语音、可变速率数据、活动视频和高清晰图像等多种业务，实现多种信息一体化。

③ 综合化。能把现在的无线寻呼、无绳电话、蜂窝移动通信、卫星移动通信等通信系统综合在统一的系统中，以提供多种业务服务。

④ 智能化。引入智能网络，优化网络结构和收发信机的软件无线电化。

⑤ 个人化。用户可用唯一的个人电信号码，在任何终端上获取所需要的电信业务，这就超越了传统的终端移动性，真正实现了个人移动性。

第三代移动通信系统的目标，就是要将包括卫星通信在内的所有网络融合为可以替代众多网络功能的统一系统，提供宽带业务并实现全球无缝覆盖。

4．第三代移动通信的关键技术

从第二代移动通信系统向第三代移动通信系统演变，下列技术是 IMT-2000 的关键技术，这些技术有的已被第三代移动通信系统采用，有的还在进一步研究之中。

① 多载波调制。在信号调制方面，系统可采用自适应多进制（二进制或 M 进制）调制方法，即根据无线信道的衰落程度、信道流量或其他参数动态变化，收发信机同步改变调制

的进制数（二进制、四进制、八进制等）。在衰落较轻或业务空闲时，减少进制数，反之增加进制数。

② 多址技术。多址技术是解决多用户共享无线资源的技术，主要有三种方案：频分多址（FDMA）、时分多址（TDMA）、码分多址（CDMA）。第三代系统主要采用 CDMA。CDMA 采用一组正交码，以区别不同的用户，具有频率规划简单、频谱利用率高、软切换、软容量等优点。

③ 软件无线电。软件无线电主要是利用现代数字信号处理技术、微电子技术及软件技术，基于同样的硬件平台，通过加载不同的软件来获得不同的业务特性。这对系统升级、网络平滑过渡、多频多模运行等相对容易，且具有成本低廉、安全性高等优点。对于第三代移动通信系统所要求的多模式、多频段、多速率、多业务、多环境等特别重要，但软件无线电还属于发展中的技术。

④ 智能天线。智能天线是通过基带数字信号处理器，为每个信道提供特定形状的发射波束，并始终跟踪用户。这样可以降低发射功率，减少干扰，增加系统容量，同时波束赋形可以克服多径传播问题。

⑤ 智能网。第三代移动通信网从概念上可以分为四部分：终端设备、无线接入网、骨干传输网、应用业务。采用智能网技术，使呼叫处理与业务种类无关，并且便于在网上开发新业务，便于修改业务特性。

2.3.2 GSM 数字蜂窝移动通信系统的主要技术参数

现阶段，GSM 包括三个并行的系统：GSM900、DCS1800 和 PCS1900，频段不同而功能相同。中国移动已在大、中城市开通了 GSM900 和 DCS1800 两个频段，中国联通只开通了 GSM900 一个频段。下面以 GSM900 和 DCS1800 为例，介绍 GSM 的主要技术指标。

900MHz 频段：上行频率为 890～915MHz，上行第 n 路载频数为

$$f(n) = 890 + 0.2n \text{（MHz）} \quad (1 \leq n \leq 124)$$

下行频率为 935～960MHz，下行第 n 路载频数为

$$f(n) = 935 + 0.2n \text{（MHz）} \quad (1 \leq n \leq 124)$$

1800 MHz 频段：上行频率为 1710～1785MHz，上行第 n 路载频数为

$$f(n) = 1710.2 + 0.2(n-512) \text{（MHz）} \quad (512 \leq n \leq 885)$$

下行频率为 1805～1880MHz，下行第 n 路载频数为

$$f(n) = 1805.2 + 0.2(n-512) \text{（MHz）} \quad (512 \leq n \leq 885)$$

双工方式：频分双工（FDD），一个发射频率和一个接收频率组成一个频分双工信道，双工间隔为 45MHz，载波间隔为 200kHz（0.2MHz）。

接入方式：时分多址（TDMA）8 时隙/200kHz。

调制方式：高斯滤波最小移频键控（GMSK）调制。

话音编码：采用规则脉冲激励，并具有长期预测的线性预测编码（RPE—LPT—LPC）。

数据速率：全速 9.6kbps，半速 4.8kbps。

2.3.3 码分多址通信系统的特点与主要技术参数

1995年11月1日，中国香港和记黄埔公司采用摩托罗拉公司的CDMA系统正式开通了全球第一个CDMA商用网，并且在全世界得到很快推广。2002年中国联通公司在我国大规模推广CDMA制系统，并很快得到普及。

码分多址（CDMA）蜂窝移动通信系统将扩频、多址接入、蜂窝组网、频率复用等技术融合在一起，是具有时域、频域和码域三维信号处理的一种抗干扰、抗衰落、保密性好的通信系统。

1. CDMA通信系统的特点

CDMA系统采用码分多址技术及扩频通信的原理，使得可以在系统中使用多种先进的信号处理技术，为系统带来了许多优点。

（1）大容量

根据上述理论计算以及现场实践得出结论，在使用相同频率资源的情况下，CDMA系统的信道容量是FDMA系统的10~20倍，是TDMA系统的4~5倍。网络阻塞大大下降，接通率自然就高。CDMA系统的大容量特点，主要源于它的频率复用系数远远超过其他制式的蜂窝系统。

（2）软容量

在FDMA和TDMA系统中，当小区服务的用户数量达到最大信道数时，已满载的系统绝对无法再增添一路信号，此时若有新的呼叫，该用户只能听到忙音。而在CDMA系统中，用户数目和服务质量之间可以相互折中，灵活确定。例如，系统经营者可以在话务量高峰期将误帧率稍微提高，从而增加可用信道数。而当相邻小区的负荷较轻时，本小区受到的干扰减少，容量就可适当增加。

体现软容量的另一种形式是小区呼吸功能。所谓小区呼吸功能，是指各个小区的覆盖范围是动态的，当相邻两个小区负荷一轻一重时，负荷重的小区通过减小导频发射功率，使本小区的边缘用户由于导频强度不够，切换到相邻小区，使负荷分担，即相当于增加了容量。这项功能对切换也特别有用，可避免信道紧缺而导致呼叫中断。在模拟系统和数字TDMA系统中，如果一条信道不可用，呼叫必须重新被分配到另一条信道，或者在切换时中断。但是在CDMA系统中，在一个呼叫结束前，可以接纳另一个呼叫。另外，CDMA系统还可提供多级服务。如果用户支付较高费用，则可获得更高档次的服务。让高档次的用户得到更多可用功率（容量），高档次用户的切换可排在其他用户之前。

（3）高话音质量和低发射功率

CDMA系统通话的话音质量高于GSM，能提供的话音服务已经非常接近有线电话，甚至有些方面，如背景噪声等已经超过有线电话质量。CDMA系统可自动跟踪多径信号，大大降低了对衰落的敏感。CDMA系统采用软切换技术，"先连接再断开"，即"单独覆盖→双覆盖→单独覆盖"，而且是自动切换到相邻的较为空闲的基站上，也就是说，在确认数字手机已移动到另一基站单独覆盖地区时，才与原先的基站断开。这种"软切换"大大减少了掉线的可能性，实现了无缝切换，这将非常有利于数据移动通信的实现。

CDMA 系统中采用有效的功率控制、强纠错能力的信道编码以及多种形式的分集技术，可以使基站和移动台以非常节约的功率发射信号，延长数字手机电池使用时间，使待机时间增长，同时获得优良的话音质量。

（4）保密性强

对于 CDMA 系统，在信道中传输的有用信号功率要比干扰功率低得多，这好像是信号隐藏在噪声之中。又由于不同的用户，伪随机码不相同，要窃听通话，必须要找到码址，但 CDMA 码址是个伪随机码，而且共有 4.4 万亿种可能的排列，因此，要破解密码或窃听通话内容极为困难。因而非允许用户要截获和恢复有用信号是困难的，这就起了保密作用。这样一来，不但被干扰的可能性小，而且干扰其他系统或用户的可能性也会减小。

CDMA 系统的信号扰码方式提供了高度的保密性，使这种数字蜂窝系统在防止串话、盗用等方面具有其他系统不可比拟的优点。CDMA 的数字话音信道还可将数据加密标准或其他标准的加密技术直接引入。

（5）"绿色"数字手机

普通数字手机的功率一般能控制在 600mW 以下，而 CDMA 数字手机的问世，给人们带来了"绿色"数字手机的曙光，因为与 GSM 数字手机相比，CDMA 数字手机的发射功率尚不足其小小的零头，数字手机通话功率可控制在零点几毫瓦，其辐射作用可以忽略不计，对持机者的健康不会产生不良影响。基站和数字手机发射功率的降低，将大大延长数字手机的通话时间，意味着电池、数字手机的寿命延长了，并且对环境和人体都起到了保护作用，故称之为"绿色"数字手机。

2．CDMA 系统主要技术参数

中国联通公司采用的技术参数：上行频率为 824～849MHz，下行频率为 869～894MHz，双工间隔为 45MHz，信道间隔为 1.25MHz。

2.4 移动通信的数字调制与解调技术

无线电通信、广播、电视、导航、雷达、遥测遥控等，都是利用无线电技术传输各种不同信息的具体应用，为了利用无线电技术传输语言、代码、数据、音乐、图像、视频等，调制与解调技术都是不可缺少的。

2.4.1 数字调制技术的概念

调制就是在发送端把要传输的模拟或数字信号（基带信号）附加在高频电磁波上，变换成适合在信道传输的高频信号，再由天线发射出去。高频振荡波是携带信号的"运载工具"，称为载波。要传输的低频模拟或数字信号称为调制信号，调制后的信号称为已调信号。针对移动通信信道的特点，已调信号应具有高的频谱利用率和较强的抗干扰、抗衰落能力。调制分模拟调制和数字调制，对于数字调制而言，频谱利用率常用单位频带（1Hz）内能传输的比特率（bps）来表征。在接收端，把已调信号还原成要传输的原始信号，该过程称为解调，也叫检波。

1. 信号调制的原因

难道不能直接把信号发射到空中去吗?为什么一定要经过调制过程?这里关键问题是所要传输的信号频率太低(音频信号为20Hz~3.4kHz),或者所要传输的信号频带很宽(电视信号为0Hz~6.5MHz),这些都对直接采用电磁波的形式传送信号十分不利,其主要原因如下。

① 要将低频信号有效地辐射到空中去,天线的长度就必须很大。例如,频率为1kHz的电磁波,其波长为300km,如果采用1/4波长的天线,则天线的长度应为75km,显然,这是不可能办到的。

② 为了提高发射和接收效率,在发射机与接收机内都必须采用天线和谐振回路。但由于语言、音乐、图像等信号的频率范围很宽,导致天线和谐振回路的参数应该在很宽范围内变化,这又是难以做到的。

③ 因为人们所发出的话音信号都在音频范围内,如果直接发射这些音频信号,则所有发射机将工作于同一频率范围。接收机将同时收到许多不同电台的节目,造成多路信号相互干扰,无法加以区别选择接收。

为了克服以上困难,必须利用高频振荡,把要传输的低频基带信号"附加"在高频振荡电磁波上。这样,频率高了,就可以减小天线的尺寸;同时,每个电台都工作于不同的载波频率上,接收机可以选择不同中心频率的电台进行接收。

2. 信号调制的类型

按照调制器输入的调制信号形式不同,调制可分为模拟调制和数字调制。模拟调制是利用输入的模拟信号直接调制正弦载波的振幅、频率、相位,从而得到调幅(AM)、调频(FM)和调相(PM)信号。现代移动通信已经进入数字通信时代,数字调制是利用数字信号来控制载波的振幅、频率和相位。数字调制的基本类型有振幅键控(BASK)、频移键控(BFSK)和相移键控(BPSK)。此外,常用的数字调制还有许多由基本类型改进或综合而获得的新型调制技术,如MSK、GMSK、GFSK、QPSK、DQPSK、π/4-DQPSK等。在实际应用中,有两类用得最多的数字调制方式。

① 线性调制技术。主要包括BPSK、QPSK、DQPSK、π/4-DQPSK以及多电平PSK等。线性调制技术要求通信设备在频率变换、放大、发射的整个过程中保持充分的"线性",这对制造移动设备会增加难度,但可获得较高的频谱利用率。

② 恒定包络调制技术。主要包括MSK、GMSK、GFSK等。这种调制技术的优点是已调信号具有相对窄的功率谱,对放大设备没有线性要求,但其频谱利用率通常低于线性调制技术。

另一种获得迅速发展的数字调制技术是振幅和相位联合键控(QAM)技术。目前4电平、16电平、64电平及256电平的QAM都已在微波通信中获得成功应用。随着科学技术的发展,近几年出现了自适应改变电平数的变速率QAM(VR-QAM)、多载波QAM(MC-QAM)、OFDM等。第三代移动通信系统主要采用MQAM、QPSK或8PSK等调制方式。

对数字调制技术的基本要求有:应满足已调信号的频谱窄和带外衰减快,易于采用相干或非相干解调,抗干扰能力强,适于在移动信道中传输。

2.4.2 数字频率调制技术

数字调制技术分为二进制和多进制(四进制、八进制、十六进制)数字调制技术,分别可对载波的幅度、频率和相位进行调制。

1. 二进制频移键控(BFSK)

设输入调制器的数字序列为 $\{a_n\}$,$a_n=\pm1$,$n=-\infty\sim+\infty$。FSK 的输出信号形式(第 n 个比特区间)为

$$s(t)=\begin{cases}\cos(\omega_1 t+\varphi_1),& a_n=+1\\ \cos(\omega_2 t+\varphi_2),& a_n=-1\end{cases} \tag{2-9}$$

即当输入信号为"+1"时,输出频率为 f_1 的正弦波;当输入信号为"-1"时,输出频率为 f_2 的正弦波。

令 $g(t)$ 为宽度是 T_s 的矩形脉冲且

$$b_n=\begin{cases}1,& a_n=+1\\ 0,& a_n=-1\end{cases}$$

$$\overline{b_n}=\begin{cases}1,& a_n=+1\\ 0,& a_n=-1\end{cases}$$

则 $s(t)$ 可表示为

$$s(t)=\sum_n b_n g(t-nT_s)\cos(\omega_1 t+\varphi_1)+\sum \overline{b_n} g(t-nT_s)\cos(\omega_2 t+\varphi_2) \tag{2-10}$$

设基带信号的带宽为 f_s,则 FSK 信号的带宽约为

$$B=|f_2-f_1|+2f_s \tag{2-11}$$

BFSK 可采用包络检波、相干解调、非相干解调等方法进行解调。其中相干解调的框图如图 2.23 所示。接收端用两个带通滤波器,其中心频率分别为 $\omega_1(f_1)$ 和 $\omega_2(f_2)$,输入信号通过两个带通滤波器后,分别得到 $y_1(t)$ 和 $y_2(t)$,再分别与频率为 f_1 和 f_2 的载波(与发送端的载波相同)相乘,通过低通滤波器分别得到 $x_1(t)$ 和 $x_2(t)$,在定时脉冲的控制下,两个支路进行比较判决,如果 f_1 支路的包络强于 f_2 支路,则判为"+1",反之判为"-1"。

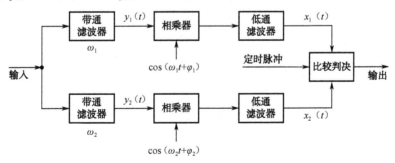

图 2.23 BFSK 的相干解调框图

2. 最小频移键控（MSK）

MSK 是一种特殊形式的 FSK，其频差是满足两个频率相互正交的最小频差，并要求 FSK 信号的相位连续，二进制 MSK 的信号表达式为

$$s(t) = \cos\left[\omega_c t + \frac{\pi}{2T_b}a_k t + x_k\right], \quad kT_b \leq t \leq (k+1)T_b \tag{2-12}$$

式中，ω_c 是载波频率；T_b 是输入数据流的比特宽度，即码元宽度；a_k 是第 $k+1$ 个码元中的信息，其取值为±1；x_k 是第 k 个码元的相位常数，在时间 $kT_b \leq t \leq (k+1)T_b$ 中保持不变。当 $a_k=+1$ 时，信号 $s(t)$ 的频率为 $f_2 = \frac{1}{2\pi}\left[\omega_c + \frac{\pi}{2T_b}\right]$；当 $a_k=-1$ 时，信号 $s(t)$ 的频率为 $f_2 = \frac{1}{2\pi}\left[\omega_c + \frac{\pi}{2T_b}\right]$。由此可得频率间隔（频差）为

$$\Delta f = f_2 - f_1 = \frac{1}{2T_b}$$

【例 2-3】 采用 MSK 调制，设输入数据速率为 16kbps，载频为 32kHz，试计算当 $a_k=-1$ 和当 $a_k=+1$ 时对应的频率。

解：当 $a_k=+1$ 时对应的频率为

$$f_2 = \frac{1}{2\pi}\left[\omega_c + \frac{\pi}{2T_b}\right] = f_c + \frac{1}{4T_b} = 32 + \frac{16}{4} = 36\text{kHz}$$

当 $a_k=-1$ 时对应的频率为

$$f_1 = \frac{1}{2\pi}\left[\omega_c + \frac{\pi}{2T_b}\right] = f_c + \frac{1}{4T_b} = 32 - \frac{16}{4} = 28\text{kHz}$$

MSK 调制器框图如图 2.24 所示。基带信号 a_k 先进行差分编码，然后经串/并变换，把一路信号变成两路，码元宽度变为原来的两倍。同相支路（I）再分别与 $\cos\left(\frac{\pi}{2T_b}t\right)$ 及载波 $\cos\omega_c t$ 相乘；正交支路（Q）先延时半个码元宽度，再分别与 $\sin\left(\frac{\pi}{2T_b}t\right)$ 和载波 $\sin\omega_c t$ 相乘。最后两路信号合并就得到了 MSK 调制信号 $y_{MSK}(t)$。

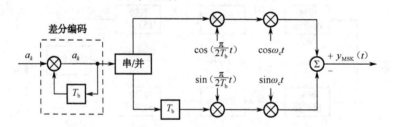

图 2.24 MSK 调制器框图

由于 MSK 信号在比特转换时不存在相位急剧变化，MSK 信号的包络不会有过零现象。因为幅度恒定，MSK 信号可使用非线性放大器进行放大。MSK 信号可以采用鉴频器解调，也可以采用相干解调。与 FSK 性能相比，MSK 的输出信噪比提高了一倍。所以 MSK 广泛应

用于各种移动通信系统。

3．高斯滤波的最小频移键控

MSK 虽然具有包络恒定、带宽较小和较好的误比特率等特点，但它的频谱利用率较低。高斯滤波的最小频移键控（GMSK）信号，就是通过在 FM 调制器前加入高斯低通滤波器（称为预调制滤波器）而产生的，如图 2.25 所示。低通滤波可以滤除已调信号中的高频分量，有效抑制 MSK 的带外辐射，从而提高其频谱利用率。GMSK 调制方式在移动通信系统中得到了广泛应用，GSM 系统采用的就是 GMSK 调制方式。

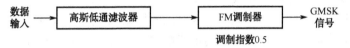

图 2.25　GMSK 的信号形成框图

GMSK 信号的解调可用与 MSK 一样的正交相干解调电路。在相干解调中，最为重要的是相干载波的提取，这在移动通信环境中是比较困难的，因而通常采用差分解调和鉴频器解调等非相干解调。图 2.26 是差分检测解调 GMSK 的原理框图。接收端信号通过中频滤波器后，再通过二比特差分检测器，然后通过低通滤波器（LPF），最后进行取样判决。对检测器设置一个判决门限，当信号高于门限值时判为"+1"，否则判为"-1"。

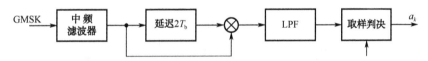

图 2.26　差分检测解调 GMSK 的原理框图

2.4.3　数字相位调制技术

与数字频率调制技术相比，数字相位调制技术中的载波频率更容易控制。

1．二进制相移键控

二进制相移键控（BPSK）是利用载波的相位变化来传递数字信息，振幅和频率保持不变。在二进制移相键控中，通常用初始相位 0 和 π 分别表示二进制 "1" 和 "-1"。

设输入数字序列为 $\{a_n\}$，$a_n=\pm 1$，$n=-\infty \sim +\infty$，则 PSK 信号形式为

$$s(t)=\begin{cases}A\cos(\omega_c t), & a_n=+1 \\ -A\cos(\omega_c t), & a_n=-1\end{cases} \quad nT_b \leq t < (n+1)T_b \tag{2-13}$$

即当输入为 "+1" 时，对应的信号附加相位为 0；当输入为 "-1" 时，对应的信号附加相位为 π，如图 2.27（a）所示。这种以载波的不同相位直接表示二进制数字信号的调制方式，称为二进制绝对相移方式。图 2.27（b）是相移键控法框图，输入的基带信号先通过一个开关电路，开关的位置分别对应着余弦载波的两个初相位 0 和 π，这由输入的基带信号决定，输入 "+1" 时，输出 $\cos(\omega_c t)$；输入 "-1" 时，输出 $\cos(\omega_c t+\pi)$，从而得到 BPSK 已调信号。

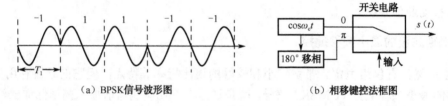

（a）BPSK信号波形图　　　　（b）相移键控法框图

图2.27　BPSK信号的调制原理图

BPSK可采用相干解调和差分相干解调，如图2.28所示。采用相干解调时，假设相干载波的基准相位与BPSK信号的调制载波的基准相位一致（默认为0°）。但由于在BPSK信号的载波恢复过程中存在着相位模糊，即恢复的本地载波与所需的相干载波可能同相，也可能反相，这种相位关系的不确定性，将会造成解调出的数字基带信号与发送的数字基带信号正好相反，即"1"变为"0"，"0"变为"1"，判决器输出数字信号全部出错。这种现象称为BPSK方式的"倒π"现象或"反相工作"。这是BPSK方式在实际中很少采用的主要原因。另外，在随机信号码元序列中，信号波形有可能出现长时间连续的正弦波形，致使在接收端无法辨认信号码元的起止时刻。为了解决上述问题，可以采用差分相移键控（DPSK）体制。

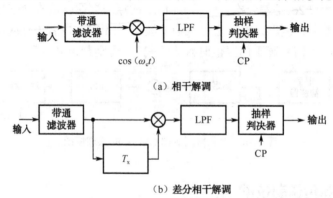

（a）相干解调

（b）差分相干解调

图2.28　BPSK信号的解调原理图

在二进制差分相移键控（2DPSK）中，利用前后相邻码元的载波相对相位变化来传递数字信息，所以又称之为相对相移键控。如图2.29所示，先对输入的二进制数字基带信号进行差分码型变换，把表示数字信息序列的绝对码变换成相对码（差分码），然后再根据相对码进行绝对调相，这样开关电路输出的就是2DPSK已调信号$s(t)$。

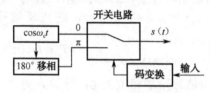

图2.29　2DPSK信号调制原理框图

2DPSK信号的解调可以采用相干解调和差分相干解调（相位比较）。差分相干解调框图如图2.30所示。接收来的已调信号先通过带通滤波器，然后进行差分检测，再通过低通滤波器滤除高频分量，最后进行抽样判决，高于判决门限值的判为"+1"，否则判为"-1"。

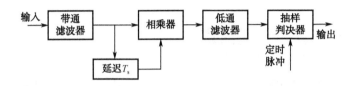

图 2.30 2DPSK 信号差分相干解调框图

2. 四相正交相移键控

四相相移键控,是四进制 PSK,也称正交相移键控(QPSK),是 MPSK 调制中最常用的一种调制方式,在 CDMA2000 系统的前向信道中就使用了 QPSK 调制方式。

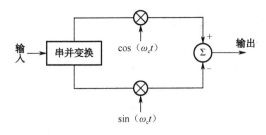

图 2.31 QPSK 信号产生框图

QPSK 信号产生框图如图 2.31 所示。假定输入二进制序列为 $\{a_n\}$,a_n="+1" 或 "-1",则在 $kT_s \leq t < (k+1)T_s$ ($T_s = 2T_b$)的区间内,令 $n=2k+1$,QPSK 产生器的输出为

$$s(t) = \begin{cases} A\cos\left(\omega_c t + \dfrac{\pi}{4}\right), & a_n a_{n-1} = +1 +1 \\ A\cos\left(\omega_c t - \dfrac{\pi}{4}\right), & a_n a_{n-1} = +1 -1 \\ A\cos\left(\omega_c t + \dfrac{3}{4}\pi\right), & a_n a_{n-1} = -1 +1 \\ A\cos\left(\omega_c t - \dfrac{3}{4}\pi\right), & a_n a_{n-1} = -1 -1 \end{cases} \quad (2\text{-}14)$$

载波的相位为 4 个间隔相等的值,即 $\pm\pi/4$、$\pm 3\pi/4$ 或 0、$\pm\pi/2$、π,每个相位都与唯一的信息比特组相对应,如表 2.5 所示。

表 2.5 不同比特对应载波的相移

A 方式	相位	$\pi/4$	$-\pi/4$	$3\pi/4$	$-3\pi/4$
	比特组	+1, +1	+1, -1	-1, +1	-1, -1
B 方式	相位	0	$-\pi/2$	$+\pi/2$	π
	比特组	+1, +1	+1, -1	-1, +1	-1, -1

在 QPSK 的码元速率与 BPSK 的比特速率相等的情况下,QPSK 是两个 BPSK 信号之和,因而它具有和 BPSK 相同的频谱特征和误比特率性能。但在同样的带宽内,QPSK 传输了两倍的数据,所以 QPSK 在同样的能量效率情况下,提供了两倍的频谱效率。

2.5 通用分组无线业务技术

当前世界上最大的蜂窝式移动通信网络就是全球通 GSM 系统，该系统是以电话业务为主的面向连接系统，采用电路交换技术，能提供良好的通话服务和传输一些简单信息。随着数据通信、多媒体技术和 Internet 的迅猛发展，人们总希望能在移动状态中随时随地上网、收发电子邮件、查阅信息。而现有的移动通信系统在容量、带宽、业务项目等方面并不能充分满足这些需求。通用分组无线业务（GPRS），作为迈向第三代个人多媒体业务的关键技术，能使移动通信与数据网络有机地结合起来。

2.5.1 通用分组无线业务的功能

GPRS 是通用分组无线业务（General Packet Radio Service）的缩写，它突破了 GSM 网只能提供电路交换方式的局限，在现有的 GSM 网络基础上再添加一个新的网络，充分利用现有的移动通信网设备，增加一些硬件设备和软件升级，对现有的基站系统进行部分改造，形成一个新的网络实体，进而实现分组交换，使现有的移动通信网与数据网结合起来。

GPRS 系统以分组交换技术为基础，采用 IP 数据网络协议，使现有 GSM 网的数据业务突破了最高速率为 9.6kbps 的限制，其最高数据速率可达 170kbps。用户通过 GPRS 可以在移动状态下使用各种高速数据业务，包括收发电子邮件等 IP 业务功能。GPRS 系统与现有的 GSM 语音系统最根本的区别是 GSM 是一种电路交换系统，而 GPRS 是一种分组交换系统，这两种系统有本质的不同。电路交换数据业务必须先建立一个呼叫链路，并始终占据该呼叫信道，直至呼叫结束。它并不考虑所占用的信道是否正在传输信息或数据，因此使系统的总容量减少，浪费了带宽资源。分组型数据业务则无须先建立呼叫，只是在需要传输数据的时候利用空闲信道，数据传送完毕即释放，并不长久占用信道。

在 GSM 通信系统中，无线信道资源非常宝贵，每条 GSM 信道只能提供 9.6kbps 或 14.4kbps 的传输速率。利用多个信道组合在一起的方法虽然可提供更高的速率，但只能被一个用户独占，在成本效率上显然缺乏可行性。而采用 GPRS 则可灵活运用无线信道，每个用户有多个无线信道可用，而同一无线信道又可以由多个用户共享。如果把空中接口上的 TDMA 帧中的 8 个时隙都用来传送数据，则数据速率最高可达 14.4kbps。GSM 空中接口的信道资源既可以被话音占用，又可以被 GPRS 数据业务占用。当然在信道充足的条件下，可以把一些信道定义为 GPRS 专用信道，从而极大地提高无线资源的利用率。

目前移动通信业务中的电话业务还是主要的，但增加了数据业务并不会影响电话业务。GPRS 在数字手机业务繁忙时，可以把数据信道供给数字手机使用，将数据传送延时，而不影响正常的电话业务。由于 GPRS 是分组交换技术，允许用户在所有时间内都在线，它根据发送的数据量计费，而不是根据连接距离和连接时间计费。这种方式的电话呼叫就像 Internet 电话方式一样，消除了国际长途电话费，降低了通信费用。

2.5.2 通用分组无线业务的特征

在广域网中能实现低成本的数据通信方式，而且用户总是在线，不用拨号上网。从信息技术角度来看，GPRS 与 IP 类似，网络管理有效地使用网络资源。当 GPRS 业务转换成 IP 时，能通过新的全球网络传输，而且电话可以采用本地双向工作呼叫方式。GPRS 是一种完全成熟的信息处理技术，采用 GPRS 技术可有效地利用现有的频谱进行信息传送，用户进行站到端的分组交换。第三代移动通信系统将与 GPRS 后向兼容，所以 GPRS 的投资效益在未来发展中可以得到保障。

GPRS 特别适用于间断、突发性或频繁、少量的数据传输，也适于偶尔大数据量传输。这正是大多数移动互联网应用的特点。与拨号上网相比，GPRS 具有十分突出的优点，如连接很快，一般只要 3~6s。具有永远在线的特点，用户随时与网络保持联系。用户在访问互联网的同时，GPRS 手机通过无线网络下载信息并显示在屏幕上。没有数据传送时，释放无线资源给其他用户使用，这时网络与用户之间还保持一种虚连接。当用户又需要浏览互联网时，GPRS 手机立即向网络请求无线资源下载互联网信息，不像传统拨号上网那样，断线后还得重新拨号才能上网。永远在线的特点给用户带来了最直接的好处，按实际传送的信息量收费，降低了用户的上网成本，使电话、上网两不误。用户可以一边打电话，一边轻松、愉快、方便地上网。

习题 2

1. 填空题

（1）移动通信网的网络布局结构直接影响通信系统的_____、频率资源的_____和通信质量等技术指标。根据移动通信系统服务区域覆盖方式和范围的不同，可将移动通信网范围划分为_____的大区制和_____的小区制。

（2）蜂窝移动通信的小区制就是把整个_____划分为若干个小区，每个小区分别设置一个_____，负责本小区移动通信设备的_____和控制。

（3）越区切换是指_____通信链路从当前基站移动到另一个基站的过程。

（4）根据移动台与原基站以及目标基站连接方式的不同，可以将越区切换分为_____切换和_____切换两大类。

（5）在话音通信中，业务量的大小用_____来度量。

（6）移动业务交换中心（MSC）是移动通信网的核心部分，主要用来处理_____和整个系统的_____管理，为数字手机用户和公用交换电话网（PSTN）、公用数据网（PDN）以及综合业务数字网（ISDN）的用户提供_____功能。

（7）调制就是在发送端把要传输的模拟或数字信号（基带信号）附加在_____上，变换成适合在信道传输的_____信号，再由天线发射出去。

（8）移动用户的位置管理包括两个主要任务，即_____和_____。

(9) 二进制相移键控（BPSK）是利用_____来传递数字信息，振幅和频率保持不变。

(10) GPRS 特别适用于_____的数据传输，也适于偶尔大数据量传输。

2．是非判断题（正确画√，错误画×）

(1) 移动通信的蜂窝小区半径越小，建网成本越低，因此小区半径可无限减小。（　　）

(2) 在通信系统中，流入话务量是平均一小时内所有呼叫需要占用信道的总小时数。（　　）

(3) 呼损率越大，成功呼叫的概率就越高，用户的满意度就越高。（　　）

(4) 为了增加移动通信系统的用户容量，通常采用加大发射机的发射功率。（　　）

(5) 多址技术就是要使众多的移动用户共用公共通信信道所采用的一种技术。（　　）

3．选择题（将正确答案的序号填入括号内）

(1) 面状服务区的最佳组成形式是（　　）。

A．长方形　　　　B．四边形　　　　C．正六边形　　　D．正三角形

(2) 在移动通信服务区内适当的地方建立直放站的目的是（　　）。

A．增加通信容量　　　　　　　　　　B．消除盲区
C．降低服务成本　　　　　　　　　　D．便于信号的调制

(3) 设备身份登记器（EIR），主要用于（　　）。

A．对移动台的识别、监视、锁闭等功能　　B．存储访问者信息的数据库
C．保护经过空中接口的通信　　　　　　　D．对所有移动通信网络部件的操作运行及维护

(4) 在 3G 通信的三大主流技术标准中，单载波带宽最小的是（　　）。

A．TD-SCDMA　　　B．WCDMA　　　　C．CDMA2000

(5) 不属于 CDMA 通信系统优点的是（　　）。

A．大容量　　　　B．软容量　　　　C．保密性强
D．发射功率大　　E．话音质量好

(6) 下列（　　）调制技术是线性调制技术。

A．QPSK　　　　B．MSK　　　　C．GFSK　　　　D．GMSK

(7) PSK 信号的带宽是基带脉冲波形带宽的（　　）倍

A．1　　　　　　B．2　　　　　　C．3　　　　　　D．4

4．简答题

(1) 什么是小区分裂？

(2) 什么是中心激励和顶点激励？

(3) 什么是 GPRS 系统？它有什么功能？

(4) 第三代移动通信系统的目标是什么？

(5) 什么叫调制？移动通信系统对数字调制技术有哪些要求？

(6) 简述 BFSK 相干解调原理。

(7) 产生"倒 π 现象"的原因是什么？怎样消除该现象？

5.画图题

(1)画图并说明数字蜂窝移动通信系统的组成。

(2)画出小区分裂示意图。

6.计算题

(1)某移动电话用户持续通话时间为 20min,这个主叫用户在 1 小时内发起了一次连接,这次连接的流入话务量是多少 Erl?

(2)某通信系统采用 MSK 调制,设输入数据速率为 64kbps,载频为 128kHz,试计算当 a_k=-1 和当 a_k=+1 时对应的频率。

第3章 数字手机的组成及工作原理

数字手机是近些年新技术的综合产物,它运用了数字通信技术、计算机控制技术、片状元器件、SMT技术、多层印制电路板和柔性电路板等多种综合技术。通过分析数字手机的电路组成和工作原理,可对数字手机的生产管理、手机维修过程中故障的准确定位、市场销售人员的技术素质等提供很大帮助。

目前所生产的数字手机,无论是 GSM(含 GPRS)型、CDMA 型等,从原理上讲,虽有各自的不同特点,但从结构组成上有其相似之处,故在此以 GSM 型数字手机为例,分析数字手机的基本组成与工作原理。

3.1 GSM 型数字手机的组成及工作原理

数字手机的主要功能是完成信号的发送与接收,当然还应具有一些辅助功能,同时要满足一定的技术指标。

3.1.1 GSM 型数字手机的组成

GSM 型数字手机的电路一般可分为 4 个组成部分:射频信号的发射与接收部分、逻辑/音频处理部分、输入/输出接口部分、整机供电电源部分,其组成简图如图 3.1(a)所示。这 4 个组成部分相对独立,但又相互联系,它们是一个有机的整体,在进行电路分析时,通常把它们作为一个整体分析较为方便。

手机接收信号时,来自基站的 GSM 信号由天线接收下来,经射频电路接收,由逻辑/音频电路处理后,将音频信号送到听筒(受话器);手机发射信号时,话音信号由话筒(送话器)进行声电转换后,经逻辑/音频电路处理,经射频发射电路由天线向基站发射高频调制信号。图 3.1(b)是较为详细的电路组成框图。

3.1.2 GSM 型数字手机的射频电路

射频电路部分的主要功能有两个:一是通过天线完成接收高频已调信号,并进行下变频解调,得到模拟信号;二是完成发送模拟信号的上变频,通过天线发射,在空中得到发射高频已调信号,与基站进行信号联系。按照电路结构划分,射频电路又可分为接收电路部分、发射电路部分与频率合成器。

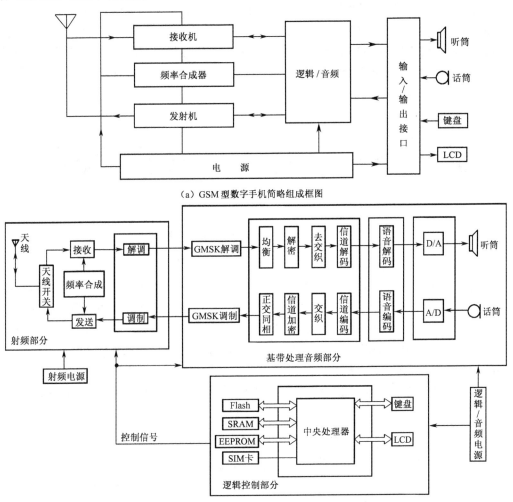

图 3.1 GSM 型数字手机原理组成框图

1. 接收电路部分

接收电路部分将基站发来的 925~960MHz(GSM900 频段)或 1805~1880MHz(DCS1800 频段)的射频信号进行下变频,最后得到 67.707kHz 的模拟信号(RXI、RXQ)。解调工作大都在中频处理集成电路内完成,解调后得到频率为 100kHz 以内的模拟同相/正交信号,然后进入逻辑/音频处理部分进行后级的处理。

数字手机的接收机部分一般有三种类型的基本电路结构:一种是超外差一次变频接收电路,另一种是超外差二次变频接收电路,第三种是直接变频线性接收电路。它们具有各自的特点,也有相似之处,不同生产商可能采用不同的变频形式。

（1）超外差一次变频接收电路

如图 3.2 所示是超外差一次变频接收电路的组成框图，基站传来的射频信号经天线（ANT）接收后，滤除带外干扰信号，经射频放大器放大，然后与图中本机振荡电路产生的 RXVCO（压控振荡器）信号混频进行下变频，得到接收中频信号（IF），然后进行中频放大。中频 VCO 电路产生的 IFVCO 信号，作为参考信号送入中频处理模块，用于中频信号的解调，解调后得到 67.707kHz 的 RXI/Q（同相/正交）信号。三星 A399 CDMA 型数字手机采用这种结构。

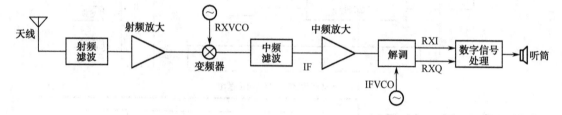

图 3.2　超外差一次变频接收电路组成框图

（2）超外差二次变频接收电路

与一次变频接收电路相比，二次变频接收电路多用了一个变频器，其电路的组成框图如图 3.3 所示。第一中频信号与第二本机振荡信号（IFVCO 信号）混频，得到第二中频信号。IFVCO 电路产生的 IFVCO 信号经过 n 次分频，作为参考信号送入中频处理模块，用于第二中频信号的解调，得到 67.707kHz 的 RXI/Q 信号。摩托罗拉 328，cd928，V998，L2000，V60，V70 数字手机，诺基亚 6110，6150，3210 数字手机，爱立信 788，T18 数字手机，三星 600，T108 手机，松下 GD92 手机和西门子 2588，3508 手机等的接收电路属于这种电路结构。

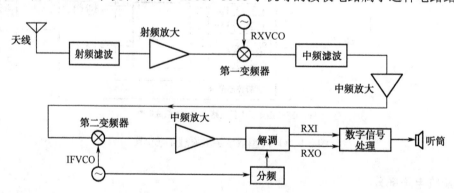

图 3.3　超外差二次变频接收电路组成框图

（3）直接变频线性接收电路

从前面的一次变频接收电路和二次变频接收电路的方框图可以看到，RXI/Q 信号都是从解调电路输出的，但在直接变频线性接收电路中，变频器输出的不再是中频信号，而直接输出 RXI/Q 信号，如图 3.4 所示。诺基亚 8210，8250，3310 等机型采用这种电路结构。

不论接收电路结构怎样变化，它们总有相似之处，即信号从天线到低噪声放大器，经过频率变换单元，再送到语音处理电路，最后得到模拟音频信号输出到听筒。

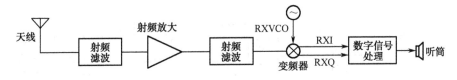

图 3.4 直接变频线性接收电路框图

2. 发射电路部分

发射电路部分一般以 TXI/Q（同相/正交）信号被调制为更高的频率为起始点。它将 67.707kHz 的模拟基带信号上变频为 880～915MHz（GSM900 频段）或 1710～1785MHz（DCS1800 频段）的发射信号，并且进行功率放大，使信号从天线发射出去。

数字手机的发射电路一般也有三种电路结构：带发射变频环路的发射电路、带发射上变频器的发射电路和直接变频发射电路。

(1) 带发射变频环路的发射电路

这种发射电路的组成框图如图 3.5 所示，由逻辑电路分离后的 TXI/Q 信号送到发射机中频电路完成 I/Q 调制，该信号再在发射变频电路中与发射参考信号（RXVCO 与 TXVCO 的差频）进行比较，得到一个包含发送数据的脉动直流信号，该信号去控制 TXVCO 的工作，得到的最终发射信号经功率放大器放大后，由天线发送出去。摩托罗拉 328，cd928，V60 数字手机，爱立信 398，788，T18 数字手机，三星 600，500，T108 数字手机，松下 GD92 数字手机的发射电路结构基本上是这种结构。

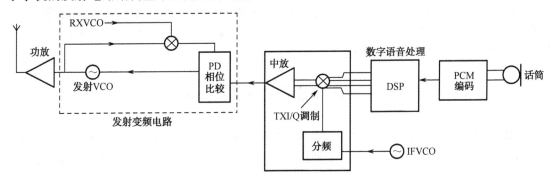

图 3.5 带发射变频环路的发射电路框图

(2) 带发射上变频器的发射电路

带发射上变频器的发射电路组成框图如图 3.6 所示，与上述发射电路相比，发射机在 TXI/Q 调制之前是一样的，其不同之处在于 TXI/Q 调制后的发射已调信号在一个发射变频器中与 RXVCO（或 UHFVCO、RFVCO）混频，得到最终发射信号。诺基亚 8110，8810，3810，3210，6110，6150，7110 等数字手机的发射电路结构都是这种电路结构。

(3) 直接变频发射电路

如图 3.7 所示是直接变频发射电路框图，发射基带信号 TXI/Q 不再调制发射中频信号，而是直接对 SHFVCO 信号（专指此种结构的本振电路）进行调制，得到最终发射频率的信号。诺基亚 8210，8250，3310 等机型的发射电路结构都是这种电路结构。

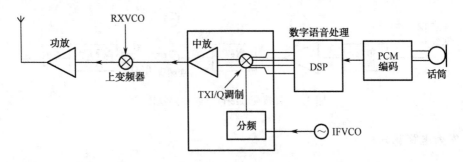

图 3.6 带发射上变频器的发射电路框图

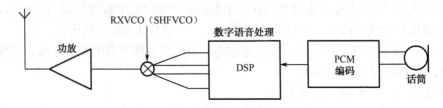

图 3.7 直接变频发射电路框图

3. 频率合成器

频率合成器的功能是分别为接收时的混频电路和发射时的调制电路提供本振频率和载波频率。一部数字手机一般需要两个振荡频率，即本振频率和载波频率。有的数字手机则具有 4 个振荡频率，分别提供给接收一、二混频电路和发射一、二调制电路。频率合成器受逻辑/音频部分的中央处理器（CPU）控制，自动完成频率变换。目前数字手机电路中常以晶体振荡器为基准频率，采用 VCO 电路的锁相环频率合成器。

3.1.3 GSM 型数字手机的音频/逻辑电路及 I/O 接口

逻辑/音频电路主要功能是以中央处理器（CPU）为中心，完成对话音等数字信号的处理、传输以及对整机工作的管理和控制，主要包括音频信号处理（也称基带电路）和系统逻辑控制两个部分。

1. 音频信号处理部分

音频信号处理分为接收音频信号处理和发送音频信号处理，一般包括数字信号处理器（DSP）或调制解调器、语音编解码器、PCM 编解码器和中央处理器等。

（1）接收音频信号处理

接收时，对射频部分送来的模拟基带信号进行 GMSK 解调（模数转换），在数字信号处理器（DSP）中解密等，接着进行信道解码（一般在 CPU 内），得到 13kbps 的数据流，经过语音解码得到 64kbps 的数字信号，最后进行 PCM 解码，产生模拟语音信号，驱动听筒发声。如图 3.8 所示为接收信号处理变化示意图。

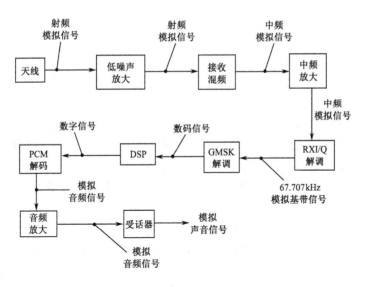

图 3.8 接收信号处理变化示意图

注意图 3.8 中 DSP 前后的数码信号和数字信号的区别。GMSK（最小高斯移频键控）解调输出的数码信号包含加密信息、抗干扰和纠错的冗余码及语音信息等，而 DSP 输出的数字信号则是去掉冗余码信息后的数字语音信息。

（2）发送音频信号处理

发送时，话筒送来的模拟语音信号，在音频处理部分进行 PCM 编码得到 64kbps 的数字信号，该信号先后进行语音编码、信道编码、加密、交织、GMSK 调制，最后得到 67.707kHz 的模拟基带信号，送到射频部分的调制电路进行变频处理。图 3.9 为发送音频信号处理变化流程示意图，图中信号 1 是送话器（话筒）拾取的模拟话音信号；2 是经 PCM 编码后 64kbps 的数字话音信号；3 是经 DSP 处理的数码信号；4 是经逻辑电路一系列处理后，分离输出的 TXI/Q 信号；5 是已调中频发射信号；6 是发射频率信号；7 是经功率放大器（PA）放大后的最终发射信号，经天线发射到空中。

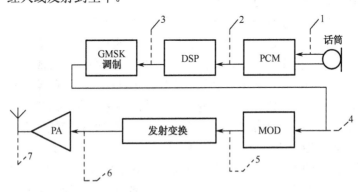

图 3.9 发送音频信号处理变化流程示意图

对于基带信号和模拟音频信号的处理，是由数字信号处理器（或调制解调器、PCM 编解码器、语音编码器）和中央处理器分工完成的。每种机型的模块和集成方式不同，则具体情况也不同，这是读图中值得注意的地方。

2. 系统逻辑控制部分

系统逻辑控制部分对整个数字手机的工作进行控制和管理，它是数字手机系统的心脏，包括开机操作、定时控制、数字系统控制、射频部分控制，以及外部接口、键盘、显示器控制等。

逻辑控制部分由中央处理器（CPU）、存储器组和总线等组成。存储器组一般包括两种不同类型的存储器：数据存储器和程序存储器。数据存储器即静态随机存储器（SRAM），又称暂存器，作为数据缓冲区，其内部存放手机当前运行程序时产生的中间数据。如果关机，则内容全部消失。数字手机的程序存储器多数由两部分组成，包括电可擦写只读存储器（EEPROM）（俗称码片）和闪速只读存储器（FlashROM）（俗称字库或版本）。

FlashROM 的功能是以代码的形式存放数字手机的基本程序和各种功能程序，即存储数字手机出厂前设置的整机运行系统软件控制指令程序，如开机和关机程序、LCD 字符调出程序、系统网络通信控制及检测程序等。FlashROM 存储的是数字手机工作的主程序，一般 FlashROM 的容量是最大的，同时它也存放字库信息等固定的大容量数据。EEPROM 容量较小，它存储手机出厂前设置的系统控制指令等原始数据，但其数据会通过本机工作运行自动更新，也可让用户通过本机键盘进行修改；数字手机设置使用的菜单程序均在本存储器完成擦写，即 EEPROM 主要记录一些可修改的程序参数；另外，EEPROM 内部还存放电话号码簿、IMEI、锁机码、用户设定值等用户个人信息或手机内部信息等数据。

也有一些数字手机的程序存储器就是一片集成电路（如诺基亚 3310、西门子 2588、摩托罗拉 L2000 数字手机等）。还有部分手机将 FlashROM 和 SRAM 合二为一（如爱立信 T18 数字手机），所以在数字手机中看不到 SRAM。

数字手机的程序存储器是只读存储器，也就是说，数字手机在工作时，只能读取其中的数据资料，不能往存储器内写入资料；但只读存储器并不是真正的"只读"，也就是说，在特定的条件下，也能向只读存储器内写入资料。各种各样的软件维修仪都是通过向存储器内部重新写入资料来达到修复手机的目的。

数字手机工作时对软件的运行要求非常严格，CPU 通过从存储器中读取资料来指挥整机工作，这就要求存储器中的软件资料正确。即使同一款数字手机，由于生产时间和产地等不同，其软件资料也有差异，所以对数字手机软件维修时要注意 CPU 版本号与 FlashROM 和 EEPROM 资料的一致性。数字手机的软件故障主要是出现程序存储器数据丢失或者出现逻辑混乱。表现出来的特征如锁机、显示"见供销商"、不开机等。各种类型的数字手机所采用的字库（版本）和码片很多，但不管怎样变化，其功能却是基本一致的。

CPU 与存储器组之间通过地址总线、数据总线和控制总线相连接。所谓控制总线就是指 CPU 向存储器发送各种指令的通道，如片选信号、复位信号、开机维持信号和读写信号等。CPU 就是在这些存储器的支持下，才能够发挥其繁杂多样的功能。如果存储器某些部分出错，数字手机就会出现软件故障。CPU 对音频部分和射频部分的控制处理也是通过控制总线完成的，这些控制信号一般包括 MUTE（静音）、LCDEN（显示屏使能）、LIGHT（发光控制）、CHARGE（充电控制）、AFC（自动频率控制）、RXEN（接收使能）、TXEN（发送使能）、SYNDAT（频率合成器信道数据）、SYNEN（频率合成器使能）、SYNCLK（频率合成器时钟）等。这些控制信号从 CPU 伸展到音频部分和射频部分内部，从而使各种各样的模块和电路中相应的部分完成整机复杂的工作。

所有电路的工作都需要两个基本要素：时钟和电源。时钟信号按照机型的不同，产生方式也有区别，但是其作用却是一致的：①供给逻辑电路部分，为 CPU 提供时钟信号；②供给射频电路部分，为频率合成器提供参考频率。整个系统在时钟的同步下完成各种操作。系统时钟频率一般为 13MHz，有时可以见到其他频率的系统时钟，如 26MHz 等。另外，有的数字手机内部还有实时时钟晶体，它的频率一般为 32.768kHz，用于为显示屏提供正确的时间显示。实时时钟信号出错，数字手机时间显示当然也就不正常。

逻辑/音频部分的电路由众多元件和专用集成电路（ASIC）构成。由于这些集成电路具有专用性、多功能、集成化、多引脚的特点，对它们的功能分析不是那么简单。但从其最基本的功能作用的角度分析，就会知道逻辑/音频部分电路是一种计算机（单片机）系统，如图 3.10 所示。其实，数字手机就是一部在单片机控制下的收发信机。随着技术的发展，现实中一些具有 PDA 功能的数字手机已经是一台能够打电话的掌上电脑了，如摩托罗拉 A6288，N388 数字手机，诺基亚 9110，9210c 数字手机等。

3. 输入/输出（I/O）接口部分

输入/输出（I/O）接口部分包括模拟接口、数字接口以及人机接口三部分。模拟接口包括 A/D、D/A 变换等，数字接口主要是数字终端适配器，人机接口有键盘输入、功能翻盖开关输入、话筒输入、液晶显示屏（LCD）输出、听筒输出、振铃输出、手机状态指示灯输出等。

从广义上讲，射频部分的接收通路（RX）和发送通路（TX）是数字手机与基站进行无线通信的桥梁，是数字手机与基站间的 I/O 接口，如图 3.10 所示，从图中可清楚地看到 CPU 与各接口的功能关系。

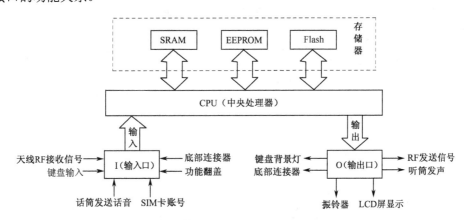

图 3.10　从计算机的角度看数字手机

3.1.4　GSM 型数字手机的电源电路

任何电子设备离开电源是不能工作的，数字手机也是如此。数字手机的电路比较复杂，集高频、低频、模拟、数字等电路于一体，所以对电源电路的要求也较高。

1. 手机电源电路的基本工作过程

电源电路包括射频部分电源和逻辑部分电源，两者各自独立，但同为数字手机电池原始提供者。数字手机的工作电压一般先由电池供给，电池电压在数字手机内部一般需要转换为多路不同电压值的电压供给数字手机的不同部分。例如，旧款数字手机的功放模块需要的电压比较高，有时还需要负压，而新款数字手机的功放模块常采用电池电压直接供给，或通过电子开关管供给，SIM 卡一般需要 1.8～5.0V 电压。对于射频部分的电源要求是噪声小，电压值并不一定很高，所以，在给射频电路供电时，电压一般需要进行多次滤波，分路供应，以降低彼此间的噪声干扰。常因手机机型不同，手机电源的设计也不完全相同，多数机型常把电源集成为一片电源集成块来供电，如三星 A188、爱立信 T28 数字手机等；或者将电源与音频电路集成在一起，如摩托罗拉系列的数字手机；有些机型还把电源分解成若干个小电源块，如爱立信 788/768、三星 SGH600 数字手机等。

无论是分散的还是集成的电源，都有如下共同的特点：都有电源切换电路，既可使用主电，也可使用备电；都能待机充电；都能提供供逻辑、射频、屏显和 SIM 卡等的各种供电电压；都能产生开机、关机信号，接收微处理器复位（RST）、开机维持（WDOG）信号等。

2. 数字手机的开机过程

数字手机内部电压产生与否，由数字手机键盘的开、关机键控制。当开机键被按下后，电源模块产生各路电压，供给各电路部分工作，并产生输出复位信号供 CPU 复位。同时电源模块还供给 13MHz 振荡电路的供电电压，使 13MHz 振荡电路工作，产生的系统时钟送到 CPU。CPU 在具备供电、时钟和复位（三要素）的情况下，从存储器内调出初始化程序，对整机的工作进行自检。自检内容包括：首先对硬件进行检测，硬件检测通过后再对软件进行检测，如逻辑部分自检、显示屏开机画面显示、振铃器或振荡器自检、背景灯自检等。如果自检正常，CPU 将会给出开机维持信号，送给电源模块，以代替开机键维持数字手机的正常开机。在不同的机型中，这个维持信号的实现是不同的。例如在爱立信机型中，CPU 的某引脚从低电压跳变为高电压以维持整机的供电；而在摩托罗拉机型中，CPU 将看门狗信号置为高电压，供应给电源模块，使电源模块维持整机供电。不同机型的开机流程不尽相同。数字手机电源开机过程大致如图 3.11 所示。

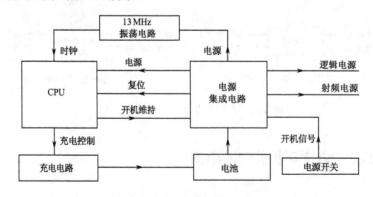

图 3.11　数字手机电源开机过程

3. 数字手机电源基本电路

(1) 电池供电电路

数字手机电池的类型繁多，其连接电路也多种多样，但它们都有一个共同特点：电池电源通常用 VBATT、BATT、BATT+表示，有时也用 VB、B+来表示，外接电源用 EXT—B+表示，经过外接电源和电池供电转换后的电压一般用 B+表示，有的数字手机电池电路中还有一个比较重要的部分——电池识别电路。

通常电池通过 4 条线和数字手机相连，即电池正极（BATT 等）、电池信息（BSI、BATD、BATT—SER—DATA 等）、电池温度（BTEMP）、电池地（GND）。此识别电路通常是手机厂家为防止数字手机用户使用非原厂配件而设置的，也用于数字手机对电池类型的检测，以确定合适的充电模式。其中，电池信息和电池温度与数字手机的开机也有一定的关系。接触不良，数字手机也可能不开机。

(2) 开机信号电路

数字手机的开机方式有两种：一种是高电平开机，也就是当开关键被按下时，开机触发端接到电池电源，是一个高电平启动电源电路开机；另一种是低电平开机，也就是当开关键被按下时，开机触发电路接地，是一个低电平启动电源电路开机。爱立信数字手机基本上都是高电平触发开机，而摩托罗拉、诺基亚及其他多数数字手机都是低电平触发开机。通常如果电路图中开关键的一端接地，则该数字手机是低电平触发开机；如果电路图中开关键的一端接电池正极，则它是高电平触发开机。

开机信号常用 ON/OFF 或 PWR—SW、PWRON、POWKEY 等表示。另外，在开机信号电路中，会看到开机维持信号（看门狗信号），这个信号来自 CPU，以维持数字手机的正常开机，开机维持信号常用 WDOG、DCON、CCONTCSX、PWERON 等表示。

(3) 升压电路

数字手机的电池电压较低，而有些电路则需要较高的工作电压。另外，电池电压随着用电时间的延长会逐渐降低。为了供给数字手机各电路稳定且符合要求的电压值，数字手机的电源电路常采用升压电路，其实升压电路是一种开关稳压电源。开关稳压电源最明显的特点是电路中有一个电感，许多人称它为升压电感，这种称法是不确切的。其实这个电感是储存能量用的，所以应该叫储能电感，它要与电源 IC、放电电容、续流二极管等配合工作才能稳压供电。

(4) 非受控电源输出电路

数字手机中的很多电压是不受控的，即只要按下开机键就有输出，这部分电压大部分供给逻辑电路、基准时钟电路，以使逻辑电路具备工作条件（供电、复位、时钟），并输出开机维持信号，维持数字手机的开机。非受控电压一般是稳定的直流电压，用万用表可以测量，电压值就是标称值。

(5) 受控电源输出电路

数字手机中除了非受控电压外，还有输出受控电压，也就是说，输出的电压是受控的。这部分电压大部分供给手机射频电路中的压控振荡器、功放、发射 VCO 等电路。数字手机为什么要输出受控电压呢？主要有两个原因：一是这个电压不能在不需要的时候出现，否则数字手机就乱套了；二是为了节省电能，使部分电压不需要时不输出。

受控电压一般受 CPU 输出的 RXON，TXON 等信号控制。由于 RXON，TXON 信号为脉冲信号，因此，输出的电压也为脉冲电压，需要用示波器测量，若用万用表测量，其值要小于标称值（因为万用表测量的是平均值）。

以上简要分析了数字手机原理，现在我们进行简单总结。GSM 型数字手机电路结构可大致分为两大部分——射频电路和逻辑/音频电路。

射频电路部分含射频接收电路和射频发射电路。接收电路包括天线回路、高频放大、第一混频、第一中频滤波、第一中放、第二混频、第二中频滤波和正交解调等。发射电路包括发射调制、功率放大、功率检测和功率控制等。频率合成器包括接收本振锁相环和发射载频锁相环电路，还包括间隔工作地收发部分受控电源电路。

逻辑/音频电路主要有接口电路、音频处理电路、逻辑控制电路和电源电路。其中接口电路主要有语音模/数（A/D）及数/模（D/A）转换、底部连接器、听筒、显示屏和键盘等。

音频处理电路由基带信号发送电路和基带信号接收电路组成。基带信号发送电路包括语音编码、数据率适配、信道编码加密、TDMA 帧脉冲形成、GMSK 信号调制等。基带信号接收电路包括自适应均衡、正交信号分离、解密、信道解码、语音解码及数据率适配器。

逻辑控制电路包括时基控制、数字处理系统控制、射频部分控制、接口部分控制、电源部分控制等。

电源电路包括射频部分电源和逻辑部分电源，两者各自独立。

图 3.1（b）概括了 GSM 型数字手机的工作原理，它是最全面的，也是最简单的。分析手机结构时，要以原理框图为"主干"，明确基本概念，"主干"上长出的"枝叶"就是各种具体的电路。掌握了理论，对指导维修很有帮助，在此基础上进一步了解各种机型的特点，在实践中就可以得心应手。

3.2 GSM 型数字手机电路分析

诺基亚 3210 型数字手机是较为典型的 GSM 型数字双频手机，在此以诺基亚 3210 型数字双频手机为例，分析其电路工作原理。诺基亚 3210 型数字手机是由芬兰诺基亚公司推出的一款双频手机。该数字手机的特点是采用了内置天线和电池，逻辑部分基本都是软封装 IC。它的外形曲线柔和，键盘手感舒适平滑，可以随心换彩壳。

3.2.1 诺基亚 3210 型数字手机的主要技术指标

数字手机的技术指标包括整机技术指标和各单元电路的技术指标。

1. 整机技术指标

频率范围：发信 GSM 890～915MHz，DCS 1710～1785MHz；收信 GSM 935～960MHz，DCS 1805～1880MHz；信道间隔 200kHz；采用 I/Q 正交 GMSK 调制；双工间隔 GSM 45MHz，DCS 95MHz；工作电压（DC）2.4～3.6V。

2. 射频指标

输出功率 32dBm±2dBm，收信灵敏度优于-100dBm，收信误码率<2%。

3．语音编码指标

编码类型：规则脉冲激励长时间可预测编码（RPE—LTP），净比特率 13kbps。

4．其他指标

中文短信息接收；日期时钟；内置振动；可选铃声（39 种）；自编铃声（1 种），通过下载方式；通话记录（10 个已接、10 个未接、10 个已拨电话号码）；内置游戏（贪食蛇、记忆力、逻辑猜图）；EFR，STK 服务；闹钟、计算器、货币换算；通话时间 150～270min；待机时间 55～260h；外形尺寸 123.8mm×50.5mm×16.7mm；重量 153g。其外形如图 3.12 所示。

图 3.12 诺基亚 3210 型数字手机外形

3.2.2 射频部分电路分析

对于双频数字手机，一般采用射频接收和发射双通道（或局部双通道）方式。如图 3.13 所示为诺基亚 3210 型数字双频手机射频部分方框图。

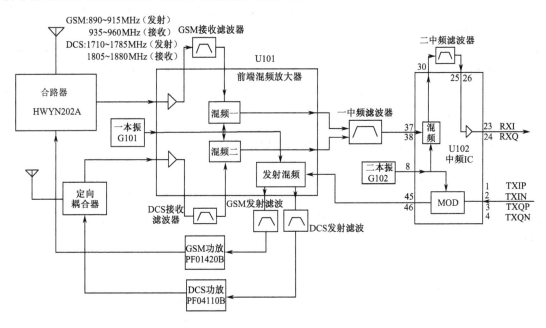

图 3.13 诺基亚 3210 型数字双频手机射频部分方框图

1．诺基亚 3210 型数字双频手机射频信号流程

（1）GSM900MHz 系统信号的收发过程

接收过程：从天线接收到的信号经过合路器（型号 HWYN202A），输出 935～960MHz 的射频信号送到前端混频放大电路，经过前端混频放大电路放大后输出，再经过 900MHz 接收滤波器滤波后，送 U101 中与来自第一本振 VCO 的信号混频产生第一中频信号，再经过第一中频滤波

器滤波后送入中频 IC，在中频 IC 内与来自第二本振 VCO 的信号混频产生第二中频信号，又经第二中频滤波器（13MHz）滤波后输出第二中频 IC，分解为 RXI 和 RXQ 信号送逻辑部分。

发送过程：从逻辑电路来的 4 路调制信号 TXIP，TXIN，TXQP，TXQN 送至中频 IC 的第 1，2，3，4 脚，在中频 IC 内被调制到载波上，而载波信号由第二本振 VCO 产生，已调信号从中频 IC 输出送到前端混频放大电路中进行发射混频，产生 890~915MHz 发射信号，经滤波器滤波后送到功放电路。功放集成电路型号为 PF01420B，其中第 1 脚为信号输入，第 4 脚为信号输出，第 3 脚为电源，第 2 脚为功率控制，与诺基亚 8810 数字手机功放相似。发射信号从功放输出后经互感耦合器到收发合路器，然后从天线发射出去。

（2）DCS1800MHz 系统信号的收发过程

接收过程：从天线接收的信号经过定向耦合器，输出 1805~1880MHz 接收信号送到前端混频放大器 U101 进行高频放大，放大后经过 1800MHz 接收滤波器滤波，然后输入前端混频放大器中，与来自第一本振 VCO 的信号进行混频。注意，虽然两个系统共用一个第一本振 VCO 信号，但频率不相同。由 CPU 自动控制，产生的中频信号送到第一中频滤波器进行滤波，滤波后送到中频集成电路先进行中频信号放大，然后与由第二本振 VCO 产生的信号进行混频，产生第二中频信号，经第二中频滤波器（13MHz）滤波后送到中频 IC，分解为 RXI 和 RXQ 信号送逻辑电路。

发送过程：从逻辑电路来的 4 路调制信号 TXIP，TXIN，TXQP，TXQN 送到中频 IC 的第 1，2，3，4 脚，在中频 IC 内被调制到载波上，该载波也来自第二本振 VCO，但与 900MHz 系统的频率不同，由 CPU 自动控制。已调信号被送到前端混频放大器中进行发射混频，产生 1710~1785MHz 发射信号经滤波器滤波后送到功放电路。功放集成电路型号为 PF04110B，其中第 1 脚为信号输入，第 2 脚为功率控制，第 3 脚为电源，第 4 脚为信号输出。发射信号经互感耦合器后到定向耦合器，由定向耦合器送天线进行发射。

2. 诺基亚 3210 型数字双频手机射频具体电路分析

（1）天线切换开关电路

天线切换开关电路主要由双频切换开关 Z503、900MHz 收发合路器 Y101、1800MHz 收发定向耦合器 Y104、天线接口 X500 和 X501 等组成。其主要作用是使话机天线在不同信道之间、接收部分和发射部分之间进行切换，其电路如图 3.14 所示。

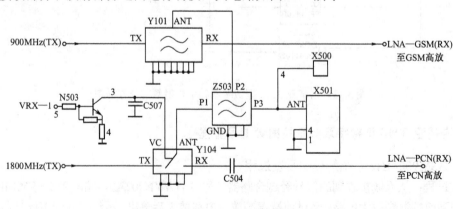

图 3.14　天线切换开关电路

图 3.14 中当话机工作在 900MHz 系统时，其收发信控制由 Y101 收发合路器自动切换，不必由外界施加控制信号；而当话机工作在 1800MHz 系统时，其收发信控制由前端混频放大电路送出 VRX—1 信号，至开关控制级 N503 的第 5 脚，再经 N503 的第 3 脚送出至 Y104 的 VC 端，从而选通其正常收发信号。900MHz 与 1800MHz 系统间的切换由 Z503 完成，Z503 为双工滤波器。

（2）900MHz 系统接收高频放大电路

900MHz 系统接收高频放大电路主要由前端混频放大电路 U101 内部的线性带通滤波器，L602，R607，L616，C641 组成的选频网络和滤波器 Z600 等构成。其作用是增大接收高频信号的强度，筛选出所需的高频信号，以供混频级使用，电路如图 3.15 所示。

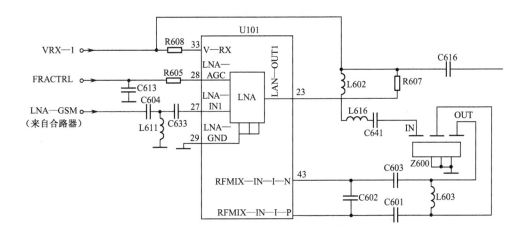

图 3.15　900MHz 系统接收高频放大电路

由收发合路器 Y101 送过来的 900MHz 高频信号送至 LNA—GSM 端，经耦合电容 C604，C633 后送入 U101 内的带通滤波器，由 U101 内的带通滤波器筛选出所需 900MHz 频率的信号。其中 U101 的第 28 脚为带通滤波器控制信号输入端，此信号 FRACTRL 由微处理器 U201 提供（图 3.26）。

（3）1800MHz 系统接收高频放大电路

1800MHz 系统接收高频放大电路由前端混频放大电路 U101 内部的线性带通滤波器和 L608，R603，L607，C640 组成的选频网络以及带通滤波器 Z602、互感器 T600 等构成。其作用是增大接收高频信号的强度，筛选出所需的高频信号以供混频级使用，电路如图 3.16 所示。

由定向耦合器送来的 1800MHz 高频信号送至 LNA—PCN 端，经耦合电容 C612，C634 后送入 U101 内的带通滤波器，筛选出所需 1800MHz 频率信号，由 U101 的第 38 脚送出，此信号经由 L607，C640 组成的选频网络后，送至滤波器 Z602 进行再次滤波，经再次滤波后的高频信号送入互感器 T600 的第 2 脚（此互感器在此起隔离作用），最后输出 1800MHz 高频信号至混频级。其中 U101 的第 28 脚为带通滤波器控制端，此控制信号 FRACTRL 由微处理器 U201 提供。

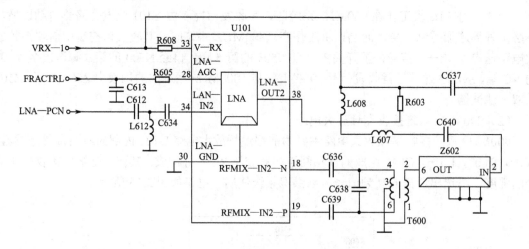

图 3.16 1800MHz 系统接收高频放大电路

(4) 第一本振频率合成器

第一本振频率合成器主要由压控振荡器 G101、中频 IC（U102）内的锁相环分频模块、稳压块 Q101 和前端混频放大电路 U101 局部组成，电路如图 3.17 所示。

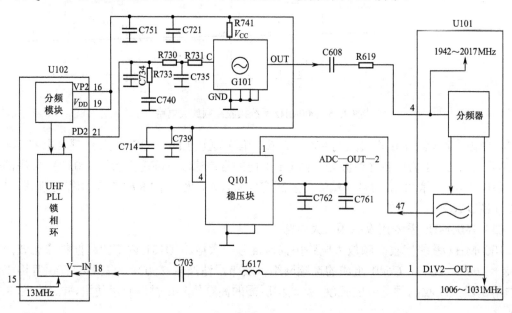

图 3.17 第一本振频率合成器

稳压块 Q101 产生 2.8V 电压供给第一本振压控振荡器 G101，G101 产生 1942～2017MHz 本振信号，经耦合电容 C608、限流电阻 R619 后，送入 U101 的第 4 脚，此信号直接供 1800MHz 频段混频级使用，另外再送入分频器。分频后的信号直接供 900MHz 频段混频级使用，同时还通过 U101 的第 1 脚、C703、L617 组成的匹配电路反馈回 U102 的锁相环模块，经过调整、鉴相后，再由 U102 的第 21 脚送至压控振荡器 G101 的输入端，从而在压控振荡器、中频 IC 和前端混频放大电路之间形成一闭环回路，使得输出至混频级的信号频率更为精确。13MHz

信号为 U102 内部鉴相所用。

（5）第二本振频率合成器

第二本振频率合成器主要由压控振荡器 G102、中频 IC 内的锁相环、分频模块组成，电路如图 3.18 所示。

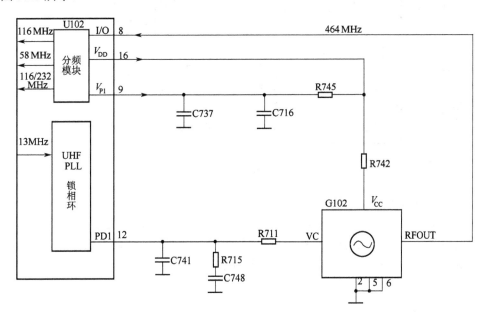

图 3.18　第二本振频率合成器

微处理器控制中频 IC（U102）输出电压给压控振荡器 G102，从而产生 464MHz 的本振信号，由 G102 的 RFOUT 端送出，经 U102 的第 8 脚送入中频 IC 内的分频模块，分频后的 116MHz、58MHz 频率信号供接收中频混频级使用，116/232MHz 信号供发射中频混频级使用。经分频模块后的信号另一路直接送入锁相环，待调整、鉴相后由 U102 的第 12 脚送出至压控振荡器输入端，从而使得振荡器、分频器、锁相环之间形成一闭环回路，确保其输出信号频率的精确度。

（6）接收混频电路

接收混频电路主要由前端混频放大电路 U101（局部）和 L618，C619，L601，C627，C629，C643，L609，L610 组成的线性滤波器等构成。其作用是将第一本振信号（1942～2017MHz）与接收高频放大电路送来的信号（900MHz/1800MHz）进行差频，差出所需中频信号 71MHz 供中频放大级使用，电路如图 3.19 所示。

GSM900MHz 频率信号由 U101 的第 42，43 脚送入并与第一本振分频后的频率信号混频，差出的 71MHz 信号经耦合电容 C617，C618 由 SAW1，SAW2 端输出，供中频放大环节使用。DCS1800MHz 频率信号由 U101 的第 18，19 脚送入并与第一本振频率信号混频差出 187MHz 频率信号，由 U101 的第 45，46 脚送出并经线性滤波后由第 11，12 脚送回。送回的 187MHz 频率信号与 116MHz 信号再次混频差出 71MHz 信号，由 U101 的第 15，16 脚送至 SAW1，SAW2 端，供中频放大环节使用。其中，VRX—1 端为电源端，由电源 IC 提供。

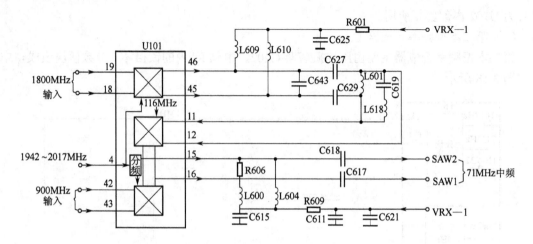

图 3.19 接收混频电路

（7）接收中频放大器及中频解调电路

接收中频放大器及中频解调电路主要由中频集成电路 U102、带通滤波器 Y102 等组成，主要作用是将混频送来的 71MHz 中频信号进行适当放大，同时解调成 RXI 和 RXQ 两路信号送入音频 IC（U203）进行数模转换，电路如图 3.20 所示。

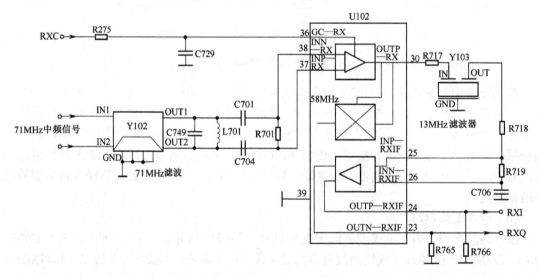

图 3.20 接收中频放大器及中频解调电路

71MHz 中频信号经带通滤波器 Y102 输出较理想的中频信号，送给中频集成电路 U102 的第 37，38 脚，经内部放大，再与 58MHz 频率信号进行混频，混频后的信号由第 30 脚送出，然后经过第二中频滤波器 Y103 滤波后，由 U102 的第 25，26 脚返回，经内部解调处理，由第 23，24 脚输出 RXI 和 RXQ 信号至音频 IC（U203）进行数模转换。其中，U102 的第 36 脚为内部放大器正电源输入端，直接由电源 IC 提供。

（8）发射 I/Q 调制电路

发射 I/Q 调制电路主要由中频集成电路 U102（局部）、滤波器 Z702 等组成，电路如

图 3.21 所示。来自音频集成电路 U203 的 TXQN，TXQP，TXIN，TXIP 四路信号分别由中频 IC（U102）的第 1，2，3，4 脚送入并分成两路。当话机工作于 GSM 900MHz 频段时，输入信号与 116MHz 中频信号调制放大后，由 U102 的第 44 脚和第 45 脚送出，经匹配电路送出调制的信号 TX—GSM—P，TX—GSM—N 至前端混频放大电路 U101；当话机工作于 DCS 1800MHz 频段时，输入信号与 232MHz 中频信号调制放大后，由 U102 的第 46 脚送出，经滤波器 Z702 后送出调制的信号 TX—PCN—N，TX—PCN—P 至前端混频放大电路 U101。

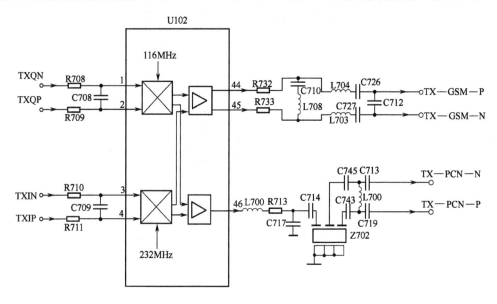

图 3.21 发射 I/Q 调制电路

（9）发射混频电路

发射混频电路主要由前端混频放大电路 U101、带通滤波器 Z603、互感器 Z601 等组成，电路如图 3.22 所示。其作用是将调制后的信号混频、放大供功放电路使用。

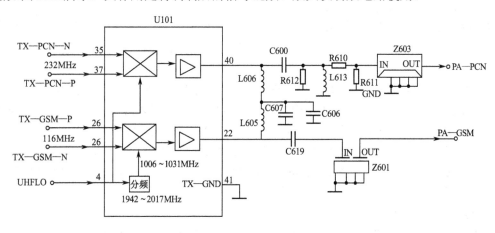

图 3.22 发射混频电路

来自调制电路的中频信号 TX—PCN—N，TX—PCN—P，TX—GSM—P，TX—GSM—N 分两路与第一本振信号 1942～2017MHz（UHFLO）及其分频产生的 1006～1031MHz 信号进

行混频放大后,分别差频出 1710～1785MHz 频率信号并经耦合电容 C600 送入带通滤波器 Z603,滤波后的信号 PA—PCN 供给功率放大电路;由第 22 脚送出的 890～915MHz 频率信号经耦合电容 C619 送入互感器 Z601,感应后的高频信号 PA—GSM 供给功率放大电路。其中 U101 的第 4 脚为第一本振频率输入端。

(10) 900MHz 系统发射功率放大电路

900MHz 系统发射功率放大电路主要由功率放大器 U104、互感器 L500 等组成,其作用是使将要发送的高频信号放大至需要的发射功率,电路如图 3.23 所示。

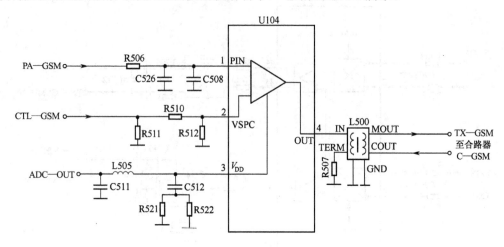

图 3.23 900MHz 系统发射功率放大电路

由发射混频电路送来的 890～915MHz 高频信号 PA—GSM,经功率放大器 U104 放大后,从 U104 的第 4 脚 OUT 端输出。其中 U104 的第 2 脚为放大器工作控制端,CTL—GSM 信号是由 CPU 提供的。L500 的 COUT 为互感器的工作选通端,C—GSM 信号由发射双频切换电路提供。

(11) 1800MHz 系统发射功率放大电路

1800MHz 系统发射功率放大电路主要由功率放大器 U103、功率放大器 U105、互感器 L503、带通滤波器 Z502 等组成。其作用是使将要发送的高频信号放大至需要的发射功率,电路如图 3.24 所示。

由发射混频电路送出的 1710～1785MHz 高频信号 PA—PCN,经功率放大器 U105 的第 1 脚送入,放大处理后由第 4 脚送出,通过耦合电容 C515 送入滤波器 Z502,经滤波后的信号送入功放 U103 的第 1 脚进行再次放大处理,最后送入互感器 L503 的 IN 脚,经感应后的信号由 L503 的 MOUT 送至天线切换开关电路。其中 U103 的第 1 脚为放大器工作控制端,CTL—PCN 信号由 CPU 直接提供,L503 的 TERM 脚为互感器的控制脚,C—PCN 信号由发射双频切换电路提供。

(12) 13MHz 基准时钟电路

13MHz 基准时钟电路主要由晶振 B101、控制放大器 Q201、反相器 D700 等组成,其作用是产生一个稳定的 13MHz 时钟信号。时钟信号一路送入微处理器,用以协调微处理器内各部分有条不紊地工作,另一路送入中频 IC 内锁相环供鉴相用,电路如图 3.25 所示。

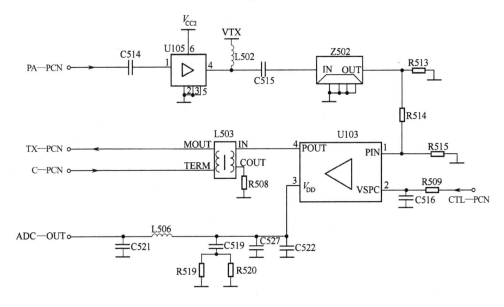

图 3.24　1800MHz 系统发射功率放大电路

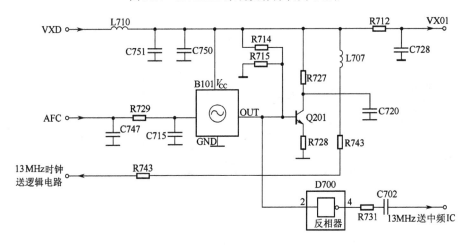

图 3.25　13MHz 基准时钟电路

由晶振 B101 产生的 13MHz 时钟信号，一路送入反相器 D700，再经耦合电容 C702 后，从 U102 的第 15 脚送入，用做内部鉴相；另一路送入放大管 Q201 的基极，经放大后直接送入微处理器 U201，供逻辑处理使用。

3.2.3　逻辑/音频电路及 I/O 接口电路分析

诺基亚 3210 手机逻辑/音频部分原理方框图如图 3.26 所示。在 U201 集成块（CPU）的控制下，音频处理模块 U203 完成对 RXI/Q，TXI/Q 信号的 GMSK 解调与调制，同时进行音频信号的编解码及语音放大任务。CPU 与 U202，U204，U205 之间通过地址总线、数据总线和控制总线相连接，并通过控制线向存储器发送各项指令。CPU 对音频部分和射频部分的控制处理也是通过控制线完成的。

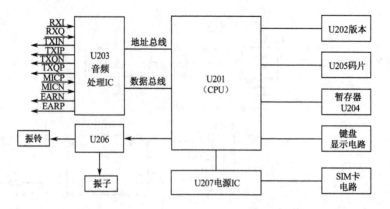

图 3.26　诺基亚 3210 手机逻辑/音频部分原理方框图

1. 音频处理电路

音频放大处理电路主要由音频处理器 U203、微处理器 U201（局部）等组成，它主要对听筒信号、话音信息进行阻抗匹配，用于电流放大以及内置耳机与外接耳机之间的切换，电路如图 3.27 所示。

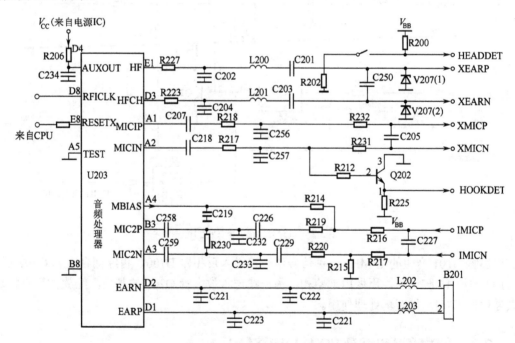

图 3.27　音频处理电路

当话机使用机内耳机和话筒时，机内话筒（IMICP, IMICN）的信号经 R216，R217，R219，R220，C226，C229，C258，C259 送入 U203 内的语音放大器进行放大调整后，送入内部编译解码器进行处理。收信信号经 U203 解调处理后由 D2，D1 脚送出，再经电感线圈 L202，L203，送入机内听筒 B201。

当使用外接话筒时，由外接话筒插头送入 XMICP，XMICN 信号，经 R231，R232，R218，

R217，C207，C218 送入 U203 进行放大调整，而 XMICN 信号同时经 R231，R212 送至开关管 Q202，产生一个外接话筒中断允许信号 HOOKDET，微处理器得到这个信号后将关断机内话筒。当使用外接耳机时，从耳机插口处向微处理器 U201 发出一个机外耳机允许中断信号 HEADDET，从而开通机外耳机连接通路（由 U203 的 E1，D3 脚发出经 L200，L201，C201，C203 送至 XEARP，XEARN 端），同时断开机内耳机连接通路。

U203 的 D4 脚为 U203 的正电压工作端，由电源 IC（U207）直接提供；D8 脚（RFICLK）为时钟输入端，由微处理器 U201 提供；E8 脚（RESETX）为复位信号输入端，由微处理器 U201 提供。

2．SIM 卡接口电路

SIM 卡接口电路主要由电源模块 U207 和卡座 X100 组成，电路如图 3.28 所示。

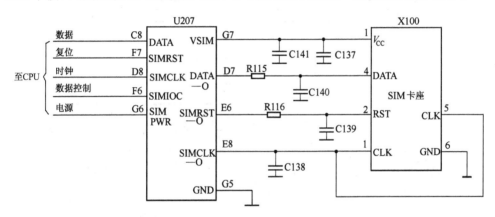

图 3.28 SIM 卡接口电路

U207 电源模块和卡座 X100 组成的 SIM 卡接口电路，主要对 SIM 卡进行读/写操作，SIM 卡的供电、复位、串行时钟、读/写操作均通过电源 IC（U207）进行控制。

3．液晶显示及背光灯电路

液晶显示及背光灯电路主要由微处理器 U201、音频处理器 U203、驱动转换器 U206、液晶显示屏 X400 等组成。其主要作用是将数字手机的信息和工作状态反映给用户，使用户通过显示信息了解数字手机当前的工作状态，电路如图 3.29 所示。

诺基亚 3210 数字手机采用 84×48 点阵式液晶显示模块，该显示模块直接提供与微处理器的直接接口，其液晶显示的电压驱动信号由音频处理器 U203 的 E6 发出，其他的数据选通、传输、控制信号均由微处理器 U201 提供，U201 的 A10，B10 脚为液晶显示数据传输线，D1 和 E3 为液晶显示的数据传输使能端。U203 除了通过驱动转换器 U206 的第 2 脚送出液晶显示驱动电压外，还同步地送出背光灯驱动信号 LCDEN，使其液晶显示清晰可见。

4．振子、振铃及按键灯驱动电路

振子、振铃及按键灯驱动电路主要由微处理器 U201、驱动转换器 U206、振铃 B400 等组成，电路如图 3.30 所示。

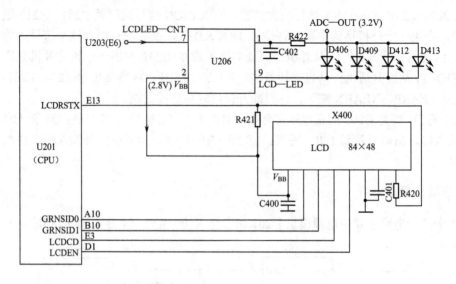

图 3.29　液晶显示及背光灯电路

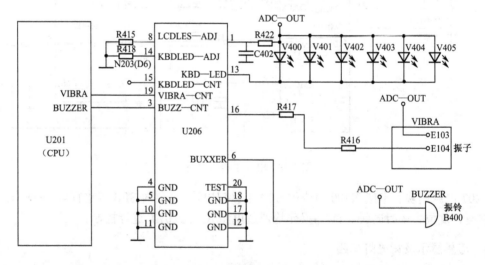

图 3.30　振子、振铃及按键灯驱动电路

振子、振铃驱动信号都由微处理器发出，经过 U206 转换处理后，驱动其相应部分工作，按键灯驱动控制信号由 U203 的 D6 脚发出，其中 U206 的第 1 脚输出的 ADC—OUT 电压信号是所需正电压，第 6 脚为振铃控制信号输出端，第 16 脚是振子控制信号输出端，R417、R416 在此起着限流作用，第 13 脚是按键灯控制信号输出端。

3.2.4　电源电路分析

1. 直流稳压电源电路

直流稳压电源电路主要由电源模块 U207、开关管 V103 和各输出端的滤波电容构成电压，供话机各部分使用，电路如图 3.31 所示。

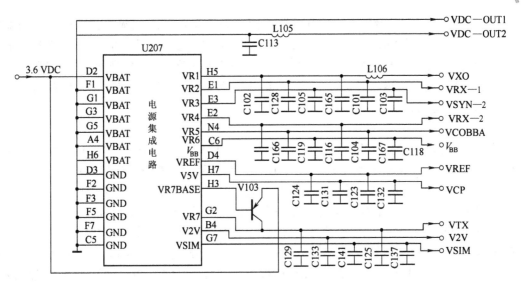

图 3.31　直流稳压电源电路

直流稳压电源模块 U207 送出的 11 组电压分别如下：VDC—OUT1 电压主要供背光灯、振子、振铃、功放等电路使用；VDC—OUT2 电压主要供压控 VCO 使用；VXO 电压主要供 13MHz 时钟电路使用；VRX—1 电压主要供前端混频放大电路 U101 使用；VSYN—2 电压主要供前端混频放大电路 U101 使用；VRX—2 电压主要供中频模块 U102 使用；VCOBBA 电压主要供音频模块 U203 使用；V_{BB} 电压主要供 CPU、版本、码片使用；VREF 电压主要供音频模块 U203 使用；VCP 电压主要供中频模块 U102 使用；VTX 电压主要供发射 VCO 模块使用。

2. 直流电源升压电路

直流电源升压电路主要由升压集成电路 U210、二极管 V101、滤波线圈 L101 和 L103、滤波电容 C109，C110，C111，C112，C115 等组成，电路如图 3.32 所示。

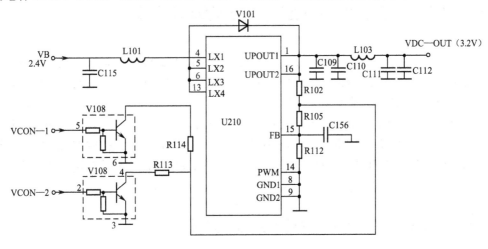

图 3.32　直流电源升压电路

电池电压 VB（2.4V）经 L101 向升压集成电路 U210 送入 2.4V 直流电压，在 U210 内部变换，由 U210 的第 1 脚和第 16 脚送出 VDC—OUT（3.2V）直流电压，再送入电源模块，主要供射频电路的压控振荡器 VCO 和 3V SIM 卡使用。U210 的第 15 脚 FB 是输出电压调整端，调整信号 VCON—1，VCON—2 由 CPU 送入，经开关管 V108 匹配后控制 U210 的 FB 端。

3．带机充电电路

带机充电电路主要由充电模块 U208 和开关管 V114 组成，电路如图 3.33 所示。当插入带机充电插头后，外接充电电压 V—CHARG—IN 经保险管 F100 和线圈 L100 送入充电模块 U208，并通过电阻 R100 采样电平（高电平）送至电源模块 U207 的外接充电信号输入端，并通过 U207 向 CPU 发出对电池充电的中断信号。CPU 收到充电中断信号后，通过开关管 V114 向充电模块 U208 的 F2 脚送入 PWM 充电脉宽信号，控制 U208 向电池进行充电。当电池已充至饱和时，电池电量检测电路向 CPU 送出电池已充足信号，CPU 收到这个信号后通过 V114 向 U208 送出停止充电信号（CHARG—OFF），不再向 U208 送入 PWM 脉宽信号。

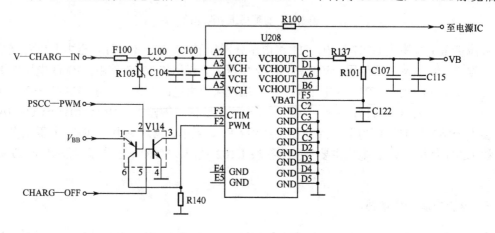

图 3.33　带机充电电路

3.3　CDMA 型数字手机芯片组合与电路简介

当前各厂商研制出来的 CDMA 手机基本上都是 CDMA2000 1x 模式，且使用美国高通（QUALCOMM）公司开发出来的 CDMA 移动台芯片应用组合，主要有 MSM3100，MSM3300，MSM5100，MSM5105 等几个系列。例如，三星 A399，N299，A809 及波导 C58、浪潮 CU100 和 TCL1838 等，就采用 MSM3100 芯片组作为电路主要构成方式。三星 X199 的应用芯片组是 MSM5100，TCL1828 的应用芯片组是 MSM5105。应用相同芯片组的 CDMA 数字手机在电路结构上有一致性与相似性，原理也基本一样，但因界面设计的差异与接口功能的改变，芯片的外围分立元件与通用输入/输出接口的定义有一定的差别。

3.3.1　CDMA 型数字手机芯片组合与手机系统简介

此处主要以 MSM3100 芯片组为例进行分析，MSM3100 芯片组是美国高通公司开发出的第六代CDMA芯片组和系统方案,该芯片组主要包括:MSM3100,IFR3000,RFT3100,RFR3100和电源管理模块PM1000五个芯片。如图3.34所示是MSM3100芯片组应用系统框图。

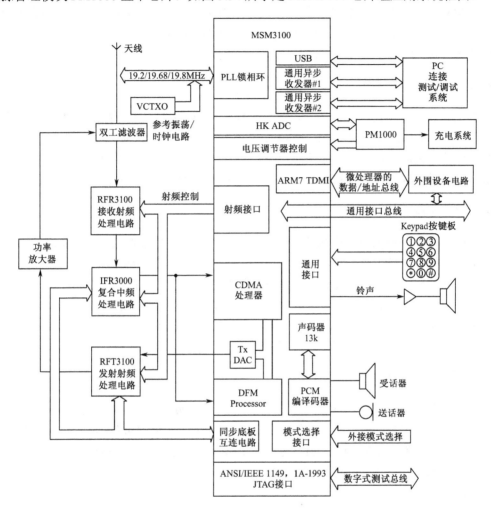

图 3.34　MSM3100芯片组应用系统框图

1．MSM3100芯片简介

MSM3100芯片是MSM3100芯片组的核心,为FBGA封装,共有208脚。该芯片将数字和模拟功能集成在一个芯片上,做到低功率、低成本。它包括CDMA处理器、数字信号处理器核心、多标准语音编解码器、锁相环、带耳机及扬声器放大器的集成PCM编解码器、通用模数转换器（ADC）、ARM7 TDMI微处理器及其存储器接口、通用串行总线（USB）和RS-232串行接口等所有的CDMA基本组成部件,另外设计有与RF电路相连的功率控制电路和低功率睡眠控制器。

MSM3100芯片进行基带数字信号处理并可执行用户系统软件。它是用户终端的中心接口设备,能提供对射频及基带部分的接口及控制信号,控制音频电路、无黏性内存接口及其他的用户接口。如果集成编解码器后,MSM3100芯片还可以直接与扬声器和耳机连接,从而大大减少与一些无源组件的音频接口的数量。

MSM3100 芯片可直接与 RFT3100 芯片连接，完成模拟基带信号至发射射频信号的上变频；与 RFR3100 芯片连接，完成接收射频信号至中频信号的下变频；与 IFR3000 芯片连接，完成中频信号至基带信号的转换；与 PM1000 芯片连接，完成整机电源管理。MSM3100 芯片的微处理器对芯片组的工作和各个芯片进行有效控制。

2．RFT3100 芯片简介

RFT3100 作为基带的射频处理器，提供了最先进的 CDMA 发射技术，执行所有发射信号的处理功能。RFT3100 芯片利用一个模拟基带接口，直接与 MSM3100 芯片相连。它处在数字基带和功放之间，在芯片中集成了以下功能：I/Q 调制器、从中频到射频的单边带上变频和供产生发射中频的可编程的锁相环、驱动放大器、发射功率控制器（APC）等。

3．RFR3100 芯片简介

RFR3100 是工作在射频到中频接收的芯片，执行所有前端接收信号处理功能。RFR3100 芯片集成了双频带低噪声放大器和变频器，供射频到 CDMA 和调频中频的下变频。RFR3100 和 IFR3100 芯片一起提供了完整的射频到基带的芯片集成技术，提供接收路径。

RFR3100 芯片的 CDMA 低噪声放大器，在高电平干扰信号状态时提供增益控制，以增大动态范围，确保接收性能和电流损耗。该芯片的工作模式和频带选择受 MSM3100 芯片控制，包括电源关断模式，使电源管理得到优化，使待机时间得到延长。

4．IFR3100 芯片简介

IFR3100 芯片内的电路部件，包括接收自动增益控制放大器、中频变频器、CDMA/FM 低通滤波器（实现中频到模拟基带的下变频转换）和模拟到数字的转换器（实现 I/Q 模拟基带到数字基带的转换）。IFR3100 芯片还包括时钟发生器，它可以驱动话机的数字处理器和压控振荡器（VCO），产生接收混频本振信号。

5．PM1000 芯片简介

PM1000 芯片是一个拥有完整电源管理系统的芯片，供 CDMA 数字手机应用。其基本功能是提供可编程电压，供给电池管理、充电控制和线性电压调整，供给数字和射频/模拟电路的电源。电池管理包括过压和过流保护及低电压报警等。充电控制包括供锂电池和镍氢电池充电模式的选择。电压调整包括供电的复位和控制。

电池充电系统用来控制电池充电电流和电压，在充电系统中有两个充电模式（快速充电系统和待机充电系统）。PM1000 芯片可以通过感应装置来实现使用一个单电池，或使用一个双电池系统的自动转换和过压过流保护，以及一个单电池或一个双电池系统支持两个电池的低电压告警信号，一个库仑计数器用于显示电池电量，测试和完成电池的充电工作，这些功能被集成在 PM1000 芯片上。同时，该芯片也支持两种类型的外部电源组的使用，即恒流/恒压或只有恒压。

PM1000 芯片包含 8 个供电稳压管，以提供稳定的电压给 CDMA 数字手机的射频和数字部分。通过使用 QUALCOMM 公司生产的"三线"串行总线接口（SBI），微处理器可单独对每个调整器进行控制和编程,这可使微处理器对各系统进行开启和关闭,调控各供电管的输出电压。在手机的开启状态,通过PM1000可控制各电路供电的次序。

此外,PM1000也包含了各种间接支持对于电源管理以外的功能,如数模转换器(ADC)、实时时钟(RTC)、键盘及背景灯驱动器、显示屏(LCD)背景灯驱动器、振铃驱动器和一个振子驱动器等。此外,PM1000芯片内所有的工作模式和功能,都可以经"三线"串行总线接口(SBI),由MSM3100芯片微处理器控制。

目前大多数CDMA手机厂商都只使用了MSM3100、IFR3000和RFT3100芯片。

3.3.2 CDMA型数字手机电路简介

这里以三星CDMA A399数字手机为例介绍CDMA型数字手机电路结构。三星CDMA A399数字手机采用了美国高通(QUALCOMM)公司开发的CDMA移动台MSM3100芯片应用组合——MSM3100、IFR3000和RFT3100芯片。如图3.35所示是三星CDMA A399数字手机的整机电路方框图。

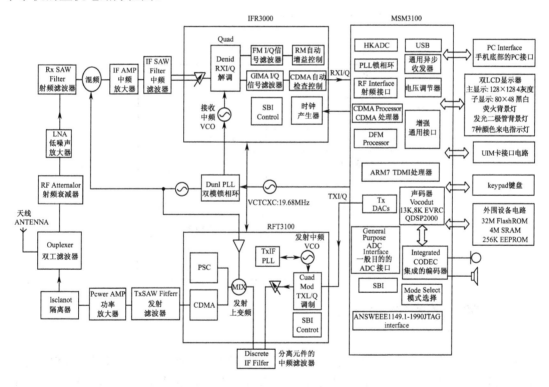

图3.35 三星CDMA A399数字手机的整机电路方框图

A399数字手机的接收机是一个超外差一次变频接收机,A399的发射机是一个带发射上变频器的发射机。

接收时,天线感应到的射频信号经双工滤波器进入接收机电路。射频信号首先经一个射频衰减器,防止强信号造成接收机阻塞。经射频衰减器后,信号由低噪声放大电路进行放大,由射频滤波器滤波,然后进入混频电路。在混频电路中,射频信号与本机振荡信号进行混频,得到接收机的中频信号。中频信号经中频滤波后送入 IFR3000 芯片，由 AGC 放大器再一次放大，然后由 I/Q 解调电路进行解调。接收中频 VCO 电路产生一个 VCO 信号用于 I/Q 解调，I/Q 解调器输出 CDMA 手机的 RXI/Q 信号，送到 MSM3100 芯片进行逻辑处理，最终推动耳机发声。

发射时，逻辑电路（MSM3100 芯片）输出的 TXI/Q 信号被送到 RFT3100 芯片内的 I/Q 调制器。用于 I/Q 调制的载波信号由一个专门的发射中频 VCO 电路产生，I/Q 调制器输出的发射已调中频信号经滤波后送到发射上变频电路。在发射上变频电路中，已调中频信号与射频 VCO 信号进行混频得到最终发射信号，经 CDMA 信号形成电路输出到功率放大集成电路，经功率放大、隔离器、双工滤波器到天线，由天线将高频信号转化成高频电磁波辐射出去。

三星 CDMA A399 数字手机的基带处理、音频处理及整机控制等均由 MSM3100 芯片完成。

3.3.3 CDMA 型数字手机技术参数

CDMA 型数字手机的技术参数如表 3.1 所示。

表 3.1 CDMA 型数字手机技术参数

指 标 项	技 术 参 数
发射频率范围	824～849MHz
接收频率范围	869～894MHz
本振频率范围（接收、发射）	966.66±12.5MHz
接收中频频率	83.38MHz
发射中频频率	130.38MHz
系统主时钟	19.50/19.68/19.80MHz
双工间隔	45MHz
信道间隔	1.25MHz
工作电压	DC 3.2～4.2V

3.4 数字手机的 SIM 卡

无论是 GSM 系统还是 CDMA 系统，数字手机用户在"入网"时都会得到一张 SIM 卡或 UIM 卡，SIM 卡或 UIM 卡是"用户识别模块"，数字手机与手机卡共同构成移动通信终端设备。

手机卡内存储了所有属于本用户的信息和各种数据，每一张手机卡对应一个移动用户电话号码。现行网络营运商提供的号码都是 11 位，如 13908354139、13032355168 等。手机卡的应用，使数字手机不固定地"属于"一个用户，实现数字手机号码随卡不随机的功能。若将自己的手机卡插进别人的数字手机打电话，营业部门只收该卡产权用户的话费。换句话说，就是插谁的卡打电话，就收谁的费。系统是通过手机卡来识别数字手机用户的，而不是靠数字手机来识别用户，实现了"认人不认机"的构想。只有在处理异常的紧急呼叫（如拨打"112"）

时可以不插入手机卡操作数字手机。维修者也可以在无卡的情况下，通过拨打"112"来判断数字手机发射是否正常。

机卡分离式 CDMA 数字手机的 UIM 卡，外型与 SIM 卡相似，同样有电源、时钟、数据、复位、接地端，只是各个触点的具体位置排列与 SIM 卡略有差异。

3.4.1 SIM 卡的内容

SIM 卡中的各种数据不是一成不变的，它与 GSM 系统的发展同步，分阶段地增加新特性、新功能。SIM 卡是一张符合 GSM 规范的"智慧"卡，它内部包含了与用户有关的信息，内部保存的数据可以归纳为以下 4 种类型。

① 由 SIM 卡生产商存入的系统原始数据，如生产厂商代码、生产串号、SIM 卡资源配置数据等基本参数。

② 由 GSM 网络运营商写入的 SIM 卡所属网络与用户有关的被存储在用户这一方的网络参数和用户数据等，包括鉴权和加密信息 Ki（Kc 算法输入参数之一密钥号）、国际移动用户号（IMSI）、A3（IMSI 认证算法）、A5（加密密钥生成算法）、A8（密钥 Kc 生成前，用户密钥 Kc 生成算法）、数字手机用户号码、呼叫限制信息等。

③ 由用户自己存入的数据，如缩位拨号信息、电话号码簿、数字手机通信状态设置等。

④ 用户在使用 SIM 卡过程中自动存入及更新的网络接续和用户信息，如临时移动台识别码（TMSI）、区域识别码（LAI）、密钥（Kc）等。

上面第一类数据属永久数据，第二类数据只有 GSM 网络运营商才能查阅和更新。SIM 卡分为"大卡"和"小卡"，"大卡"尺寸为 54mm×84mm（约为名片大小），"小卡"尺寸为 25mm×15mm（比普通邮票还要小）。其实"大卡"中真正起作用的还是它上面的一张"小卡"。目前在国内流行的样式是"小卡"，"大卡"只在部分摩托罗拉手机中使用（现已淘汰），如图 3.36 所示为 SIM 卡外形。

图 3.36　SIM 卡外形

个人识别码（PIN）是 SIM 卡内部的一个存储单元，PIN 密码锁定的是 SIM 卡。若将 PIN 密码设置开启，则将该卡放入任何手机，每次开机均要求输入 PIN 密码，密码正确后，才可进入 GSM 网络。若错误地输入 PIN 密码 3 次，将会导致"锁卡"现象。此时只要在手机键盘上按一串阿拉伯数字（PUK 码，即帕克码），就可以解锁。但是用户一般不知道 PUK 码。要特别注意：如果尝试输入 10 次仍未解锁，就会"烧卡"，就必须再去买张新卡了。设置 PIN

可防止 SIM 卡未经授权而被使用。

如果 SIM 卡在一部手机上可以用，而在另一部手机上不能用，有可能是因为在手机中已经设置了"用户限制"功能。这时可通过用户控制码（SPCK）取消该手机的限制功能。例如三星 600、摩托罗拉 T2688 等机型，手机的"保密菜单"可进行 SIM 卡限定设置，即设置后的手机只能使用限定的 SIM 卡。设置后的手机换用其他 SIM 卡时会被要求输入密码，密码输入正确方可进入网络。如果忘记密码，则只能用软件故障维修仪重写手机码片进行解锁。而通过设置也可使 SIM 卡能在其他手机中正常使用，不会提问密码，即"用户限制"功能用密码锁定的是数字手机。

在我国，有一些数字手机生产商或经销商，把数字手机与"中国移动"或"中国联通"的 SIM 卡做了捆绑销售（价格相对便宜）。那么，数字手机在使用时就只能使用"中国移动"或"中国联通"的 SIM 卡，这不是故障，而是使用了"网络限制"功能，即"锁网"。这时可通过 16 位网络控制码（NCK）来解除锁定，但一般要专用软件才能解决。

上述 PIN 密码、"用户限制"密码和"网络限制"密码均为不同的概念，与"话机锁"密码的概念也不同，设置"话机锁"密码可防止数字手机未经授权而被使用。例如，许多款手机出厂时的"话机锁"密码为"1234"，也有的是"0000"等。

3.4.2 SIM 卡的构造

SIM 卡是带有微处理器的芯片，包括微处理器、程序存储器、工作存储器、数据存储器和串行通信单元 5 个模块，每个模块对应一个功能。一个 SIM 卡最少有电源、时钟、数据、复位、接地端 5 个端口。如图 3.37 所示是 SIM 卡触点功能，如图 3.38 所示为手机中的 SIM 卡座。

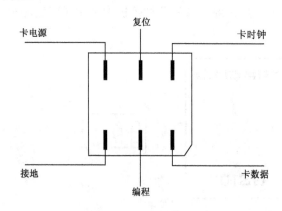

图 3.37 SIM 卡触点功能

图 3.38 SIM 卡座

SIM 卡座在手机中提供手机与 SIM 卡通信的接口，通过卡座上的弹簧片与 SIM 卡接触。所以如果弹簧片变形，会导致 SIM 卡故障，液晶显示屏会提示"检查卡"、"插入卡"等信息。早期生产的手机设有卡开关，卡开关是判断卡是否插入的检测点。例如摩托罗拉 328 手机，由于卡开关的机械动作，造成开关损坏的很多。现在新型的手机已经将此开关去除了，而是通过数据的收集来识别卡是否插入，减少了卡开关不到位或损坏造成的问题。

卡电路中的电源 SIMVCC，SIMGND 是卡电路工作的必要条件。卡电源用万用表就可以检测。SIM 卡插入数字手机后，电源端口提供电源给 SIM 卡内的单片机。检测 SIM 卡存在与否的信号只在开机瞬时产生，当开机检测不到 SIM 卡存在时，将提示"Insert Card"（插入卡）；如果检测 SIM 卡已存在，但机卡之间的通信不能实现，会显示"Check Card"（检查卡）；当 SIM 卡对开机检测信号没有响应时，如果有软件故障，数字手机也会提示"Insert Card"（插入卡）。SIM 卡的供电分为 5V（1998 年前发行）、5V 与 3V 兼容、3V、1.8V 等，当然这些卡必须与相应的数字手机配合使用，即数字手机产生的 SIM 卡座供电电压与该 SIM 卡所需的电压要匹配。

卡电路中的 SIMI/O，SIMCLK，SIMRST 全部是由 CPU 间接控制来实现的。虽然基站与网络之间的沟通数据随时随地进行着，但确定哪个时刻数据沟通往往很难。有一点可以肯定，当手机开机与网络进行鉴权时必有数据沟通，尽管这一时间很短，但要进行测量一定有数据，所以我们在判定卡电路故障时，这个时隙为最佳监测时间。正常开机的数字手机，在 SIM 卡座上用示波器可以测量到 SIM I/O，SIMCLK，SIMRST 信号，它们一般是一个 3V（或 5V）左右的脉冲。若测不到，说明 SIM 卡座供电开关管周边电阻、电容元件脱焊，SIM 卡座脱焊，也有可能是卡座接触不良，SIM 卡表面脏或使用废卡也会出现这样的问题。使用 SIM 卡时要小心，不要用手去触摸上面的触点，以防止静电损坏 SIM 卡，更不能折叠。如果 SIM 卡脏了，可用酒精棉球轻擦。SIM 卡在一部数字手机上可以用，而在另一部数字手机上不能用，也有可能是卡插座接触不良，或数字手机产生的 SIM 卡插座供电电压与该型号的 SIM 卡所需电压不匹配造成的。

SIM 卡的存储容量有 3KB，8KB，16KB，32KB，64KB 等。STK 卡是 SIM 卡的一种，它能为手机提供增值服务，如手机银行等。

每当移动用户重新开机时，GSM 系统要自动鉴别 SIM 卡的合法性，GSM 网络的身份鉴权中心对 SIM 卡进行鉴权，即与数字手机对一下"口令"，只有在系统认可之后，才为该移动用户提供服务，系统分配给用户一个临时号码（TMSI），在待机、通话中使用的仅为这个临时号码，这就提高了保密度。

3.5 数字手机的电池

可充电电池作为数字手机的重要配件，如果能正确使用，不仅可以延长电池本身的寿命，还能够增加手机的待机时间，改善数字手机的通话质量。

3.5.1 数字手机电池种类和特点

常用数字手机电池有三种类型，即镍镉电池（Ni-Cd）、镍氢电池（Ni-MH）和锂离子电池（Li-ion），它们特性各异，因而使用方法也有所不同。常用数字手机电池外形如图 3.39 所示。

镍镉电池是最早使用的数字手机电池，优点是性能稳定，结实耐用，价格便宜。缺点是体积大，容量较小，通话时间短，且有记忆效应（电池在未完全耗尽电量时，再次充电会导致电池储备的电量减少，电池提供正常端电压的能力下降，表现为待机时间缩短，并且缩短电池的使用寿命)。镍镉电池因为缺点较多,已被市场慢慢淘汰。镍氢电池的电量储备比镍镉电池约大 30%,价格适中,性能较好,安全可靠,仅有微弱的记忆效应。特别是它不含镉金属,不会污染环境,被誉为环保电池。以上两种电池可在各种手机充电器上充电。锂离子电池是一种高能量电池,与同样大小的镍镉电池和镍氢电池相比,其容量更大,重量更轻,价格也最贵。这种电池无记忆效应,随时可以充电,但必须在有 EP(智能充电)标志的充电器上充电,不然会严重损坏电池。

图 3.39　常用数字手机电池外形

3.5.2　数字手机电池的主要指标

从外表上看,数字手机电池密封得严严实实,其实内部构造并不复杂,它由几节类似于 5 号或 7 号大小的电芯串联在一起,再加上一个起保护作用的电路或开关装置。一块性能优良的数字手机电池要求其内部电芯的内阻、电荷容量、充电与放电特性等指标尽可能一致或接近,这样的电芯组合在一起,每个电芯充电时几乎同时充满,放电时几乎同时放完。数字手机电池的标称电压有 2.4V,2.8V,3.6V,4.8V,6.0V,7.2V 等。

1．电池容量

电池的容量常用"毫安时"(mAh)来表示,它说明了电池以某一电流放电所能持续的时间。显然容量越大,工作时间越长。

2．电芯的内阻

电池的内阻越大,电芯的放电性能越差。

3．电芯的放电性能

它主要指放电平稳性和平均放电电压。放电平稳性越好,平均放电电压越高,电池能量的有效利用率越高。

4．保护电路功能

电池内部的保护电路能起到过压、过流和过热等保护作用,保证电芯和数字手机安全可靠工作。

5. 循环次数

数字手机电池寿命的长短可用重复充、放电次数的多少来衡量，质量好的锂电池充、放电次数可达 1000 次以上。电池的每次充、放电间隔时间越长，其寿命越长。因此，将电充足、充好，并尽量用完电，就能最大限度地延长电池使用寿命。

3.5.3 正确使用数字手机电池

如何才能充足、充好电？新电池或长期未用的电池在最初 3 次使用时，必须充电 14h 以上（但不可超过 24h），保证电池被完全激活，且最好使用慢速充电，使其达到最大容量。以后可用快速充电，2～5h 即可充满。

常见的充电器有座式慢速充电器和旅行快速充电器。在充电过程中，充电器指示灯可表示充电状态，红灯亮表示充电 0%～30%，黄灯亮表示充电 30%～90%，绿灯亮表示充电完成。充电时电池发热是正常现象，不必过虑，因为正品数字手机电池里都有充电过热保护电路，只要把充电器放在阴凉干燥通风的地方，保证充电器和电池能充分散热即可。

如何才能尽量用完电？平时使用电池，也就是电池的使用放电过程，注意每次要把电池的电量使用干净，即电池电压降低到不能维持数字手机的正常工作，话机自动切断电源时，再给电池充电。对于镍镉电池和镍氢电池的彻底放电意在避免记忆效应的影响。电池在充、放电 10 次以上，应该彻底放一次电。有两种方法可以彻底放电，一种是使用带放电装置的充电器进行放电（锂离子电池不能这样做）；更好的一种是当数字手机的电池电量不足而自动切断电源时，将电池取下放置 1h 以上再装回手机，打开数字手机，等其再次电量耗尽自动关机。若要加速放电，可把显示屏和电话按键的照明打开。这样重复几次后，就可以达到满意的放电效果，从而消除记忆效应。

数字手机电池可存放于常温下，但是存放一定时间后电量会自然下降（自然放电）。当电池破损，如漏液时，应废弃不用。

在使用充电器前，应用干布或毛刷将落在充电器上的灰尘清除，平时也要注意保持数字手机和电池的接触点干净，切不可与金属或带油污的物品接触，注意防潮。

一般情况下，正品电池使用寿命为两年左右，假冒电池最多使用三个月。假冒电池用料低廉，一般没有保护电路或保护电路不全，内部电芯特性各异，不仅待机时间短，充电困难，更会损坏数字手机本身，严重时会造成充电着火。另外假冒充电器也会损坏正品电池。所以我们提倡使用正规厂家生产的正品电池和充电器。

3.5.4 辨别数字手机电池的真伪

正品数字手机电池一般具有以下外观特征。

① 电池标贴采用二次印刷技术，在一定光线下，从斜面看，条形码部分的颜色明显比其他部分更黑，且用手摸上去，感觉比其他部分稍凸。

② 电池标贴上的字体边缘有"锯齿波"毛刺，这一特点特别适合辨别爱立信系列电池的真伪。

③ 电池标贴表面白色处用金属物轻划,有类似铅笔画过的痕迹。
④ 电池标贴字迹清晰,纹理细腻,有与电池类型相对应的电池件号。
⑤ 电池外壳采用特殊材料制成,非常坚固,不易损坏,用一般方法不能打开电池单元。
⑥ 电池外观整齐,没有多余的毛刺,外表面有一定的粗糙度且手感舒适,内表面手感光滑,灯光下能看到细密的纵向划痕。
⑦ 电池电极与数字手机电池片宽度相同,电池电极下方相应位置标有"+"和"-"标记,电池充电电极片间的隔离材料与外壳材料相同。
⑧ 电池装入数字手机时应手感舒适、自如,电池锁按压部分卡位适当、牢固。
⑨ 电池上的生产厂家应轮廓清晰,且防伪标志亮度好,看上去有立体感。

3.5.5 数字手机电池使用注意事项

勿将电池置于高温或火中,否则有爆炸的危险;不可使其受潮或放于水中;勿用硬币或金属制品等导体使电池短路;从数字手机上取下电池时,必须先关闭数字手机电源,否则可能损坏数字手机;最好在电池电量充分用尽后再充电,这样可延长电池的使用寿命;充电时尽量用慢充方式,少用快充方式;要正确回收处理旧电池,不能乱丢,以保护环境。

习题3

1. 填空题

(1) 现代数字手机运用了数字通信技术、_____、片状元器件、_____和柔性电路板等多种综合技术。

(2) GSM 型数字手机的电路一般可分为 4 个组成部分:射频信号的_____部分、逻辑/音频处理部分、_____接口部分、整机供电电源部分。

(3) 数字手机的接收机部分一般有三种类型的基本电路结构:一种是_____变频接收电路,另一种是超外差_____接收电路,第三种是_____线性接收电路。

(4) 不论接收电路结构怎样变化,它们总有相似之处,即信号是从_____放大器,经过频率变换单元,再送到_____电路。

(5) 手机频率合成器的功能是分别为_____和发射时的_____提供本振频率和载波频率。

(6) 手机电路的系统逻辑控制部分对整个数字手机的工作进行_____,它是数字手机系统的心脏,包括开机操作、定时控制、_____、射频部分控制以及外部接口、键盘、显示器控制等。

(7) 数字手机的输入/输出(I/O)接口部分包括模拟接口、_____以及_____三部分。

2. 是非判断题(正确画√,错误画×)

(1) 逻辑/音频电路主要功能是产生频率合成射频信号。( )

(2) 因数字手机的程序存储器是只读存储器,所以数字手机在工作时,只能读取其中的数据资料,无论采取任何措施,都不能往存储器内写入资料。( )

（3）SIM 卡中的各种数据是一成不变的。（   ）

3．选择题（将正确答案的序号填入括号内）

（1）数字手机射频接收电路中的变频器是（   ）。

A．上变频电路   B．下变频电路   C．程序存储电路   D．PCM 编码电路

（2）数字手机关机时，存储内容全部消失的是（   ）。

A．静态随机存储器（SRAM）

B．电可擦写只读存储器（EEPROM）（俗称码片）

C．闪速只读存储器（FlashROM）（俗称字库或版本）

D．上述三种存储器

（3）数字手机与基站间的 I/O 接口是（   ），它是数字手机与基站进行无线通信的桥梁。

A．射频部分的接收通路（RX）和发送通路（TX）

B．PCM 编码电路

C．程序存储电路

D．电源电路

（4）如果 SIM 卡在一部手机上可以用，而在另一部手机上不能用，有可能是因为（   ）。

A．射频电路部分出现故障   B．在手机中设置了"用户限制"功能

C．程序存储电路出现故障   D．电源电路出现故障

（5）在常用的几种类型数字手机电池中，同样体积大小的情况下，容量更大，重量更轻，价格最贵的是（   ）。

A．镍镉电池（Ni-Cd）   B．镍氢电池（Ni-MH）

C．锂离子电池（Li-ion）   D．以上都不是

4．简答题

（1）RXI/Q 信号和 TXI/Q 信号分别在数字手机电路中什么地方出现？

（2）在数字手机电路中，天线电路、双工滤波器各起什么作用？

（3）什么是数字手机电池的记忆效应？如何消除记忆效应？

（4）数字手机电池的参数有哪些？

（5）TXON 信号、RXON 信号、RXVCO 信号、TXVCO 信号在数字手机电路中起什么作用？

（6）数字手机电源电路通常有哪几种结构形式？

（7）什么是码片和字库（版本）？其内容分别是什么？

（8）什么是 SIM 卡？什么是 UIM 卡？什么是 PIN 密码？

（9）数字手机的基准频率时钟（如 13MHz）及其电路在数字手机电路中起什么作用？

（10）数字双频手机中，在电路结构上是如何实现双频功能的？

5．画图题

（1）画出 GSM 数字手机组成简略框图，说明各组成部分的作用。

（2）画图并简述超外差二次变频接收机的工作流程。

第4章 数字手机的基本维修方法

数字手机故障有多种多样，故障的分类方法也不尽相同，充分了解数字手机的故障特点，对维修工作会有很大帮助。

4.1 数字手机维修基础

在进行数字手机的维修工作之前，学习和掌握一些维修基础，如故障类型的判断、维修中的一些常用名词的含义等，对与手机用户之间的信息沟通、故障现象的描述等很有帮助，以便快速确定手机的故障部位。

4.1.1 数字手机故障分类

1. 数字手机故障基础分类

虽然数字手机故障种类繁多，但按其基础分类可以分为菜单设置故障、使用故障和质量故障。

（1）菜单设置故障

严格地讲菜单设置故障并不属于故障，如来电无反应，可能是机主设置了呼叫转移功能；不能呼出电话，可能是机主设置了呼出限制功能；来电只振动而不响铃，可以通过设置数字手机的菜单为来电振铃方式来改变；打电话听不到声音，可能是机主把音量关到了最小等。一般初学者最容易遇到这样的情况，这就要求维修人员必须熟悉各种数字手机的具体菜单操作方法。

（2）使用故障

使用故障一般是由于用户操作不当或错误调整而造成的故障，比较常见的有如下几种。

① 机械性破坏。数字手机由于受外力过大或使用方法不正确，使数字手机元器件破裂、变形、引脚脱焊、引脚脱落及接触不良等造成的故障，都属于机械性破坏故障；数字手机翻盖脱轴、天线折断、机壳摔裂、进水、显示屏断裂等也属于这类故障。

② 使用不当。使用数字手机的键盘时，用指甲尖触键，会造成键盘磨秃甚至脱落；用劣质充电器会损坏数字手机内部的充电电路和电源IC；对数字手机菜单进行非法操作，使某些

功能处于关闭状态，使数字手机不能正常使用；错误输入 PIN 码，导致 SIM 卡保护性锁卡，若再盲目尝试解锁，会造成 SIM 卡烧毁；靠近强磁场，数字手机使用受干扰，严重的会擦除字库或码片数据，损坏某些电子元器件。

③ 保养不当。数字手机是非常精密的高科技电子产品，应当注意数字手机的使用环境，应当在干燥、温度适宜的环境下使用和存放。如果数字手机进水、受潮等，会使数字手机元器件受腐蚀，绝缘程度下降，控制电路失控，造成逻辑系统工作紊乱，软件程序工作不正常，严重的会直接造成数字手机无信号甚至不开机等。

（3）质量故障

有些数字手机是经过拼装、改装、翻新而成的，质量低下，非常容易出故障，因而无法正常使用。

2．按故障出现的时间来划分

数字手机故障按出现时间的早晚可分为初期故障、中期故障和后期故障。

（1）初期故障

初期故障是指仓库存放、运输途中及保修期内（一般为一年）发生的故障，在这期间，故障发生的概率较小。造成初期故障的主要原因是生产时留下的各种隐患和设计缺陷，存放地点的环境条件不良，运输不慎，元器件早期失效以及使用不当等。

（2）中期故障

中期故障通常是指使用两年之后、五年之内的故障。在这段时间内，由于元器件都经受了较长工作时间（但与其寿命相比时间较短）的考验，隐患已充分暴露，所以其性能趋于稳定，因而故障率较低。造成中期故障的原因是少数性能较差的元件变质、损坏或可调整器件损坏、松脱等。

（3）后期故障

后期故障是指经过很长时间使用后所发生的故障，此时手机所使用的元器件性能逐渐衰退，寿命相继终止的现象必然随机出现，因此故障率上升，直至大面积损坏而无法修复。

3．按故障的性质划分

数字手机的故障按性质不同可分为硬件故障和软件故障。

（1）硬件故障

硬件故障是由于电路板连线断路、短路或机内元器件损坏、接触不良等而引起的故障。这种故障检查修理比较容易，只要更换或修复已损坏的元件与修复故障点即可。

（2）软件故障

软件故障是由于数字手机的码片、字库内的数据资料出错或丢失引起的数字手机故障，只需要重写数据资料即可。这类故障也有用户还没有熟悉使用方法之前误操作出现的软件故障。故应仔细观察与分析以得出产生故障的原因。

4．不经拆机所发现的故障

不拆开数字手机而从数字手机的故障现象来看，有如下三种。

① 完全不能工作。接上维修电源，按下数字手机电源开关无任何电流反应，或者仅有微

小电流变化，或者有很大的电流出现（这些电流大小均是指维修用稳压电源表头的指示）。

② 能开机但不能维持开机。接上电源，按下数字手机电源开关后能检测到开机电流，但出现能开机但发射关机、自动开关机、低电告警等现象。

③ 能正常开机但有部分功能发生故障，如按键失灵、显示不正常（字符提示错误、字符不清楚、黑屏）、听筒无声、不能通话、部分功能丧失等。

5．拆机后所发现的故障

拆开数字手机而从数字手机机芯来看其故障，也有三种：供电、充电及电源部分故障，逻辑部分故障（包括晶体时钟、I/O 接口、数字手机软件故障），收发通路部分故障。

虽然可简单分为三种故障，但这三种故障之间也有千丝万缕的联系。例如，数字手机软件故障影响电源供电部分、收发通路锁相环电路、发送功率等级控制、收发通路分时同步的工作等，而晶体振荡器既为收发通路提供参考频率，又为数字手机 CPU 的运行提供时钟信号，时钟信号直接影响数字手机逻辑部分能否正常运行。

4.1.2　数字手机维修基本名词

在数字手机的生产、维修和使用过程中，经常会听到下列基本名词，了解这些基本名词的含义，对生产、维修和使用手机会有帮助。

1．开机

开机是指数字手机加上电源后，按数字手机的"开/关"键约 2s，数字手机进入自检及查找网络的过程。开机首先必须有正常供电，然后 CPU 调用字库、存储器、码片内程序检测开机，所有内容正确时，数字手机正常开机。引起不开机的原因既可能有硬件故障，也可能有软件故障。

2．关机

关机是开机的逆过程，按"开/关"键 2s 后数字手机进入关机程序，最后数字手机屏幕上无任何显示信息，数字手机指示灯及背景灯全部熄灭。CPU 将根据按键时间长短来进行区分，短时间为挂机，长时间（2s 以上）为关机。

3．数字手机状态

数字手机状态可分为开（关）状态、待机状态、工作状态三种，不同的工作状态的工作电流不同，可根据这些电流值的大小来判断数字手机故障。例如，摩托罗拉 V60 数字手机正常的开机电流为 50～150mA（稳压电源表头指示，以下均同），待机电流为 15～30mA，发射状态电流为 200～350mA。

4．漏电

给数字手机加上直流稳压电源供电的电压后，在不按开机键时，电流表就有电流指示，这种现象称为漏电。漏电现象在数字手机中经常出现，而且不易查找，大多数是由于滤波电容漏电引起的，也可能是由于进水后电路板被腐蚀或元器件短路引起的。

5．开机不入网

数字手机不入网是指数字手机不能进入通信网络。数字手机开机后首先查找网络，显示屏上应显示网络名称"中国移动"或"中国联通"，若是英文机则显示对应的英文标识。数字手机入网条件是接收和发射通道都正常。例如，摩托罗拉和诺基亚数字手机在插入 SIM 卡后才会出现场强指示，爱立信数字手机不插入 SIM 卡屏幕上就能看到场强指示。在无网络服务时，应首先调用数字手机功能选项，选择"查找网络"，进入手动寻网。如果能搜索到"中国移动"或"中国联通"，则说明接收部分正常，而发射电路可能有故障。若显示"无网络服务"，则说明接收部分有故障。

6．工作状态

数字手机的工作状态是指数字手机处于接收或发射状态，还可以是既接收又发射的双工方式，也就是说数字手机既可以"说"又可以"听"。数字手机在呼出状态时，整机工作动态电流最大可达到 300mA 左右。在正常的工作状态下，数字手机的耗电量是比较大的。

7．待机状态

待机状态是指数字手机无呼出或呼入信号时的一种等待状态。数字手机在待机状态时，整机电流最小，只有 20mA 左右，此时数字手机转为省电状态。

8．掉电

掉电是指数字手机开机后，没有按关机键就自动关机。自动关机的主要原因是电池电量不够或者电池触点接触不良，还有可能是发射电路有故障，造成数字手机保护性关机。

9．不识卡

不识卡是指数字手机不能正常读取 SIM 卡中的信息。在数字手机的屏幕上显示"插入 SIM 卡"、"检查 SIM 卡"、"SIM 卡有误"、"SIM 卡已锁"等均属不识卡。

10．软件故障

软件故障是指由于数字手机内部程序紊乱或数据丢失引起的一系列故障。例如，数字手机屏幕上显示"联系服务商"、"返厂维修"、"锁机"等是典型的软件故障；同时设置信息无记忆、显示黑屏、背景灯和指示灯不熄灭、电池电量正常却出现低电告警等均属软件故障。

11．字库或版本（FlashROM）

字库从硬件上讲是数字手机逻辑单元中的 ROM 集成块，即存放程序的载体，如常用的 28F800，28F160，8F320 等。若从软件上讲，则统称字库内各种功能程序和文字点阵数据为字库或版本。存放于计算机中用于数字手机软件维修的文本文件和数据文件，也称为字库文件或版本文件。

12．码片（EEPROM）

码片在硬件上讲是存放数字手机的各种设置，如串号、用户设定、部分电话簿等信息的载体，如常用的 28C64、24C128、24C64 等。从软件角度则称码片内部存放的数据为码片资料或码片文件。

13．串号（IMEI 码）

串号即国际移动设备识别码，俗称机身号，是用于识别数字手机的唯一号码。它由 15 位十进制代码组成，其中包括 6 位 TAC（型号批准码）、2 位 FAC（工厂装配码）、6 位 SNR（序号码）和 1 位备用码。每部数字手机出厂时设置的该号码是全世界唯一的。作为数字手机本身的识别码，它不仅被标在机背的标签上，还以电子方式存储于数字手机中，即在数字手机电路板上的电可擦除存储器（EEPROM）中。许多软件维修仪都可以读出并恢复和修改数字手机串号。

14．锁机码（SPLOCK）

锁机码又称安全锁、数字手机锁、电话锁等，由 4～6 位数组成。数字手机出厂设置一般为"1234"或"0000"，用于防止数字手机的非授权使用和防止被窃后的使用。加锁后，数字手机不能工作，某些维修软件可以读出并恢复该锁机码。

15．数字手机密码

数字手机密码又称个人密码、保密码、个人识别码（PIN 码）等，由 4～8 位数组成，用来控制进入菜单中的保密项及其他选项，从而防止非授权使用和防止被窃后的使用。

16．软件升级（Upgrade）

软件升级是指某些数字手机如三星 A100 和 A188 在硬件上并无差异，但软件上有差异。在更新其字库后，数字手机在操作界面和使用功能上有所改进。

17．工程模式（Working Mode）

工程模式是数字手机内部的一项硬件功能，数字手机在联络其基站时打开工程模式，可根据接收和发射距离自动调整其强度。

4.2 数字手机的维修

数字手机产生故障的原因很多，如进水和受潮，摔坏和受挤压，元器件变质失效，线路开路或短路，印制电路板损坏，天线或电池接触不良，焊点虚焊，机械零件或机壳损坏，使用操作不正确，环境条件显著变化，以及其他软件故障等。

4.2.1 数字手机维修基本原则

要想尽快找出手机故障点，必须遵照一定的原则，熟悉维修流程和注意事项，这对快速排除故障十分必要。

1. 先调查情况，判断故障部位，再动手修理

拿到故障机，首先要向用户了解电话的使用情况，使用的年限大概是多少，发生故障的过程及现象，曾经采取过什么措施。如果故障机曾经被人检修过，机器中的元器件有可能被更换，在检修时，就应该对机器焊接过的地方加以注意和恢复，使检修少走弯路。全面了解了情况之后对故障机还要进行观察，看机壳是否摔坏、电池接触点有无锈蚀、接触是否良好等，当看清故障现象后，再动手修理。

2. 正确操作和拆装数字手机

正确操作和拆装数字手机是数字手机维修的一项基本功。有的维修人员对数字手机的菜单操作很模糊，对改铃声、改振动、自动计时、最后十个来电号码显示、呼叫转移、查 IMEI 码、电话号码簿功能、机器内年月日的显示及修改都很陌生，甚至连菜单都不能正确地调整，这是不可能修好数字手机的。

由于数字手机的外壳一般采用薄壁 PC-ABS 工程塑料，它的机械强度有限，再加上数字手机外壳的机械结构各不相同，常采用螺钉紧固、内卡扣、外卡扣的结构，所以对于数字手机的安装和拆卸，维修者一定要心细，在弄明白机械结构的基础上，再进行拆卸。特别是一些新款数字手机，如果掌握不好拆装的技巧，极易损坏外壳。按正确次序拆卸，拆机时认清各种螺钉，不要在最后装机时，找不到外壳的固定螺钉、话筒等。

3. 先检查机外再检查机内

当拿到一部有故障的数字手机时，先观察外壳是否受损变形，要利用数字手机的各种可能利用的开关、按键，并且通过接打电话，检查听筒、振铃、麦克风、按键及按键音、显示屏等是否正常，将故障尽可能压缩到最小范围。例如开机后无状态显示，则可按一下发射键看有无发射，初步分析可能是什么问题，然后再根据故障现象打开机壳，检查机器的内部电路，这样可以防止盲目动手维修而走弯路。

4. 先清洗、补焊再维修

有些数字手机因保管不当或进水受潮、灰尘增多，导致机内电路发生短路或改变其分布参数，引起各种各样的疑难故障。这时应该先把电路板清洗干净，排除污浊或进水引起的故障。另外，数字手机上的元器件全部采用表面贴焊的方式，电路板线密集，电路的焊点面积很小，所以虚焊是常见的通病之一，特别是磕碰摔打过的数字手机，这时应该先对相关的、可疑的焊接点补焊一遍，排除虚焊问题。如果故障仍不能解除，再检修有关电路。

5. 先进行静态检查，再进行动态检查

当不知道产生故障的原因时，应当先进行不加电的静态检查，查看线路板外观中排线有无松脱和断裂、元件有无虚焊和断线、各触片有无损伤和腐蚀等，对可疑的重点部位测量其电阻值，判断有无短路。在没有发现异常现象后，再加电进行动态检查，这样既可以确保机器的安全，同时也可以预先排除一些故障。加电后，通过测试关键点的电压、波形、频率，

结合工作原理来进一步缩小故障范围。测量时先末级后前级，例如话筒无声的故障，要按照话筒、话筒插座、音频处理器这样的路径检查，而不要从中间查起。对于不开机的故障，要按照电池、内部电压、时钟、复位信号这样的路径检查，其目的是遵循"顺藤摸瓜"的思路，这是快速而又准确的维修方法。

6．先检查供电电路，再检查其他电路

供电电源正常是数字手机正常工作的基础，所以检修故障时，首先要保证供电电源的电压值在正常的范围之内。例如拿到一部开机后无任何反应的数字手机时，首先要检查电池是否接通，各路供电电压是否正确；当供电电路与其他电路同时出现故障时，应先将供电电路修复，再检查其他电路故障。

7．先检查简单故障，再检查复杂故障

简单故障一般都是常见故障，既容易发现，又容易修理，而复杂故障恰恰相反。所以在分析判断故障时，应先从较容易的部位入手，然后将复杂或难修的故障孤立出来，使故障范围逐渐缩小，直至找到全部故障部位。

8．拆装、焊接元器件之前，必须关断电源

由于数字手机采用了 CMOS 集成电路以降低功耗，而 CMOS 集成电路，特别是 EEPROM 存储器芯片，非常容易受静电感应而损坏，所以在插拔数字手机内部的插件或焊接元器件以前，一定要关掉供电电源，测量用的仪器、仪表、电烙铁的外壳都要可靠接地，否则会由于静电或大电流的冲击而使集成电路芯片损坏。

9．维修前必须接上天线或假负载

在测试或故障检查以前要接上天线或接上一个假负载。如果不接天线或假负载而使数字手机处于发射状态，则有可能损坏末级功率放大管或功率放大集成电路。此外，在维修时，应将稳压电源调整到数字手机的标称电源电压上，并按规定的测试条件进行测试，这样测出的数值或波形才能符合要求，否则有可能因测量误差而导致错误判断。

10．维修后测试

故障排除后，不要马上装入机壳，应先对单板进行各项性能测试，包括对单板开机观察，检查接收中频、基准频率、本振频率、发射中频、主要供电指标参数的准确性。装入机壳后，可通过拨打和接听电话验证通话功能与话音质量。对于一些软件故障，应进行较长时间的通电试机观察，以彻底排除故障。

11．记录维修日志

记录维修日志就像医生记录病历一样，每修一部手机，都要做好如下记录：是什么手机，故障是什么，手机使用了多长时间，怎么修的，走了哪些弯路等。这些维修日志，看似增大了工作量，实际上是一种自我学习和提高的好办法，也为以后检修类似数字手机或类似故障提供了可靠的依据。有效的总结，通常能事半功倍。

上述维修原则、维修流程彼此有紧密的联系,在实际维修过程中,应根据理论分析和自己的维修经验灵活应用。

4.2.2 数字手机维修基本方法

根据数字手机维修的基本原则,不断总结维修经验,对手机维修通常采用如下的基本维修方法。

1. 直接观察法

首先利用数字手机面板上的开关、按键并且通过接打电话,观察现象,将故障缩小到某一范围。例如,按键失灵、转灯关机、转灯无信号(不入网)、不送话(听筒无音)等故障都能直接检查到。根据故障现象有可能判断出故障的大体部位,然后观察主板是否变形,看主板屏蔽罩是否有凸凹变形或严重受损,从而确定里面的元器件是否受损。再用带灯放大镜仔细观察各个元器件是否有鼓包、变形、裂纹、断裂、短路、脱焊、掉件,看看阻容元件是否有变色、过孔烂线等现象。通过与无故障同型号数字手机相比较,就可以简单地判断出内部是否有短路或其他异常现象。

2. 元器件替换法

在替换元器件以前,要确认被替换的元器件已损坏,并且必须查明损坏原因,防止将新替换的元器件再次损坏。在替换集成块之前应认真检查外围电路及焊接点,在没有充分理由证实集成电路发生故障之前,最好不要盲目拆卸并替换集成电路。要尽量减少不必要的拆卸,多次拆卸会损坏其他相邻元器件或印制电路板本身。在缺少专用测试仪器或维修资料不全的情况下,可用相同机型的元器件进行比较,尽可能确诊故障点。直接替换时,要使用完全相同的型号,如果用其他型号代替,一定要确认替换元器件的技术参数满足要求。部分不同类型的数字手机的元器件可以相互替代,例如西门子 C2588 和松下 GD90 的功放通用。这就要自己在实践中不断总结摸索,也要常向有经验的技师请教。替换法简单快捷,特别适合于初学者确诊故障部位。

3. 清洁法

数字手机的移动性是造成数字手机易进水受潮的主要原因。有些数字手机因保管不当或被雨淋湿、进水受潮、灰尘增多,导致机内电路发生短路或形成一定阻值的导体,就会破坏电路的正常工作,引起各种各样的疑难故障。对于进了其他液体的数字手机,应立即清洗,否则由于液体的酸碱浓度会使数字手机线路板腐蚀、过孔烂线或管脚粘连等。对受潮或进水的数字手机,应先拆卸机壳和接插板,一般将整个主板(最好将显示屏拆下)放入超声波清洗器内,用无水酒精进行清洗。清洗后,用电吹风吹干,方可通电试机。这样处理后,多数手机能够恢复正常工作。因而在数字手机维修中,清洁法显得尤为重要。

4. 补焊法

通常数字手机线路板上的元器件全部采用表面贴焊的方式,元件小,电路板线密集,电路的焊点面积很小，因此，数字手机能够承受的机械应力很小，在受力或受振动时极易出现虚焊的故障，所以用风枪吹一吹或用烙铁焊一焊有时就能解决一些故障。所谓补焊法，就是通过分析工作原理判断故障可能在哪一单元，然后在该单元采用"大面积"补焊并清洗。对相关的、可疑的焊接点均补焊一遍，但不能不管什么件都用风枪吹，如三星 A188 的功放块用风枪吹时温度应尽量低些，否则会损坏功放块。诺基亚 3210 的 CPU 是灌胶的，用风枪一吹就会出现软件故障，因此用风枪吹逻辑部分集成块时应特别小心。补焊的工具常用热风枪和尖头防静电烙铁。

5．电压测量法

电压测量法指加电后用万用表将故障机一些关键点电压（如逻辑、射频、屏显的供电电压）直接测得，将测出的电压值与参考值做比较来判断故障点。可以从三个方面取得参考值：一是图纸标出的，二是有经验的维修人员积累的，三是从正常数字手机上测得的。在测量过程中要注意待机状态和发射状态控制电压是有区别的，故障机与正常机进行比较时要采用相同的状态测量。电压测试包括如下几个方面。

① 整机供电是否正常。数字手机通常采用专用电源芯片产生整机的供电电压，包括射频部分、逻辑/音频部分。例如摩托罗拉 V60，V66 数字手机的电源芯片（U900）开机后产生多组不同的稳定电压，分别供给不同的组成部分使用。V1（1.875V）主要供 Flash 芯片；V2（2.775V）主要供 CPU、音频电路、显示、键盘及红绿指示灯等其他电路；V3（1.875V）主要供 CPU，Flash 及两个 SRAM 芯片等；VSIM（3 V/5V）作为 SIM 卡的电源；ALERT VCC 为背景彩灯供电及振铃振子供电。若电压不正常，会使相应的电路工作不正常，严重的还会引起不能开机。

② 接收电路供电是否正常。接收电路如低噪声射频放大管、混频管、中频放大管的偏置电压是否正常，接收本振电路的供电是否正常等。

③ 发射电路供电是否正常。发射电路如发射本振电路（TXVCO）、激励放大管、预放、功放的供电是否正常。

④ 集成电路的供电是否正常。数字手机中采用的集成电路功能多，目前已模块化。不同的模块完成不同的功能，且不同模块需要外部提供不同的工作电压，所以检查芯片的供电要全面。例如，摩托罗拉 CD928 的中频 IC（U201）的供电有 2.75V 和 4.75V 两组。

6．电流测量法

数字手机在开机、待机以及发射状态下整机工作电流并不相同，通过观察不同工作状态下的工作电流值的变化，即可判断出故障的大致部位。正常情况下，数字手机开机电流在 200mA 左右，待机电流在 50mA 左右，发射电流在 300mA 左右。这些数值与仪表精度、数字手机机型有关，只能作为参考。因此，数字手机维修人员手头上应具备一台内含电流表、电压表的多功能稳压电源表。

（1）电流变化与故障的对应关系

去掉数字手机电池，给数字手机加直流稳压电源，按开机键，根据电流表上的电流是否有如下几种情况来判断。

① 按开机键时，电流表无任何电流，其主要是由于开机信号断路或电源 IC 不工作引起

的，如开机键接触不良，开机键到电源集成电路触发脚之间的电路有虚焊现象，或者电池触片损坏使电源不能送到电源集成电路，也可能是电源集成电路损坏等原因。

② 按开机键时电流达不到最大值，故障来源于射频电路或发送电路。由于功放的发射电流较大，我们可以通过观测电流值大小来判断有无发射。一般正常开机搜索网络时，电流都有一个动态变化过程，但由于不同类型数字手机电流不一样，所以不能认定电流达到多大值才正常，只能作为一个参考值来考虑。

③ 数字手机一通电就有几十毫安漏电流（不按开机键），表明电源部分有元器件短路或损坏。

④ 按开机键时电流表指示值瞬间达到最大（常伴随着出现电源保护关机），这种情况表明电源部分有短路现象或功放部分有元器件损坏。

⑤ 按开机键时有几十毫安的电流，然后回到零，数字手机不能开机。有几十毫安的电流，说明电源部分基本正常，故障多为时钟电路、逻辑电路或软件不正常造成的。若电流表指针有轻微的摆动，时钟电路应基本正常，一般为软件故障；若不摆动，可能是时钟电路故障。另外，若有几十毫安的电流，且停留在这一电流值上不动，再按开关机键无反应，多数情况下为软件故障。

⑥ 能开机，但待机状态下电流比正常情况大了许多，表明负载电路有元器件漏电。排除故障的方法是给数字手机加电，然后用手背去感觉哪一个元器件发热，将其更换。

⑦ 数字手机开机后拨打电话，观察电流的反应，若电流变化正常，则说明发射电路基本正常；若无电流反应，则说明发射电路不工作；若电流反应过大（超过 600mA），说明功放电路出现故障。

（2）电流测量法实例

下面列举几种机型在不同工作状态下的电流供维修时参考。

① 诺基亚 3210 型数字手机，接上稳压电源后，在按下开机键时，电流表指针上升到 50mA，继续升至 100mA 左右后再升至 200mA，这时突然上升到 300～400mA 处来回摆动，表明数字手机正在找寻网络，当找到网络后，电流表指针再回到 150～180mA 处来回摆动，并且当背景灯熄灭后，再回到 10mA 处摆动。在上述电流变化中，50mA 的电流说明电源部分在工作，100mA 左右时说明时钟电路已工作，200mA 时是接收电路在工作，300～400mA 是收发信机在工作并寻找网络，150～180mA 说明已找到网络处于待机状态且背景灯亮，10mA 是背景灯熄灭后的待机状态。一部 3210 型数字手机按开机键后，若能看到上面的电流变化，则数字手机应该没有什么问题。

② 诺基亚 6110 型数字手机，在接上稳压电源后，按下开机键时电流表指针上升到 50mA，再升到 100mA，突然上升至 300mA 左右后回到 250mA 处来回摆动，这是数字手机开机正常后在寻找网络，当找到网络后，回到 100mA 左右摆动，之后背景灯熄灭，回到 20mA 左右摆动。

③ 三星 A188 型数字手机，接上稳压电源，按下数字手机开机键，电流表指针上升到 50mA，再上升到 100mA，然后突然上升至 250mA 后又回到 130mA 处来回摆动找寻网络，当数字手机搜到网络后回到 80 mA 处来回摆动，当背景灯熄灭后回到 20mA 处摆动。

常见数字手机在不同工作状态下的电流和电压参考值如表 4.1 所示。

表 4.1　常见机型电流和电压参考值（表头指示值）

数字手机机型		开机电流	守候电流	发射电流	电池电压
摩托罗拉	328/8	175~250mA	20~25mA	400mA	3.6V
	CD928	175~250mA	10~30mA	200~250mA	3.6V
	T2608	50~150mA	10~20mA	250~350mA	3.6V
	V998/8088	60~100mA	15~20mA	200mA	3.6V
三星	S60O	160~150mA	20~25mA	250~300mA	3.6V
	SII00	100~150mA	20~25mA	200~250mA	3.6V
	A100	100~150mA	20~25mA	200~250mA	3.6V
	A188	100~150mA	20~25mA	200~250mA	3.6V
	N188	100~150mA	20~25mA	250mA 左右	3.6V
爱立信	T18/T10	150~250mA	20~30mA	250~350mA	4.8V
	T28/T20	75~150mA	15~25mA	300mA 左右	3.6V
	788/768	150~250mA	15~30mA	300mA 左右	4.8V
诺基亚	5110/6110/6150	200~300mA	20~30mA	250~350mA	3.6V
	3210/3310	50~200mA	20~30mA	300mA 左右	3.6V
	8810/8850	200mA	10~20mA	200~250mA	3.6V

注：因电源不同，电流表精度不同，以上数值仅供参考。

7．电阻测量法

电阻测量法在数字手机维修中也较为常用，其特点是安全、可靠。当用电流法判断出数字手机存有短路故障后，再用电阻法查找故障部分十分有效。另外，用电阻法来测量电阻、晶体管、听筒、振铃、送话器等是否正常，电路之间是否存在断路故障也十分方便。电阻法主要是利用万用表的直流电阻挡对地测量电阻，一般采取"黑测"的方法，即万用表红表笔接地，用黑表笔去测量某一点的直流电阻，然后与该点的正常电阻值进行比较。由于电路中有时有二极管存在，所以在测量时最好正反向交换测试一次进行比较，这种方法在维修故障时对不正常开机的数字手机最有效。

8．触摸法

触摸法简单、直观，它需要拆机并外加电源来操作。通过手或唇触摸贴片元件，通过感觉是否有温度升高、发热发烫的元器件，粗略判断故障所在的部位。通常用触摸法来判断好坏的元件有 CPU、电源 IC、功放、电子开关、三极管、二极管、升压电容和电感等。使数字手机处在发射状态下，则更容易感知元器件的温度。例如，摩托罗拉 L2000 接上稳压电源后出现大电流不开机，拆机后再加电源，电流表上的示值在 500mA 以上，用手触摸电源块，发热烫手，这种现象证明电源块已损坏，更换电源块则故障排除。利用触摸法时一定要注意防静电措施，以免故障扩大或造成干扰。

9. 对比法

对比法是指用相同型号工作正常的数字手机进行拨打、接听工作，以此作为参照来维修故障机的方法。通过对比可判断故障机是否有虚焊、掉件、断线，各关键点电压是否正常等。用此法维修故障机较为快捷方便。

10. 飞线法

有些数字手机因进了水或其他液体而出现腐蚀烂线，人为造成电路断路的故障，这种情况可通过对比法，参照相同型号数字手机进行测试，断线的地方要飞线连接。例如，摩托罗拉 V998 加主电不开机，而加底电开机，这时采用飞线法把主电拉到底电上是最简单的维修方式。在采用飞线法时，用的线是外层绝缘的漆包线，使用时要把两端漆刮掉，焊接时才安全可靠。飞线法在实际维修过程中应用非常广泛。特别要注意，在射频接收与发射电路中不要用飞线法，否则会影响电路的分布参数。

11. 按压法

按压法是针对摔过的数字手机或受过挤压的数字手机而采用的方法。数字手机中贴片集成块，如 CPU、字库、存储器和电源块等受振动时易虚焊，用手按压住重点怀疑的集成块给数字手机加电，观察数字手机是否正常，若正常可确定此集成块虚焊。用此方法时，同样要注意静电防护。

12. 跨接电容法

数字手机中滤波器很多，如高频滤波、中频滤波、低通滤波等。大多采用陶瓷滤波器、声表面波滤波器等，这些滤波器常因受力挤压而出现裂纹和掉点，而滤波器好坏无法用万用表测试，所以在滤波器的输入和输出端之间跨接滤波电容，高频滤波器用 10～30pF 的电容替代，中频滤波器用 200pF 左右的电容替代，第二中频滤波器用 0.01pF 左右的电容替代。

13. 信号追踪法

信号追踪法主要用于查找射频电路的故障，也可用于查找音频电路的故障。使用此法一般需要射频信号发生器（1～2GHz）、频谱仪（1GHz 以上）、示波器（20MHz 以上）等。

（1）接收电路的检修

对于数字手机电路的故障，如信号弱或根本无信号，可按如下步骤进行测试。

① 信号发生器产生某一个信道的射频信号（如 62 信道的收信频率为 947.4MHz），电平值一般设定在 –50dBm。

② 使数字手机进入测试状态并锁定在与信号发生器设定的相同信道上（摩托罗拉数字手机使用测试卡就可以进入测试状态并锁定信道，诺基亚数字手机要用原厂提供的专用计算机软件才能进入测试状态并锁定信道）。

③ 将信号发生器的射频信号注入数字手机的天线口，然后用频谱仪观测数字手机整个射频部分的收信流程，观察频谱波形与电平值（低频部分用示波器观察），并与标准值比较，从

而找出故障点。以摩托罗拉 328 为例，观测内容包括射频放大管输入和输出信号的频谱（947.4MHz）及放大量、RXVCO 的频谱（794.4MHz）、中频频谱（153MHz）、306MHz 接收第二本振、接收 I/Q 波形（RXI，RXQ）、接收通路滤波器的输入/输出信号电平值和衰减是否正常等。

（2）发射电路的检修

数字手机发射方面的故障，如无发射、发射关机等，可按如下步骤进行测试。

① 使数字手机处于测试状态并锁定在某一个发射信道（如 62 信道的发射频率为 902.4MHz）。

② 用频谱仪观察数字手机发射通路的频谱及电平值，并与标准值比较，从而找出故障点。以摩托罗拉 328 为例，测试内容包括本地振荡、TXVCO（902.4MHz）、激励放大管以及功放的频谱。

（3）音频电路的检修

音频电路的故障有振铃器、扬声器无声，对方听不到讲话等。此类故障用示波器查找十分方便和直观。由于目前数字手机的音频电路集成化程度很高，使音频电路越来越简单。从维修角度来看，只要检测几个相关的元器件就可查出故障所在。

14．人工干预法

在数字手机维修过程中，当判断某一元器件损坏时，直接更换损坏元器件当然可以排除故障，但问题是，有些时候手头上并没有现货或者该元器件很难购买到，有时还得考虑元器件的价格问题等，此时可采用改变某一部分电路的方法来修复数字手机。

另外，数字手机中的许多供电电压和电路都是受控的，维修时若不采取人工干预的方法，检修将十分麻烦。例如在维修爱立信 788 不入网故障时，大多是先测 RXON，TXON 的跳变信号，再测功放 A400 的第 10 脚有无负脉冲，这种方法非常复杂，又要加电开机，又要按键，又要用示波器测量，搞不好就会断电，而给 TXON 信号加高电平就可使功放电路、TXVCO 供电处于连续工作状态，虽然不能让整个发射系统完全工作，却可以测 TXVCO 及 A400 功放的好坏以及 A400 前端供电控制的三极管，还有产生负压的电容是否损坏等，有了 TXON 加高电平的方法，结合测脉冲电平信号即可全面判断收发故障。人工干预法是数字手机维修中一种十分重要的方法，维修时应灵活使用。

15．波形和频率测量法

在维修过程中，我们一般把示波器的输出同时接到频率计的输入端，这样可以同时测量到电路中各关键点的波形和频率，如 13MHz（或 26MHz）时钟信号、实时时钟信号、本振信号、一中频信号、二中频信号、解调信号、PLL 锁相环信号、调制载波信号等。通过信号波形的有无、是否失真变形、信号实际频率的数值等，以及通过与无故障同型号数字手机相比较，就可以直观简单地判断出故障区域。另外，还可以对信号幅度进行测量，了解信号强度，以便判断该部分电路是否正常工作。

16．重新加载软件法

在数字手机故障中有相当一部分是软件故障。由于字库、码片内部数据丢失或出错，或者由于人为误操作锁定了程序，会出现"Phone failed see service"（话机坏联系服务商）、"Enter security code"（输入保密码）、"Wrong software"（软件出错）、"Phone locked"（话机锁）等典型的故障，还有其他的不开机、无网络信号、无场强指示、信号指示灯常亮不闪烁、自动关机等现象也与软件故障有关。

处理软件故障一般采用 4 种方法：一是利用数字手机的指令秘诀；二是摩托罗拉系列可利用维修卡（含测试卡、转移卡等）进行一些软件故障的维修；三是利用配计算机免拆机软件维修仪通过数字手机的传输线将程序写入数字手机中，这种方法是免拆机进行的，操作方便，但必须懂些微机操作方法；四是利用编程器配合计算机重新编写码片和字库资料来修复，此法需要拆机取下码片和字库，比较麻烦。重写码片或字库资料，即重新对数字手机加载软件，这就需要专用的设备，相关内容将在后面加以介绍。对程序、数据芯片重新写入正确的内容，不管数字手机出现怎样的软件故障一般都能全面修复。特别注意，由于许多数字手机的数据、程序有版本区别，应配合使用该法。

在实际维修时，除了上述介绍的基本方法外，也常常使用几种方法进行综合检测。其中电压测量法、电流测量法、电阻测量法、波形和频率测量法、清洗法、补焊法、对比法、重新加载软件法使用得最为普遍。对任何型号的 GSM 数字手机，只要掌握其基本工作原理，能分析其组成结构，根据不同的故障原因，按照上述方法先测试观察开机电流、发射电流、显示特性及故障特征，判断故障范围，再进一步进行单板测试，对测试参数进行分析，就能找出故障所在。只不过不同的机型由于其结构不同，元器件功能不一样，测试的具体指标不同而已，而判断故障的方法则有其共性。因此对于维修人员来说，掌握维修方法比掌握某一机型的单一故障维修更为重要。

4.2.3 数字手机维修时的几种供电方式

在数字手机维修时，一般都要拆下电池，此时给数字手机机板供电需要采用外接电源。由于各种数字手机对电源的要求以及接口不同，因此维修数字手机有时必须采用数字手机电源接口给数字手机进行供电。

1. 概述

在实际维修中不难发现，有的数字手机不是简单地接上正负极就能开机的。例如，多数诺基亚数字手机供电时，一般都要用电池模拟器才能开机（除 3210 数字手机可直接加电开机外），造成这种现象的原因就是这些数字手机在开机控制模式中，首先要对电池类型、温度数据进行检测，如正常，数字手机才会发出指令并开机。这种控制开机的模式实际上是通过软件程序的设置来保护数字手机。数字手机生产厂商通过电池类型来防止使用非厂家认可的电池。通过温度检测，可以避免数字手机在充电或发生短路时电流过大和温度过高对数字手机造成的危害。

2. 摩托罗拉系列数字手机的供电方式

摩托罗拉系列数字手机一般采用尾插直接供电，在插入尾插供电时，正常情况下会自动开机，有助于在取下按键板的情况下进行维修。

3．爱立信系列数字手机的供电方式

爱立信系列数字手机只需要将正负电源端接到电源的正负极就可以。

4．三星系列数字手机的供电方式

三星系列数字手机加入正负电源即可开机，因此电源的输入方式可以采用与爱立信手机相同的方法，由电池触片输入；也可以采用与摩托罗拉手机相同的方法，由尾插输入。

5．诺基亚系列数字手机的供电方式

诺基亚系列数字手机的供电比较特殊，一般要求四根线输入，即电源正极、电源负极、电池温度和电池类型，否则在加入正负电源的情况下也不会开机。在维修操作时，三根线输入，即电源正极、电源负极和电池温度，就可开机。只有诺基亚3210数字手机是特例，在加入正负电源时即可开机（但显示屏不显示）。

6．松下、飞利浦系列数字手机的供电方式

松下、飞利浦系列数字手机的供电也需要三根线输入，即电源正极、电源负极和电池温度，否则在加入正负电源的情况下也不会开机。也可将电池温度接地开机。

4.3 数字手机电路图的识图

数字手机电路包括四大组成部分，即射频部分、逻辑/音频部分、输入/输出接口部分和电源部分。不同厂家生产的数字手机电路有很大的区别，除了掌握数字手机基本结构外，还要能读懂数字手机的各种图纸。看图识图，迅速识别数字手机电路图是一个维修人员必备的基本功。数字手机电路图虽复杂多样，但还是有规律可循的。

4.3.1 常见数字手机图纸类型

数字手机图纸一般分为4种类型，即原理方框图、电路原理图、元器件分布图和数字手机电路板实物图。因此读图原则是首先读懂原理方框图，在此基础上再去读电路原理图，最后认识元器件分布图和数字手机电路板实物图。这样才能由简到繁、由浅入深地学习。

1．原理方框图

原理方框图是按照手机工作的信号流程勾画的总体结构框架图，从方框图中可以了解整机电路的组成和各部分单元电路之间的相互关系，通过图中箭头还可以了解到信号的传输途径。总之原理方框图具有简单、直观、物理概念清晰的特点，是进一步读懂具体电路原理图的重要基础。

2．电路原理图

电路原理图是用理想的电路元器件符号来系统地表示出每种数字手机的具体电路组成，

通过识别图纸上所标注的各种电路元器件符号及其连接方式，就可以了解数字手机电路的实际工作情况。读图时，将整机电路原理图分解成若干基本部分，弄清各部分的主要功能以及每部分由哪些基本单元电路组成，结合方框图来认识每一部分的作用以及各部分之间的相互关系。读图过程中，如有个别元器件或某些细节一时不能理解，可以留待后面仔细研究。在这一步，只要求搞清整机电路原理图大致包括哪些主要的模块及信号流程即可。

电路原理图涉及的电路元器件比较多，如电阻、电容、电感、三极管、二极管、变容二极管、集成电路等，特别要明确主要集成电路在电路板上的位置，如 CPU、EEPROM、FlashROM、音频处理模块、语音编解码、电源 IC 等，这就要借助元器件分布图和数字手机电路板实物图来识别。

3．元器件分布图

元器件分布图又称装配图或印刷板电路图，它与电路原理图上的标称元器件是一一对应的关系（每个元器件的位置不一定与原理图相同）。维修人员使用最多的往往是这张图，同时要将电路原理图与印刷板电路图结合起来看。

4．数字手机电路板实物图

数字手机电路板实物图，目前也常以"数字手机元器件分布与常见故障彩图"的形式出现，这种图标明了数字手机电路板重要测试点的位置、波形、电压和主要元器件故障现象，使维修更省时省事。应该注意数字手机电路板是多层线路板，所有元器件都是表面贴装的。

4.3.2 读图方法

数字手机线路密集复杂，如果不掌握读图方法，读懂电路就很困难。这里介绍快捷的读图方法，以供参考。

1．抓住数字手机电路原理图中的"三种线"

（1）信号通道线

第一种线为信号通道线，即收发信号路径。这种信号在收发过程中不断地被"降频"和"升频"，直到解调/调制出收发基带信号。收发基带信号转换成数字信号，在逻辑电路中"去交织/交织"、"解密/加密"、"语音编码/解码"及"PCM 编码/解码"后，还原成话音信号。这种射频→逻辑→音频或者音频→逻辑→射频的信号传递通道称为信号通道线。读图时从电路的输入端到输出端观察信号在电路中如何逐级传递，从而对原理图有一个完整的认识。

（2）控制线

第二种线为控制线，主要完成收发频段切换、信道锁定、频率合成、功放发射等级控制等，它由数字手机的逻辑部分发出，对整机运行实现有效控制。在分析电路原理图时，控制线的作用非常重要。另外要查时钟（CLK）具体连接到集成电路的哪个引脚，查复位（RESET）具体连接到集成电路的哪些引脚，查开机信号流程等。

（3）电源线

第三种线是电源线，每种电路元器件都需要供电。查电源连接线，看电源如何供电给各个射频电路和逻辑电路的芯片、模块、三极管、场效应管、SIM卡、键盘及显示屏等。电源线往往是指直流供电电源线。

2. 以主要的集成电路芯片为核心

在原理图、元器件分布图上容易查找到射频、音频/逻辑、输入/输出接口和电源四大组成部分，同时还要记住主要元器件的英文缩写和一些习惯表示法。

4.3.3 数字手机电路识别方法

数字手机电路主要包括射频电路、逻辑/音频电路及电源电路等几个主要部分。

1. 射频电路识别

射频电路包括三个组成部分，即接收机电路、发射机电路和频率合成电路。射频电路主要特点是以集成电路射频IC为核心（有时此IC又分为前端混频IC和中频IC两个模块），同时收发电路有接收第一本振（RXVCO1）、第二本振（RXVCO2）和发射压控振荡器（TXVCO）进行频率合成的有效配合，发射电路末级以典型功放电路为标志。收发合路器、ANT天线、滤波器等，是射频电路独有的显著标志。射频电路信号特点是串行通信方式，这种信号在收发过程中不断地被"降频"和"升频"，直到解调/调制出收发基带信号（RXI/Q和TXI/Q），这个收发基带信号是射频电路和逻辑电路的分界线。

（1）接收机和发射机电路识别

ANT天线，信号频率标注在935～960MHz或1805～1880MHz，则判定它所在的电路是接收机电路射频部分，且接收机信号从左向右传输。相反，若信号频率标注在890～915MHz或1710～1785MHz，则可判定它所在的电路为发射机电路，信号从右向左传输。接收机电路中常用英文标注有RX、RXEN、RXON、LNA、MIX、DEMOD、RXI/Q等，发射机电路中常用英文标注有TX、PA、PAC、APC、TXVCO、TXEN、TXI/Q等。

（2）频率合成电路识别

频率合成包括基准振荡器、鉴相器、低通滤波器、分频器和压控振荡器5个基本功能电路。基准振荡器可通过13MHz查找，基准频率时钟电路受逻辑电路控制，查找AFC信号所控制的晶体电路或变容二极管电路就可找到，所以AFC控制信号也可作为基准振荡器的一种标识。爱立信数字手机电路AFC标注为"VCXOCONT"；诺基亚数字手机电路通过该电路的电源来标注，如"VXO"、"VCXO"等。鉴相器与分频器常被集成在PLL锁相环电路或中频IC中，PD表示鉴相器。低通滤波器用LPF表示，压控振荡器用VCO表示，在电路中通常还有RXVCO、TXVCO、RFVCO、VHFVCO、IFVCO等。

2. 逻辑/音频电路（包括输入/输出接口）识别

逻辑/音频电路部分也包括输入/输出接口，主要特点是采用大规模集成电路，并且多数是BGA元件，因此这部分原理图常用UXXX表示集成电路，其管脚标注为A0，A1，E12等。集成度高的机型中逻辑/音频电路部分只有微处理器和字库。三星系列数字手机都有码片，如SAMSUNG（T108，S508）等。有时根据数字手机的功能，音频IC和语音编码器集成在

CPU 内，保留 Flash 便于数字手机升级。集成度相对低的机型中除 CPU 和 Flash 外，还有多模转换器（主要功能是调制/解调和音频 IC）、射频接口模块（主要功能是调制/解调、音频 IC 和控制作用）等，如诺基亚 8850/8250、爱立信 T28 等音频 IC 集成在多模转换器中，而三星 A188 音频 IC 集成在射频接口模块中。

音频电路识别可通过送话器和耳机图形来查找，有的通过英文缩写来确定是否为接收音频电路，如 SPK，EAR，EARPHONE，SPEAKER 等。音频电路以专用模块或复合模块为核心，例如诺基亚通常用"NXXX"表示专用模块；而摩托罗拉音频部分常与电源集成在一起，模块代码为"UXXX"；爱立信音频部分在被称为"多模"的集成电路中，该模块的代码通常为"NXXX"。

逻辑电路的工作特点是通过总线连接，实行并行通信方式。逻辑电路常见总线有 AX～AXX（地址）、DX～DXX（数据）、KEYBOARD—ROW（0～4）和 KEYBOARD—COL（0～4）（键盘扫描线）、I(Q)—OUT—P(N)和 I(Q)—IN—P(N)（信号线）、SIMDATA（SIM 卡数据）、SIMCLK（SIM 卡时钟）等。常见控制线有 LIGHT（发光控制）、CHARGE（充电控制）、RX(TX)—EN（收/发使能）、SYNDAT（频率合成信道数据）、SYNEN（频率合成使能）、SYNCLK（频率合成时钟）、VCXOCONT（基准振荡器频率控制）、VPP Flash（编程控制）、WATCHDOG（看门狗信号）、WR（写）等。

逻辑电路识别主要是查找集成模块的代码和英文标注，有的直接给中文标注。例如微处理器、字库、存储器、码片等，其英文标注为 CPU，Flash，SRAM，EEPROM 等。数字手机逻辑电路集成模块多数用代码表示，例如诺基亚 8850/8210 的 CPU 用 D200 表示，而爱立信 T28 的 CPU 用 D600 表示，三星 600 的 CPU 用 U600 表示，在维修中要善于总结规律。

输入/输出接口（I/O）电路常用 JXXX 或 JXXXX 表示，如底部连接器（JXXX）、SIM 卡座（JXXX）、键盘接口、键盘背景灯、送话器触点、振铃器触点和 LCD 屏显接口等。有时还用 CNXXX 或 XXXX 等来表示。SIM 卡电路用英文缩写来标识，如 SIMVCC，SIMDATA，SIMRST，SIMCLK 等。无论哪一种数字手机电路，只要看到这样的标识，就可断定为 SIM 卡电路。

3．电源电路识别

电源电路用 VBATT 或 VBAT 表示电池主电源，也有用 VB 或 B+来表示。集成的电源 IC 或者分散式稳压供电管，提供 VCC，VDD，VRF，VVCO，AVCC，V1，V2，V3 等各路电压。BOOST—VDD，VBOOST 为升压标称，V—EXIT 或 EXTB+为外电源，CHARGC 为充电控制标称。

摩托罗拉电源 IC "U900" 通常用英文缩写 CAP 或 GCAP 来表示，用 PWR—SN 来表示开机线，R275 表示射频供电电压 2.75V，L275 表示逻辑供电电压 2.75V，RX275，TX275 分别表示接收电源和发射电源。V1，V2，V3 等通常出现在 V998 以后的摩托罗拉数字手机电源电路中，V1 通常是 5V 电源，给负压电路供电。V2 是 2.75V 的逻辑电源，给 CPU，Flash，EEPROM 等逻辑元件供电。V3 是 1.8V 电源，给 CPU 供电。VBOOST 为升压电源 5.6V。诺基亚的电源用 VBB，VRX，VSYN，VXO 等表示。电源模块用"N100"来表示，英文缩写为 CCONT。开机线标识用 PWRON 表示。爱立信的电源用 VDIG，VRAD，VVCO，VANA 分别表示供逻辑电源、供射频电源、供频率合成电源、供多模电源。爱立信数字手机只是在

T28 数字手机之后才使用电源集成块，此前的机型通常是由若干稳压块输出不同的电压，三星部分机型也是如此。爱立信的开机线标注 ON/OFF，松下数字手机常用 VSRF，VS—VCO，VS—VCXO 分别表示射频电源、频率合成电源、基准频率时钟电路电源，用 D18、D28、D33 等表示逻辑电源。

数字手机电路图中涉及的英文缩写很多，可以按照我们前面介绍的"三种线"来记英文缩写、英文字母和数字的一般规律，要善于总结规律。

摩托罗拉数字手机原理电路图中字母表示的元器件：U—集成块，Q—三极管、场效应管，Y—晶振，FL—滤波器。

爱立信和诺基亚数字手机原理电路图中字母表示的元器件：N—模拟电路，D—数字电路，V—三极管，Z—滤波器，N 或 A—功放，G—振荡器。

有些数字表示不同的电路：1—负压发生器，2—中频处理，3—发射电路，4—收信前端电路，5—调制解调，6—充电器，7—CPU，8—语音编解码，9—电源。

4.4 数字手机维修的规律性

有经验的人员维修数字手机时，简单测量几个数据，便能迅速找到故障部位，有时甚至连万用表都不用，就能找到故障。这说明数字手机维修有捷径和规律可循，只要善于学习、实践和摸索，成为数字手机维修的行家并不难。下面简要介绍数字手机维修过程中一些规律性的知识，以提高维修效率。

4.4.1 数字手机的易损部位

各种各样的数字手机在设计时都不可能做得尽善尽美，都有其固有缺陷和不足，在数字手机出厂时就隐含了使用时必然要出现的某种故障。

1. 设计不合理的地方最易出现故障

例如，摩托罗拉 CD928 数字手机常见的几个故障是发射关机、拍拍数字手机就关机或按键太用力就关机。对于这类故障，通常解决方法是更换外壳。这是外壳设计上的缺陷，CD928 外壳设计最大的缺陷是上下两头采用螺钉拧紧的方法，而中间用很少的塑料倒钩连接前后壳，这样的连接是最不稳定的，很容易由于数字手机受到摔碰或拆装而导致倒钩断裂，整机在中间处产生裂缝，致使后壳与主板分离。而 CD928 的电池触脚是镶在外壳上的，再与主板采用点接触式结构，结果会导致电池对主板的供电大打折扣，从而导致上述故障的产生。类似的例子还有爱立信 T28，T28 外观华丽，可惜其功放电路是个失败的设计。T28 最常见的故障是加电漏电甚至加电短路，或者无发射，这基本上都是功放电路的问题。T28 功放电路的供电是由电池正极通过一个电阻实现的，由于冲击电流未加限制，或功放质量不过关，经常烧坏功放使其对地短路，造成加电漏电现象，而且常见许多刚买没多久的 T28 手机功放损坏。这不能不说是功放电路设计上的一大缺陷。

再如三星 600 数字手机，经常出现信号弱的故障。维修发现，产生此故障的主要原因是天线接口处的一些阻容元件（特别是一个标着三个 0 的零欧电阻）虚焊。为什么该部位的元件易出现虚焊呢？因为三星600数字手机天线螺口是直接焊在线路板上的，而数字手机被摔或挤压时，易引起电路板变形，最先受损的便是该部分电路，造成元件引脚虚焊。

2．使用频繁的地方最易出现故障

例如摩托罗拉 V998/8088，翻盖时折来折去，那么作为翻盖的连接纽带排线就会因此而产生物理疲劳，进而被折断。因此，翻盖数字手机排线损坏或排线与排插座接触不良，经常引起的故障现象是不开机、合上翻盖关机、发射关机、开机低电告警、无听筒声、无显示或有显示但字是倒着的等。

再如在大部分机型中挂机键与开关键合为一个键，那么最容易损伤的按键就是它了。爱立信 T18 经常会出一个故障就是加电自动开机，然后按键失灵，其他一切正常。这时候，往往拆下按键导电膜，把主板上的挂机/开机键清洗一遍，再换一个新的按键导电橡胶就可以了。这是因为 T18 的按键采用导电膜作为导电层，与其他机型采用导电橡胶的结构不一样。导电膜的灵敏度虽然比较高，但导电材料易于脱落，而挂机/开关键又是使用频率最高的键，因此，它必然最先损坏。

3．负荷重的地方最易出现故障

数字手机的电源电路和功放电路电流大，负载重，最易被损坏，如果保护措施不够，更会造成"致命伤"。

例如爱立信 788 数字手机的功放采用砷化镓功率放大器，电池电压为其直接供电，且工作电压较高，很容易被损坏。特别是在一些基站数量较少、通信环境较差的地区，通信干扰较大，数字手机在场强显示（RSSI）较低的情况下，基站虽然能收到数字手机发射的信号，但逻辑电路部分会要求功率控制电路对功放电路做较大的发射功率偏置，使功放电路工作在最大的功率状态下。这时如果通话持续时间过长，将会引起功放电路损坏。

另外，爱立信 788, T18 的多模 IC 出现的故障率也是比较高的。数字手机电路出现不开机、不入网、显示不正常、无送话、无受话、低电告警等故障，很多情况下都是由多模 IC 造成的。这是由于多模电路是数字手机的一个多功能模块，功能较多，负载较重，发热量大，当然容易被损坏。

4．保护措施不全的地方最易损坏

这里以功放为例，如诺基亚 3810、飞利浦 828、爱立信 628 均采用 PF01410A 功放，也就是说功放的结构是一样的，但常见爱立信 628 和飞利浦 828 功放损坏，却少见诺基亚 3810 功放损坏。为什么呢？关键在于数字手机的保护措施不同。电池电压是最不稳定的，以爱立信 628 为例，电池标准电压是 4.8V，但电池充电饱和后是 5.5V，开机低电报警状态时是 4.5V，上下浮动约 1V，这对数字手机的元件是个很大的考验。飞利浦 828 数字手机的功放采用电池正极直接对功放供电，供电路径上没有保护元件，当电流、电压忽高忽低时，必然使功放易于损坏。爱立信 628 情况要稍好些，因为供电路径上有一个 R100 的大电阻起限流作用。诺基亚 3810 也由于有一个发射电流控制管，有效地防止了发射电流过大，使功放得到有效保护，因此诺基亚 3810 功放就很少被损坏。

再如，诺基亚 6110（5110）型数字手机功率放大器损坏率也是较高的，主要也是因为电池电压直接给功放供电，使其长期处于供电状态。特别是在带机充电时，由于市电电压的不稳定或使用了劣质的充电器，使充电电压过高或不稳定，这种情况极易烧坏功放。因此，最好把电池放进充电座进行充电。

由此可见，我们在观察数字手机时，不仅要观察元件的结构特点，更重要的是观察数字手机的电路特点，这样才能更准确地判断故障。

5．工作环境差的元件易损坏

数字手机的听筒、送话器容易进入过多的灰尘，使用时间长，必然产生音小、无声故障。数字手机的尾插（充电插座）也是一个容易受潮、受污的地方。当数字手机尾插受潮或受污时，很容易造成内部漏电，导致数字手机无送话或只有交流电流声，只要用酒精清洗干净、吹干，即可排除故障。

4.4.2 数字手机结构的薄弱点

数字手机中的结构薄弱点有以下几个方面。

1．双边引脚的集成电路容易脱焊

双边引脚元件的固定面只有两边，当着力点在中间时，两边会出现类似跷跷板的现象导致脱焊，其牢靠程度比四边引脚元件相差甚远；而双边引脚元件中，码片又比字库牢靠，因为字库比码片长很多，更容易脱焊造成不开机或软件故障。

摩托罗拉 328 数字手机有一个很典型的故障，就是有时开机有时不开机，开机后按键时经常关机。一般情况下，只要补焊一下位于数字手机主板的正中央的暂存器便可排除故障。摩托罗拉 328 暂存器的引脚那么粗，怎么可能虚焊呢？首先它是双边引脚元件，本身就是典型的不牢靠结构；其次它处于主板的中间，上下左右的力都会对其产生挤压，是整个主板最易受力的地方，必然会出现虚焊的问题。

2．内连座结构的排插易出现接触不良

内连座结构的排插最易出现接触不良，这方面的典型例子就数西门子 S4 数字手机。西门子 S4 数字手机由排插引起的故障约占其所有故障的 50%以上，经常遇到西门子 S4 数字手机不开机、显示黑屏、开机后死机、不认卡、按键失灵等，都和排插接触不良有关。拆下主板，清理干净排插，再重新装好，故障便可排除。西门子 S4 数字手机排插又细又密又多，极易产生接触不良。松下 GD90 数字手机，排插也经常出问题，主要也是接触不良。

3．板子薄的数字手机其反面的元件易出现虚焊

对板子薄的数字手机，若按键用力过大，极易使反面的元件虚焊。松下 500 数字手机就是一个典型例子，维修中经常遇见的故障就是按键关机或开机后忽然死机，这都与按键背面的元件虚焊有关。只要将按键板背面的元件补焊一遍，故障即可排除。

诺基亚 8110 采用柔性线路板设计，当用户按键用力太大时，也会导致数字手机的逻辑电

路（CPU、版本、暂存器、码片）间的信号高低电平错乱。也就是说，这种结构很容易出软件故障。事实上，诺基亚8110的大部分故障都是软件故障。

维修爱立信T18数字手机按键关机的故障时，在排除电池或电池触点有问题的情况下，一般是CPU松焊或周围的元件虚焊导致的，只要补焊CPU或吹焊其周围元件即可。这是由于爱立信T18数字手机是单板机，正面为按键，而CPU恰好安放在按键的反面，它是整个主板受力最大的地方，反复按键必然会出现松焊的问题。

4．数字手机的点接触式结构易出现接触不良

数字手机采用点接触式结构的很多，常见的有以下几种。

① 显示屏通过导电胶与主板连接，如爱立信T28数字手机、诺基亚3310数字手机等。

② 听筒或送话器通过导电胶或触片的形式与主板相连。爱立信及诺基亚数字手机常见无听筒声、无送话故障，这时只要拧紧螺钉就能解决。

③ 功能板与主板通过接触弹片形式连接，如诺基亚3810，5110，6110，6150数字手机等，这类手机经常由于接触弹片断裂或接触不良导致不开机、按键失灵、无振铃等故障。

④ 天线与主板天线座通过接触弹片形式连接，这是大部分数字手机共有的结构特点。维修中，经常遇到由此引起的数字手机无信号或信号不好的故障，只要把数字手机天线座和天线用铜丝飞线焊牢接好即可。

⑤ 外壳的电池触点与主板以弹片形式接触，如爱立信768，788，T10，T18和西门子35系列数字手机等。这类机型最多的故障是开机低电告警、拍拍数字手机就关机、按键关机或发射关机等，这就是电池触点接触不良引起的。

⑥ 外壳的卡座和主板以弹片形式接触。例如爱立信788，T10，T18和西门子35系列数字手机等，常会出现因弹片接触不良造成数字手机不识卡故障。

5．BGA封装的集成电路易出现松焊

这类封装方式的特点是焊点为球状点接触式，其优点是比一般封装方式可使数字手机板做得更小，缺点是易脱焊，这是整机数字手机中最薄弱的环节之一。例如摩托罗拉328/308信号不好，一般是接收路径上的元件虚焊导致的；而摩托罗拉338信号不好，大部分是BGA封装元件如CPU虚焊导致的。

诺基亚8810最常见的问题是软件故障，无信号、无发射、不开机大部分原因是CPU（BGA封装）松焊导致的；摩托罗拉L2000数字手机不开机是电源IC（BGA封装）松焊引起的；爱立信T18数字手机受振后造成的不开机故障，基本上也都是由字库（BGA封装）虚焊引起的。这充分说明了BGA封装的集成电路的脆弱性。

6．阻值小的电阻和容量大的电容易损坏

阻值小的电阻经常用于供电线路上起限流作用，也就是起熔断器的作用，若电流过大，首先会把其击穿。另外，供电线路上有许多滤波电容，体积和容量一般较大，若电压或电流不稳定，就会击穿电容而导致漏电。

4.5 数字手机几种故障处理技巧

找到数字手机的故障部位,掌握数字手机维修的一些规律和技巧,对准确而快速地排除故障有很大帮助。

4.5.1 进水数字手机的处理技巧

当数字手机进水后,一方面由于水中可能存积着多种杂质和电解质,造成电路板污损,会导致电路发生故障。特别是当数字手机进水后,未经清洗和干燥,就直接加电开机,极易导致数字手机线路板上的集成电路和供电电路发生故障。另一方面,当进水数字手机的水分挥发后,线路板上可能会留下多种杂质和电解质,会直接改变线路板在设计时的各项分布参数,导致性能指标下降。因此,当数字手机进水后,要经过正确的处理,才能将数字手机修复。

进水的数字手机易断线,但什么线易断呢?一是供电线路易断,因为供电线路是大电流工作的地方,入水后若数字手机未能及时进行处理,开机时供电电路容易短路而被烧断;二是线路穿孔处,因为穿孔处易堆积腐蚀物而不易被清除,天长日久,最易发生腐蚀断线;三是集成电路及小元件,如电阻、电容也最易发生腐蚀断线。

对于用户送来的进水数字手机,首先要放在超声波清洗仪中进行清洗,清洗液可用无水酒精,利用超声波清洗仪的振动,把线路板上以及集成电路模块底部的各种杂质和电解质清理干净。其次对于浸在水里时间长的数字手机,清洗后必须干燥。因为浸水时间较长,水分可能已进入线路板内层。用简单的清洗方法不一定能将线路板内层的水分完全排出来。这时就需要把线路板浸泡在无水酒精里,而且浸泡的时间要足够长(一般在24~36h),利用无水酒精的吸水性,使水分和无水酒精完全混合。把线路板取出吹干,然后把线路板放置于干燥处,干燥24h后,就基本排除了线路板内层的水分。

4.5.2 摔过的数字手机的处理技巧

摔过的数字手机易出现以下故障。
① 天线易折断,维修时只需要更换相应的天线。
② 外壳易损伤,更换外壳即可。另外摔过的数字手机外壳极易变形,拆卸时应小心,不可用力硬撬,以免使故障扩大。
③ 时钟晶体易损坏,摔坏会导致不起振或振荡频率不准,产生不开机或无信号故障。
④ 滤波器容易摔坏,造成不入网、无发射、信号弱故障。
⑤ 数字手机由于采用了表面焊接技术,集成电路摔后易开焊而造成各种故障,检修时应根据故障现象有目的地补焊。例如,爱立信数字手机摔过后极易造成受话器和送话器声音均小的故障,补焊多模集成电路后,故障大都可以排除。

4.5.3 线路板铜箔脱落的处理技巧

在数字手机维修过程中,经常会遇到线路板铜箔脱落的现象,究其原因,一是维修人员由于技术不熟练或方法不当,将铜箔带下;二是部分落水被腐蚀过的数字手机,在用超声波清洗器进行清洗时,将部分线路板铜箔洗掉。遇此现象,如何快速有效地使铜箔连线复原呢?下面介绍几种常见的补救方法。

1. 查找资料对照

查找有关维修资料,看脱落铜箔所在引脚与哪一元件的引脚相连,找到后,用漆包线将两脚相连即可。由于目前新式机型发展较快,维修资料滞后,且很多数字手机的维修资料错误较多,与实物比较也有一定差异,所以此法在实际应用中受到一定的限制。

2. 用万用表查找

在没有资料的情况下,可用万用表进行查找。用数字万用表,将挡位置于蜂鸣器挡(一般为二极管挡),用一只表笔触铜箔脱落的引脚,另一只表笔则在线路板上可能与铜箔脱落处引脚相通的地方挪动,若听到蜂鸣声,则引起蜂鸣的那一处与铜箔脱落处引脚相通,可取适当长度的漆包线,将两处连上即可。

3. 重新补焊

若以上两种方法均无效,则有可能此脚是空脚。但若不是空脚,又找不出铜箔脱落处引脚与哪一元件引脚是相连的,可用刀片轻轻刮线路板铜箔脱落处,刮出新铜箔后,用烙铁加锡轻轻将其与脱焊引脚焊上即可。

4. 对照法

在有条件的情况下最好找一块与故障机同类型的正常数字手机的电路板进行比较,测出正常机相应点的连接处,再对照着去连接脱落的铜箔。

需要注意的是,在连线时应分清被连接的部分是射频电路还是逻辑电路。一般来讲,逻辑电路断线连线不会产生副作用,而射频电路信号频率较高,连上一根线后,其分布参数影响较大,因此在射频电路一般不能轻易连线,即使要连线,也应尽量短。

习题 1

1. 填空题

(1)虽然数字手机故障可能种类繁多,但按其基础分类可以分为_____、使用故障和质量故障。

(2)数字手机按故障出现时间的早晚可分为初期故障、_____和后期故障。

(3)数字手机的故障按性质不同可分为_____和软件故障。

（4）数字手机的开机是指数字手机加上电源后，按数字手机的"开/关"键 2s 左右，数字手机进入自检及_____的过程。

（5）数字手机状态可分为开（关）状态、_____、工作状态三种，不同的工作状态的工作电流不同。

（6）数字手机的待机状态是指_____信号时的一种等待状态。

（7）数字手机密码又称_____、保密码、个人识别码（PIN 码）等，由 4～8 位数组成，用来控制进入菜单中的_____及其他选项，从而防止非授权使用和防止被窃后的使用。

（8）数字手机图纸一般分为 4 种类型，即原理方框图、_____图、元器件_____图和数字手机电路板实物图。

（9）数字手机的射频电路主要特点是以_____为核心（有时此 IC 又分为前端混频 IC 和中频 IC 两个模块），同时收发电路有接收第一本振（RXVCO1）、第二本振（RXVCO2）和发射压控振荡器（TXVCO）进行频率合成的有效配合，发射电路末级以典型_____为标志。

2．是非判断题（正确画√，错误画×）

（1）数字手机不入网是指数字手机不能进入通信网络。（   ）

（2）数字手机的掉电是指数字手机开机后，没有按关机键就自动关机。（   ）

（3）数字手机的串号即国际移动设备识别码（IMEI），它就是手机本身的电话号码。（   ）

（4）数字手机维修的基本原则是先进行动态检查，再进行静态检查。（   ）

（5）对数字手机维修时，在拆装、焊接元器件之前，没必要关断电源。（   ）

3．选择题（将正确答案的序号填入括号内）

（1）数字手机在正常工作状态时，整机工作动态电流最大可达到（   ）。

A．300mA 左右　　　　　B．20mA 左右　　　　　C．80mA 左右　　　　　D．5mA 左右

（2）数字手机维修的基本原则不正确的是（   ）。

A．先检查机外再检查机内　　　　　B．先进行动态检查，再进行静态检查

C．先检查供电电路再检查其他电路　　　　　D．先检查简单故障，再检查复杂故障

（3）数字手机基本维修方法中"信号追踪法"主要用于查找（   ）的故障。

A．射频电路和音频电路　　　　　B．电源供电电路

C．接口电路　　　　　D．逻辑控制电路

（4）在数字手机的屏幕上显示（   ）、"检查 SIM 卡"、"SIM 卡有误"、"SIM 卡已锁"等均属不识卡。

A．插入 SIM 卡　　　　　B．联系服务商　　　　　C．返厂维修　　　　　D．锁机

（5）在数字手机屏幕上显示（   ）、"返厂维修"、"锁机"等是典型的软件故障。

A．联系服务商　　　　　B．插入 SIM 卡　　　　　C．检查 SIM 卡　　　　　D．SIM 卡已锁

4．简答题

（1）数字手机的常见故障有哪些？

（2）列出数字手机维修常用的方法，请分别简述之。

（3）对不开机故障应重点检查哪几部分电路？

（4）数字手机软件故障的实质是什么？

（5）如何在未拆机之前对不开机故障进行简单判断？

(6）如何在未拆机之前对不上网故障进行简单判断？

(7）如何在未拆机之前对数字手机发射机故障进行简单判断？

(8）对不上网故障应重点检查哪几部分电路？

(9）如何用简易的方法启动数字手机的发射电路？

(10）在一张完整的电路图中，如何识别接收机、发射机电路？

第 5 章 其他移动通信系统

前面几章主要针对蜂窝移动通信系统进行了分析,在人们的日常生活中还有许多其他移动通信系统为我们提供通信便利的服务,诸如无线寻呼系统、无绳电话系统、小灵通电话系统、集群移动通信系统、无中心多信道选址移动通信系统、GPS、蓝牙通信系统和移动卫星通信系统等。由于无线寻呼系统在我国已退出历史舞台,小灵通电话系统也基本不再使用,在此对这两种系统不再进行讨论。

5.1 无绳电话系统

无绳电话是一种以有线电话网为依托的通信方式,它是有线电话网的无线延伸。它具有发射功率小、省电、设备简单、价格低廉、使用方便等优点,因而发展十分迅速。无绳电话机由主机(座机)和副机(数字手机)组成,与有线电话机相比,其主机接入有线电话网,副机由用户携带在距主机一定的范围内自由通话。主、副机之间利用无线信道保持联系,其工作示意图如图 5.1 所示。主、副机之间的信道有单频道和多频道之分。单频道指的是无线电话主、副机之间只有一个通话信道。如果主、副机之间有多个通话信道,则是多频道工作方式。

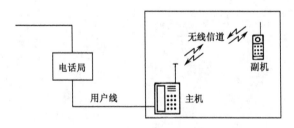

图 5.1 无绳电话系统工作示意图

5.1.1 无绳电话机的发展

无绳电话自 20 世纪 70 年代发展至今,已经历了 CT0,CT1,CT2,CT3,DECT 等几个发展阶段。

1. 模拟无绳电话系统

第一代无绳电话（CT1）为模拟无绳电话系统，设备相对简单。它存在一些固有的缺陷，如频谱利用率低、信道数目少、服务范围小、相互干扰严重、音质差、保密性差、不易进行数据通信等。

2. 数字无绳电话系统

第二代无绳电话（CT2）是第一个数字无绳电话标准，紧随其后北美、日本都有了自己的数字无绳电话标准。CT2不仅适用于家庭、办公室等室内场合，还可以用于公共场合，它采用语音编码、时分双工（TDD）等数字技术，通话质量较高，保密性强，抗干扰性能良好，克服了模拟无绳电话存在的一些固有缺陷，但CT2无越区切换和漫游功能。

1992年，欧洲电信标准协会（ETSI）推出了欧洲数字无绳电话系统（Digital European Cordless Telecommunications，DECT）新一代数字无绳电话标准。1993年，日本推出了个人便携电话系统（Personal Handyphone System，PHS）。1994年，美国通信委员会的联合技术委员会通过了个人接入通信系统（Personal Access Communication System，PACS）。这些数字无绳电话系统具有容量大，覆盖面宽广，支持数据通信、越区切换、漫游，应用灵活等特点，已成为目前无绳电话的主流。

1999年，国际电信联盟ITU-R将DECT数字无绳电话作为IMT-2000的无绳电话通信标准。由于IMT-2000标准充分体现了第三代移动通信网络对于带宽和移动性的需求，而数字无绳电话标准充分考虑了前向兼容性，协议体系能够提供不断演进的应用和服务，因而能够迅速拓宽带宽，适应多媒体业务的需求。

5.1.2 无绳电话机的技术参数

无绳电话机实际上只是将电话机的座机与听筒之间的话绳改为无线信道。无绳电话机的座机和数字手机之间采用了无线双工工作方式。

1. 无绳电话的信道

无绳电话的主机与数字手机的发射频率是不同的，即可同时进行收发，所以每台无绳电话机占用了2个频率分别作为座机和数字手机发信信道。我国规定座机发射频段为48～48.350MHz分15个信道、1.655～1.740MHz分5个信道及新增加的2个信道1.700MHz和46.000MHz。数字手机发射频段为74～74.350MHz分15个信道、48.375～48.475MHz分5个信道及新增加的2个信道40MHz和74.3751MHz，共计22个信道。各收发信道的具体频率数值如表5.1所示。

表5.1 无绳电话的22个信道

信道	主机发射频率/MHz	手持机发射频率/MHz	信道	主机发射频率/MHz	手持机发射频率/MHz
1	48.000	74.000	12	48.275	74.275
2	48.025	74.025	13	48.300	74.300

续表

信道	主机发射频率/MHz	手持机发射频率/MHz	信道	主机发射频率/MHz	手持机发射频率/MHz
3	48.050	74.050	14	48.325	74.325
4	48.075	74.075	15	48.350	74.350
5	48.100	74.100	16	1.665	48.375
6	48.125	74.125	17	1.690	48.400
7	48.150	74.150	18	1.715	48.425
8	48.175	74.175	19	1.690	48.450
9	48.200	74.200	20	1.740	48.475
10	48.225	74.225	21	1.700	40.000
11	48.250	74.250	22	46.000	74.375

2．无绳电话的信道间隔

在 1~15 信道和 16~18 信道中，其频率间隔为 25kHz，每台无绳电话机各使用一个信道。由于信道少，所以无绳电话机的密度较大时会相互干扰。为降低干扰的程度，无绳电话机的数字手机和座机发射功率不能太大。我国规定座机发射功率在 50mW 以内，数字手机发射功率在 20mW 以内，即只在一定的范围内自由通话。

3．无绳电话机的电路结构形式

无绳电话机的电路有两种结构形式：一是分立器件组成的调频接收、压扩器和频率合成器各功能件，二是大规模集成综合芯片。目前开发生产的无绳电话机大多采用三合一射频芯片，即电话机的接收电路、锁相环、压扩器是集成在一起的，它综合了无绳电话机需要的多种功能，具有体积小、成本低的特点。

5.1.3　无绳电话机基本组成和信号流程

无绳电话系统分主机（座机）和数字手机（副机）两个主要组成部分，它们的基本组成相对独立，但又相互联系。

1．无绳电话机基本组成

无绳电话机的主机组成原理框图如图 5.2 所示，由市话接口电路（外线）、振铃电路、语音信号处理电路、射频的发射与接收电路、存储器、键盘及显示、呼叫电路和接口及控制电路等组成。

副机组成原理框图如图 5.3 所示，由射频的发射与接收电路、语音信号处理电路、电源电路、键盘及显示、检测控制电路、接口电路等组成。

语音信号处理电路采用对语音信号压缩和扩展编码技术。语音信号在调制前，先经过压缩器进行压缩处理，以缩小其动态范围。解调后的语音信号再进行扩展处理，以恢复语音信号的原频率成分。

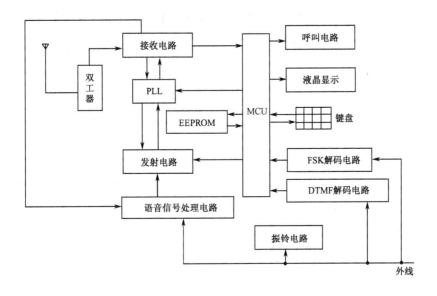

图 5.2 无绳电话机的主机组成原理框图

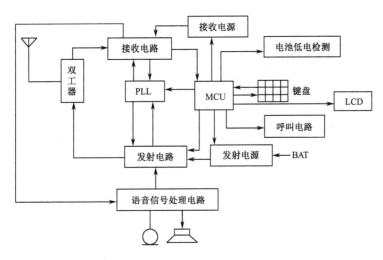

图 5.3 无绳电话机的副机组成原理框图

2. 无绳电话机信号流程

主机接收部分信号流程和发射部分信号流程分别如图 5.4 和图 5.5 所示,其工作过程简述如下。

① 外线电话的打入。当有外线电话打入时,如图 5.4 和图 5.5 所示,振铃信号由市话接口电路输入,一是使主机振铃电路工作,发出铃声;二是经过光耦合器形成一组铃声脉冲信号送入 CPU,经 CPU 处理后,由数据输出脚送到变容二极管并调制在高频信号上,通过发射电路发往副机。处于等待状态的副机,收到由主机发来的振铃信号后,由控制电路使振铃电路工作,蜂鸣器发出振铃呼叫声。此时,从充电座上拿起副机,或打开通话开关,副机发射电路处于正常工作状态,将摘机信号发往主机。主机收到数字手机的摘机信号后,即可进

行外线通话。副机接收部分信号流程和发射部分信号流程分别如图5.6和图5.7所示。

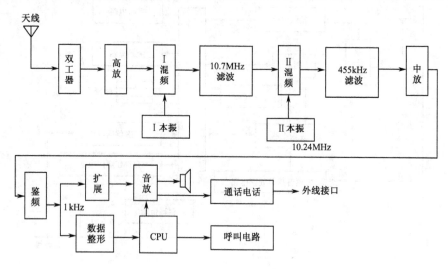

图 5.4　主机接收部分信号流程

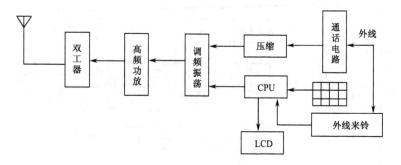

图 5.5　主机发射部分信号流程

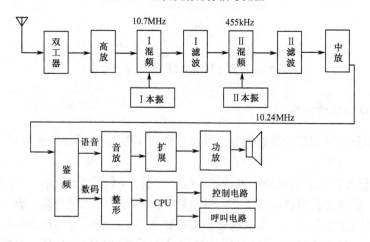

图 5.6　副机接收部分信号流程

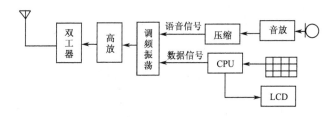

图 5.7　副机发射部分信号流程图

② 副机打外线电话。当向外线打出电话时，如图 5.6 和图 5.7 所示，打开副机通话开关，副机发射电路工作，并将摘机信号发射给主机。主机收到摘机信号后，将此信号送入控制电路。控制电路一方面使发射电路工作，另一方面把市话接口电路置于摘机状态。然后副机将拨号发往主机，经主机的 CPU 处理后，由接口电路送往外线。外线接通后，即可由副机与外线电话实现通话。

③ 主机和副机对讲。在副机处于等待状态时，按其呼叫键，控制电路使副机发射电路处于呼叫工作状态，将呼叫信号调制在高频载波上并发往主机。主机收到副机发来的信号，经 CPU 处理后控制呼叫电路工作，发出呼叫声。此时主机摘机，主机发射电路工作，并将开机信号发给副机。副机收到主机的内部对讲信号后，控制电路使副机发射电路和接收电路进入正常状态，即可进行主机和副机之间的内部对讲。

④ 三方通话。当主机处于对外线通话状态时，按主机的内通话键，呼叫副机，接通内部对讲，然后按三方会议键，则 CPU 控制打开内部通话和市话接口通路的电子开关进行三方通话。

5.2　集群移动通信系统

集群的含义是指无线信道不是仅供某一个用户群专用，而是供若干个用户群共同使用。集群移动通信系统采用的基本技术是频率共用技术。

5.2.1　集群移动通信系统的基本结构

集群移动通信系统是属于调度系统的专用通信网，它采用多信道共用和动态分配信道的技术，主要以无线用户为主，即以调度台与移动用户之间通话为主。所谓集群即多个无线信道为众多用户共用，以便在最大程度上利用整个系统的信道和频率资源。集群移动通信系统是传统的专用无线电调度系统的高级发展阶段。

1. 集群移动通信系统的组成

一个典型的集群移动通信系统主要由系统控制中心、电话互连终端、集群信道机、收发天线、系统管理终端、动态重组终端、系统监视端，以及单位调度站、基站转发器、移动台等设备组成，如图 5.8 所示。

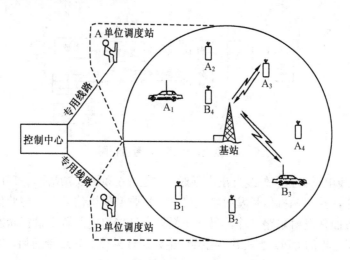

图 5.8 集群移动通信系统的组成

① 基站转发器。由收发信机和电源组成。每个频道均配一个转发器。

② 系统控制中心。分布式控制系统虽无集中控制中心,但在联网时,可通过无线网络控制终端。

③ 调度站。调度站可分为无线调度站和有线调度站。无线调度站由收发信机、控制单元、操作台、天线和电源等组成。有线调度站可以是简单的电话机或带显示设备的操作台。

④ 移动台。移动台有车载台和手持机。它们均由收发信机、控制单元、天线和电源等组成。

2. 集群移动通信系统的信道利用

集群系统中,当用户开机要求通话时,系统就会自动分配一个空闲信道。通信完毕后,此信道又被系统收回。这样每个用户都可以使用系统全部的通信信道,大大提高了频率的利用率。通话全过程由计算机控制,使网络的功能容易根据实际情况调整,更好地为用户服务,因而该系统具有实用性。

集群移动通信系统经常使用的频段为 380MHz、450MHz 和 800MHz 左右。

5.2.2 集群移动通信系统与蜂窝移动通信系统的区别

集群移动通信系统同蜂窝移动通信系统相比,在技术上有很多相似之处,但在主要用途、网络组成、工作方式等方面也存在很大差异,如表 5.2 所示。

表 5.2 集群移动通信系统与蜂窝移动通信系统的差异

系统 区别	集群移动通信系统	蜂窝移动通信系统
1	属于专用通信网,各用户有优先等级	属于公众移动通信网,不分优先等级
2	主要业务是无线用户间的通话	有大量业务是无线用户和有线用户之间的通话

续表

系统区别	集群移动通信系统	蜂窝移动通信系统
3	根据调度业务特征，有限时通话功能，一次通话限定时间为 15～16s	不限时
4	一般采用半双工工作方式，一对移动用户间通话只占一对频道	采用全双工工作方式，一对移动用户间的通话必须占用两对频道
5	适用于共用频道较少的中小容量的单区通信网	采用频道再用技术来提高系统的频率利用率

随着通信技术的发展，上述两种系统的特征都会不断地发生变化，其中有许多技术甚至可以相互借鉴，但公用网和专用网的服务要求与运行环境不同，因而各有其不同的发展方向和发展策略，在某一个系统中行之有效的功能在另一个系统中不一定适用。

5.2.3 无中心多信道选址移动通信系统

还有一种移动通信系统被称为无中心多信道选址移动通信系统，它是一种简易的移动通信系统，由数字手机、固定台、有（无）线转接器、中继转发器、数话兼容器、电波监视管理系统、编程器、天馈系统、电源等组成。与蜂窝数字手机系统和集群移动通信系统这两种有中心的系统相比，它不需要结构复杂的交换控制中心，建网费用只有蜂窝数字手机系统的 1/5 左右。无中心多信道选址移动通信系统并非不要控制，而是将有中心系统的集中控制转化为各移动台的分散控制，充分发挥单片机功能，只要每个进网电台配备有自动信道选择、自动发射识别、选择呼叫与自动接续等功能，就可以进网。我国规定该系统使用 915～917MHz 频段。

5.3 全球定位系统

全球定位系统（Global Positioning System，GPS）是 20 世纪 70 年代由美国国防部研制的新一代卫星导航定位系统，该系统可向人类提供高精度的导航、定位和授时服务。GPS 已从最初的取代常规大地测量和工程测量，逐渐渗透到了精密工程测量、地籍测量、地形测量、航空摄影测量、地质调查、交通管理、地理信息系统、海洋测绘、气象预报、变形监测和地球科学等领域。

5.3.1 GPS 概述

GPS 由美国国防部始建于 1973 年，经过方案论证、工程研制和生产作业三个阶段，历经二十余年，耗资三百多亿美元于 1994 年全部建成。

1. 卫星定位技术发展概况

GPS 是继子午卫星系统之后发展起来的新一代卫星导航与定位系统，具有全球性、全天候、连续性等优点及三维导航和定位能力。在现代测量领域，早就开始采用 GPS 技术，最初，主要用于建立各种类型和等级的测量控制网，目前 GPS 技术除了仍大量用于这些方面外，在测量领域的其他方面也得到了充分的应用，例如，用于各种类型的施工放样、测图、变形观测、航空摄影测量、海测和地理信息系统中地理数据的采集等。尤其在各类测量控制网的建立方面，GPS 定位技术已基本上取代了常规测量手段，成为了测量的主要技术手段。

在中国，1997 年由国家测绘局完成了 A 级、B 级网的布设与平差，全网由 756 点组成，其中 A 级网 27 点，基线水平方向相对精度为 2×10^{-8}，垂直分量相对精度为 7×10^{-8}。布设 A 级网的目的，是在全国范围内确定精确的地心坐标，建立起我国新一代地心参考框架及其与国家坐标系的转换参数，作为高精度卫星大地网的骨架，并奠定地壳运动及地球动力学研究的基础。作为我国高精度坐标框架的补充以及为满足国家建设的需要，在国家 A 级网的基础上，又建立了国家 B 级网。经整体平差后，点位地心坐标精度达到±0.1m，B 级点基线水平分量精度优于 4×10^{-7}，垂直分量精度优于 8×10^{-7}。新布设的国家 A、B 级网已成为我国现代大地测量和基础测绘的基本框架。

1998 年由总参测绘局完成了一级网与二级网的布设与平差，全网共 534 点（其中一级网 44 点），均匀分布于全国。由异步环计算的相对误差，一级网为 3×10^{-8}，二级网 60%以上为 1×10^{-8}，其他为 $10\times10^{-7}\sim2\times10^{-7}$。1997 年由中国地震局、总参测绘局、中国科学院、国家测绘局开始建立的全国 GPS 控制网，由 25 个基准站、56 个基本站、1000 个区域网点组成。基准站间基线测定精度为 2mm，基本站间基线测定精度水平分量为 3～5mm，垂直分量为 10～15mm，于 2001 年完成。

上述三网经联合平差后取名为 GPS2000 网，其成果经过严格的数据处理，精度很高，被作为我国现代大地坐标框架。可见 GPS 将在国民经济建设中发挥越来越重要的作用。另外很多城市都采用 GPS 技术建立了城市控制网。

2．GPS 的特点

GPS 具有高精度、全球性、全天候、连续性、高效率、多功能、操作简便、应用广泛等优点及三维导航和定位能力，具有良好的抗干扰性和保密性。它已成为美国导航技术现代化的重要标志，被视为 20 世纪美国继阿波罗登月计划和航天飞机计划之后的又一重大科技成就。

① 定位精度高。单机定位精度优于 10m，采用差分定位，精度可达厘米级和毫米级。经应用实践已经证明，GPS 相对定位精度为：在 50km 以内可达 $1\times10^{-6}\sim2\times10^{-6}$，在 100～500km 的基线上可达 $10^{-6}\sim10^{-7}$，在大于 1000km 的距离上相对定位精度达到或优于 10^{-8}。

② 观测时间短。随着 GPS 的不断完善，以及软件的不断更新，目前 20km 以内相对静态定位，仅需 15～20min；快速静态相对定位测量时，当每个流动站与基准站相距在 15km 以内时，流动站观测时间只需 1～2min，然后可随时定位，每站观测只需几秒钟。

5.3.2 GPS 基本组成

全球定位系统由空间卫星部分、地面监控部分和用户接收部分三个主要部分构成。

1．空间卫星部分

全球定位系统的空间卫星部分原计划由 21 颗 GPS 工作卫星和 3 颗在轨备用卫星组成，

构成完整的（21+3）形式的 GPS 卫星工作星座，如图 5.9 所示。实际工作时，21 颗工作卫星均匀地分布在编号为 A、B、C、D、E、F 的 6 个轨道平面内，如图 5.10 所示，每个轨道平面上分布 4 颗工作卫星。轨道面相对于赤道平面的倾角为 55°，各个轨道平面之间的夹角为 60°。这种卫星分布，可保证在地球上任何地方、任何时刻均可观测到至少 4 颗卫星。卫星平均轨道高度为 20200km，每 11 小时 58 分（恒星时）沿近视圆形轨道运行一周。

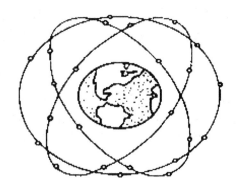
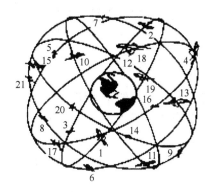

图 5.9　原计划的 24 颗卫星分布图　　　　图 5.10　21 颗工作卫星分布图

2．地面监控部分

地面监控部分包括 1 个主控站、3 个注入站和 5 个监测站，如图 5.11 所示。主控站位于美国科罗拉多斯平士（Colorado Springs）的联合空间执行中心（CSOC），3 个注入站分别设在大西洋的阿松森（Ascension）岛、印度洋的狄哥·伽西亚（Diego Garcia）和太平洋的卡瓦加兰（Kwajalein）3 个美国军事基地上，5 个监测站设在主控站和 3 个注入站以及夏威夷岛。

图 5.11　GPS 卫星地面监控部分示意图

监测站的主要任务是对每颗卫星进行观测，精确测定卫星在空间的位置，向主控站提供观测数据。每个监测站还配有 GPS 接收机，对每颗卫星连续不断地进行观测，每 6s 进行一次伪距测量和积分多普勒观测，并采集与气象有关的数据。监测站受主控站的控制，定时将观测数据送往主控站。主控站拥有大型电子计算机，作为数据采集、计算、传输、诊断、编辑等的主体设备。

① 数据采集。主控站采集各个监测站所测得的伪距和积分多普勒观测值、气象要素、卫星时钟和工作状态数据，监测站自身的状态数据，以及海军水面兵器中心发来的参考星历。

② 编辑导航电文。根据采集到的全部数据，计算出每颗卫星的星历、时钟改正数、状态

数据以及大气改正数,并按一定格式编辑为导航电文,传送到注入站。

③ 诊断功能。对整个地面支撑系统的协调工作进行诊断。对卫星的健康状况进行诊断,并加以编码向用户指示。

④ 调整卫星。根据所测的卫星轨道参数,及时将卫星调整到预定轨道,使其发挥正常作用。而且还可以进行卫星调度,用备份卫星取代失效的工作卫星等。

主控站将编辑的卫星电文传送到位于三大洋的三个注入站,注入站通过 S 波段微波链路,定时地将有关信息注入各个卫星,然后由 GPS 卫星发送给广大用户,这就是所用的广播星历。

3. 用户接收部分

全球定位系统的空间部分和地面监控部分,是用户应用该系统进行导航和定位的基础,而用户只有通过 GPS 信号接收机,才能实现导航和定位的目的。GPS 接收机通过接收 GPS 卫星发射信号,获得必要的导航和定位信息、观测量,经过数据处理而完成导航和定位工作。以上三个部分共同组成一个完整的 GPS 系统。

5.3.3　GPS 的定位原理

GPS 定位的基本原理是根据高速运动的卫星瞬间位置,作为已知的起算数据,采用空间距离后方交会的方法,确定待测点的位置。

1. 基本原理

"交会法"是一种测距交会确定点位的方法。GPS 的定位原理就是利用空间分布的卫星以及卫星与地面点的距离交会,得出地面点位置,即 GPS 定位原理是一种空间的距离交会原理。

设想在地面待定位置上安置 GPS 接收机,同一时刻接收 4 颗以上 GPS 卫星发射的信号。通过一定的方法测定这 4 颗以上卫星在此瞬间的位置,以及它们分别至该接收机的距离,据此利用距离交会法解算出测站点 P 的位置及接收机钟差 δ_t,如图 5.12 所示。设时刻 t_i 在测站点 P 用 GPS 接收机同时测得 P 点至 4 颗 GPS 卫星 S_1,S_2,S_3,S_4 的距离 ρ_1,ρ_2,ρ_3,ρ_4,通过 GPS 电文解译出 4 颗 GPS 卫星的三维坐标 (X^j, Y^j, Z^j),$j=1,2,3,4$,用距离交会的方法求解 P 点的三维坐标 (X,Y,Z) 的观测方程如下:

$$\begin{cases} \rho_1^2 = (X-X^1)^2 + (Y-Y^1)^2 + (Z-Z^1)^2 + c\delta_t \\ \rho_2^2 = (X-X^2)^2 + (Y-Y^2)^2 + (Z-Z^2)^2 + c\delta_t \\ \rho_3^2 = (X-X^3)^2 + (Y-Y^3)^2 + (Z-Z^3)^2 + c\delta_t \\ \rho_4^2 = (X-X^4)^2 + (Y-Y^4)^2 + (Z-Z^4)^2 + c\delta_t \end{cases} \quad (5-1)$$

式中,c 为 GPS 信号的传播速度(即光速);δ_t 为接收机钟差;X,Y,Z 为待测点坐标的空间直角坐标;X^i,Y^i,Z^i($i=1,2,3,4$)分别为卫星 1、卫星 2、卫星 3、卫星 4 在 t 时刻的空间直角坐标,可由卫星导航电文求得。由以上 4 个方程即可解算出待测点的坐标和接收机钟差。

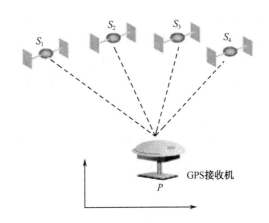

图 5.12　GPS 卫星定位示意图

2．GPS 的定位方法

GPS 定位有多种方法，用户可以根据不同的用途采用不同的定位方法。根据定位时接收机的运动状态分为动态定位和静态定位。

（1）动态定位

所谓动态定位，就是在进行 GPS 定位时，认为接收机的天线在整个观测过程中的位置是变化的。也就是说，在数据处理时，将接收机天线的位置作为一个随时间改变的量。动态定位又分为 Kinematic 和 Dynamic 两类。

（2）静态定位

所谓静态定位，就是在进行 GPS 定位时，认为接收机的天线在整个观测过程中的位置是保持不变的。也就是说，在数据处理时，将接收机天线的位置作为一个不随时间改变的量。在测量中，静态定位一般用于高精度的测量定位，其具体观测模式是多台接收机在不同的测站上进行静止同步观测，时间为几分钟、几小时甚至数十小时不等。

5.3.4　GPS 的典型应用

目前 GPS 在大地测量、航空遥感、灾害预测预报、工程测量、气象、交通、海洋和农业等领域得到广泛应用。

1．大地测量

GPS 技术在大地测量中的应用大体上包括以下几个方面。

（1）基准的建立

建立和维持高精度的三维地心参考基准，建立全球或国家的高精度 GPS 网，加密或扩展地区性的 GPS 控制网，检核、分析与改进原有的地面控制网，确定高程与进行精化大地水准面研究。

（2）开展国际联测

在大地测量应用中，利用 GPS 技术开展国际联测，建立全球性大地控制网，提供高精度的地心坐标，测定和精化大地水准面。1990年3—4月间，我国完成了南海群岛5个岛礁8个点位和陆地上4个大地测量控制点之间的GPS联测，初步建立了陆地南海大地测量基准，使海岛与全国大地网连成一个整体。1992年我国组织十多个单位，利用30多台GPS双频接收机，进行了多个部门参加的全国GPS定位大会战。经过数据处理，GPS网点地心坐标优于0.2m，点间位置精度优于10^{-8}。在我国建立了平均边长约100km的GPS A级网，提供亚米级精度地心坐标基准。在A级网的基础上，我国又布设了边长为30~100km、全国约2500个点的B级网。A、B级GPS网点都联测了几何水准。A、B两级GPS控制网为我国各部门的测绘工作以及建立各级测量控制网，提供了高精度的平面和高程三维基准。

2. 航空遥感技术

GPS在遥感遥测领域内，主要用于以下几个方面：测定航片和卫片上的地面控制点，用于航摄飞机的实时导航，进行由GPS辅助的空中三角测量，直接测定摄影机和传感器的空间位置和姿态，用于航摄外业控制点联测。

在航空摄影测量方面，我国测绘工作者也经历了应用GPS技术进行航测外业控制测量、航摄飞行导航、机载GPS航测等航测成图的各个阶段。

3. 灾害预测预报

GPS具有高精度和具备连续自动监测能力，在地质勘探、地面沉降、工程测量等领域中取得了巨大的成功。

（1）地质监测

地质监测包括山体滑坡地质灾害、水坝、大桥、海上钻井平台等工程建筑物的安全监测与预报。GPS监测网的布设、观测与数据处理等，给自然灾害的监测与预报提供了广泛的应用参考。例如，GPS在大坝外观连续变形监测中的数据采集、数据传输、GPS数据处理、分析和管理，桥梁外观连续变形监测，海上钻井平台垂直形变监测等都是具体应用的实例。

（2）地面沉降监测

GPS在大城市地面沉降监测、矿井地面沉陷监测中也得到了广泛应用，如上海市GPS地面沉降监测就是GPS用于监测城市地面沉降的实例之一。

4. 控制测量

控制测量是GPS定位技术应用的一个重要领域，其主要作用是建立和维持高精度三维地心坐标系统，不同大地控制网之间的联测和转换，建立新的地面控制网，检核和改善已有的地面网，对已有地面网进行加密，研究与精化大地水准面。

另外，在建立全球性或全国性的GPS网、区域性GPS大地控制网的建设、检核和改善常规地面网、加密已有控制网、拟合区域大地水准面等方面都有重大意义。

5. 工程测量

在工程测量方面，应用GPS静态相对定位技术，布设精密工程控制网，用于城市和矿区油田地面沉降监测、大坝变形监测、高层建筑变形监测、隧道贯通测量等精密工程。加密测图控制点，应用GPS实时动态定位技术（RTK）测绘各种比例的地形图和施工放样。在2005

年的"珠峰高度"测量中,利用 GPS 技术参与测量,为精确测定珠峰高度提供了科技保障。我国的一些城市正在建立"GPS 台站网",这将为城市基础测绘和"数字城市"建设提供高精度的定位技术服务。

6．在气象分析中的应用

利用 GPS 理论和技术来遥感地球大气,进行气象学的理论和方法研究。

7．在交通管理过程中的应用

应用 GPS 技术进行测时、测速,不仅精度高,而且设备简单、经济可靠。因此利用 GPS 测时与测定接收机载体的运动速度,进行有效的交通管理,是 GPS 技术的另一重要应用领域。

8．在海洋测绘过程中的应用

GPS 在海上定位、海底(水下)地形测量中也得到了广泛应用。

9．在农业中的应用

利用 GPS 技术,配合遥感技术和地理信息系统,能够监测农作物产量分布、土壤成分和性质分布,做到合理按需施肥、播种和喷洒农药,节约费用,降低成本,达到增加产量和提高效益的目的。

5.4 蓝牙通信系统

"蓝牙"这个名称的来历说法不一,其含义泛指"集各方力量,通过合作,完成一项伟大的事业,共享成果"。

5.4.1 蓝牙技术概述

随着世界范围内电子设备技术高速发展,瑞典的爱立信公司于 1994 年成立了一个专项科研小组,对移动电话及附件的低能耗、低费用、无线连接的可能性进行研究,其最初目的是建立无线电话与 PC 卡、耳机及桌面设备等产品的连接。但随着该项技术研究的深入,科研人员越来越感到这项技术所独具的个性和巨大的商业潜力,同时也意识到凭借一家企业的实力,根本无法继续研究。于是爱立信将其公之于世,并极力说服其他企业加入该研究中来。其共同目标是建立一个全球性的"近范围"无线通信技术,并将此技术命名为"蓝牙",以此来表达要将这种全新的无线传输技术在全球推广,并实现全球通用的雄心。

1．蓝牙组织概况

1998 年 2 月,爱立信、诺基亚、IBM、东芝及 Intel 组成了蓝牙利益集团(SIG)。这个集团是商业领域的最佳组合,包含两个最大的移动通信公司、两个最大的手提电脑生产商、一个数字信号处理技术的领导者。之后,蓝牙技术引起了越来越多企业的关注。1999 年 11 月,比尔·盖茨专程到拉斯维加斯一家只有 11 名员工的小公司访问,其理由只因这家公司已研制成功一种含蓝牙技术的胸卡。随后，微软便宣布加入 SIG。目前，包括索尼、惠普、戴尔在内的 2000 多家公司都签署了相关协议，共享这一先进技术。这么多的精英公司集中在一项技术的大旗下，在商业史上是史无前例的。一项公开的全球统一的技术规范得到了工业界如此广泛的关注和支持，也是以往所罕见的。这说明基于蓝牙技术的产品具有广阔的应用前景和巨大的潜在市场。

2. 蓝牙技术的特点

"蓝牙"作为新科技的代名词，没有人会否认它所代表的无线通信联络的时代潮流。一般来讲，蓝牙技术有如下特点。

① 简单易用。蓝牙最突出的魅力在于其"简单易用"，通信过程操作顺序简单。首先，由配备了蓝牙技术的设备，搜索出位于半径 10m 以内的另外一台配备蓝牙技术的设备，经过双方认证后就可以进行通信。

② 传输速率低，通信距离短。在通信速率及通信距离方面，与用于无线 LAN 的 IEEE 802.11b 的传输速率 11Mbps、距离 50m 相比，蓝牙的传输速率为 1Mbps，但通信距离只有 10m。

③ 成本相对高。目前蓝牙技术的价格相对高仍是蓝牙产品的缺点，价格是蓝牙面临的主要问题。由于该项技术的综合成本很高，因而导致一些嵌入蓝牙技术模块设备的成本增高。

④ 通信距离极其有限。蓝牙无线通信有效距离较短，一般为 10m 左右，这也是目前蓝牙技术迫切需要研究和解决的问题。

⑤ 兼容性和安全性差。蓝牙的传输速率并不是最快的，而且人们普遍认为蓝牙技术存在兼容性和安全性差的缺点。

3. 蓝牙协议的体系结构

蓝牙技术规范（Specification）包括协议（Protocol）和应用规范（Profile）两个部分。协议定义了各功能元素[如串口仿真协议（RFCOMM）、逻辑链路控制和适配协议（L2CAP）等]各自的工作方式。而应用规范则阐述了为实现一个特定的应用模型（Usage Model），各层协议间的运转协同机制。显然，Protocol 是一种横向体系结构，而 Profile 是一种纵向体系结构。较经典的 Profile 有拨号网络（Dial-up Networking）、耳机（Headset）、局域网访问（LAN Access）和文件传输（File Transfer）等，它们分别对应一种应用模型。图 5.13 简要描述了蓝牙协议结构。

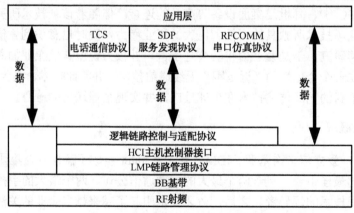

图 5.13 蓝牙协议结构示意图

（1）协议结构

整个蓝牙协议体系结构可分为底层硬件模块、中间协议层（软件模块）和高端应用层三大部分。图 5.13 中所示的链路管理（LMP）层、基带（BB）层和射频（RF）层属于蓝牙的硬件模块。RF 层通过 2.4GHz 无须授权的 ISM 频段的微波，实现数据位流的过滤和传输，它主要定义了蓝牙收发器在此频带正常工作所满足的要求；BB 层负责跳频、蓝牙数据及信息帧的传输；LMP 层负责链接的建立和拆除，以及链路的安全和控制。它们为上层软件模块提供了不同的访问入口，但是两个模块接口之间的消息和数据传递，必须通过蓝牙主机控制器接口（HCI）的解释才能进行。HCI 是蓝牙协议中软硬件之间的接口，它提供了一个调用下层 BB、LMP、状态和控制寄存器等硬件的统一命令接口；HCI 以上的协议软件实体运行在主机上，而 HCI 以下的功能由蓝牙设备来完成，二者之间通过一个对两端透明的传输层进行交互。

中间协议层包括逻辑链路控制与适配协议（Logical Link Control and Adaptation Protocol，L2CAP）、服务发现协议（Service Discovery Protocol，SDP）、串口仿真协议（RFCOMM）和电话通信协议（Telephone Control Protocol，TCS）。L2CAP 完成数据拆装、服务质量控制和协议复用等功能，是其他上层协议实现的基础，因此也是蓝牙协议栈的核心部分；SDP 为上层应用程序提供一种机制来发现网络中可用的服务及特性；RFCOMM 依据 ETSI 标准 TS07.10，在 L2CAP 上仿真 9 针 RS-232 串口的功能；TCS 提供蓝牙设备之间，话音和数据的呼叫控制信令。在蓝牙协议栈的最上部是应用层（Applications），它对应于各种应用模型的 Profile 的一部分。

（2）蓝牙协议

蓝牙利益集团（SIG）于 1999 年 7 月公布了协议 1.0 版本，2001 年 2 月又新推出 1.1 版协议。

蓝牙规范的协议栈仍采用分层结构，如图 5.13 所示，包括蓝牙专用协议（如链路管理协议和逻辑链路控制与适配协议）以及非专用协议（如对象交换协议和用户数据包协议）。协议设计和协议栈的主要原则是：尽可能利用现有的各种高层协议，保证现有协议的融合，以及各种应用之间的互相操作。高层应用协议（协议栈的垂直层）都使用公共的数据链路和物理层，充分利用兼容蓝牙技术规范的软硬件系统。蓝牙技术规范的开放性保证了设备制造商可以自由地选用其专用协议或习惯使用的公共协议，在蓝牙技术规范基础上开发新的应用。蓝牙协议体系中的协议分为蓝牙核心协议、电缆替代协议、电话控制协议、选用协议四类。

① 蓝牙核心协议。

蓝牙核心协议由 SIG 制定的蓝牙专用协议组成。绝大部分蓝牙设备都需要核心协议（加上无线部分），而其他协议则根据应用的需要而定。核心协议主要包括基带（Base Band）协议、链路管理协议（LMP）、逻辑链路控制与适配协议（L2CAP）以及服务发现协议（SDP）。

- 基带协议。基带协议的任务是确保微网内各蓝牙设备单元之间，由射频构成的物理连接。蓝牙的射频系统是一个跳频系统，其任一分组在指定时隙、指定频率上发送。使用查询过程使一个单元能发现哪些是在通信范围内的单元，以及它们的设备地址时钟。通过呼叫过程，能建立实际连接。
- 链路管理协议。链路管理协议用来对链路进行设置和控制，负责建立和解除蓝牙设备单元之间的连接、功率控制以及认证和加密，还控制蓝牙设备的工作状态（保持、休眠、呼吸和活动)。
- 逻辑链路控制与适配协议。从某种意义上说，L2CAP 和 LMP 都相当于 OSI 第二层链路层的协议，可认为它与 LMP 并行工作。基带数据业务可越过 LMP 直接通过 L2CAP 向高层协议传送数据。L2CAP 向 RFCOMM 和 SDP 等层提供面向连接的和无连接的数据服务，采用了多路、分割和重组技术等。L2CAP 允许高层协议以 64KB 长度收发数据分组。
- 服务发现协议。服务发现是所有用户模式的基础，SDP 上层可有 FTP、LAN 接入、无绳电话、同步模式等应用。在蓝牙系统中，客户只有通过服务发现协议，才能获得设备信息、服务信息及服务特征，从而在设备单元之间建立不同的 SDP 层连接。

② 电缆替代协议。

电缆替代协议（RFCOMM）可以仿真串行电缆接口协议（如 RS-232，V.24 等），是基于 ETSI-07.10 的串口仿真协议。通过 RFCOMM，蓝牙可在无线环境下实现对高层协议（如 PPP，TCP/UDP/IP，WAP）的支持。另外，RFCOMM 可支持 AT 命令集，从而实现移动电话和传真机及调制/解调器之间的无线连接。

③ 电话控制协议。

电话控制协议包括二进制电话控制协议和 AT 命令集电话控制协议。
- 二进制电话控制协议（TCS 二进制或 TCS BIN）。该协议是面向比特的协议，它规定了蓝牙设备间建立语音和数据呼叫的控制信令，还规定了处理蓝牙 TCS 设备的移动管理过程。该过程是基于 ITU-T Q.931 建立而开发的，被指定为蓝牙电话控制协议二进制规范。
- AT 命令集电话控制协议。AT 命令集用来控制多用户模式下的移动电话和调制/解调器，AT 命令集基于 ITU-T V.250 建议和 GSM 07.07 标准，还可用于传真业务。

④ 选用协议。
- 点对点协议（PPP）。在蓝牙协议栈中，PPP 位于 RFCOMM 上层，完成点对点的连接。
- TCP/UDP/IP。这些协议由互联网工程任务组（IETF）制定，现已发展成为计算机之间最常应用的组网形式。IP 处理分组在网络中的活动，TCP 为两台主机提供可靠的数据通信，UDP 则为应用层提供一种非常简单的服务。它们是 Internet 的基础，在蓝牙设备中，使用这些协议是为了与互联网相连接的设备进行通信。
- 对象交换协议（OBEX）。IrOBEX（简写为 OBEX）是由红外数据协会（IrDA）制定的会话层协议，它采用简单和自发的方式交换对象。OBEX 能通过"推"、"拉"操作传输对象。一个对象可通过多个"推"请求和"拉"应答进行交换。OBEX 是一种类似于 HTTP 的协议，假设传输层是可靠的，采用客户-服务器模式，独立于传输机制和传输应用接口（API）。
- 电子名片交换格式（vCard）、电子日历及日程交换格式（vCal）。它们都是开放性规范，都没有定义传输机制，只定义了数据传输格式。SIG 采用 vCard/vCal 规范，是为了进一步促进个人信息交换。
- 无线应用协议（WAP）。该协议是由无线应用协议论坛制定的，它融合了各种广域无线网络技术，其目的是将互联网内容和电话传送的业务传送到数字蜂窝电话和其他无线终端上。另外，协议还定义了主机控制器接口（HCI），提供对链路控制器和链路管理器的命令接口，以及对硬件状态和控制注册成员的访问，该接口还提供对蓝牙基带的统一访问模式。

（3）蓝牙应用规范

几种主要的蓝牙应用规范（Profile）如图5.14所示。蓝牙规范的应用模式有很多，图中所示的4种应用模式是所有现行用户模式和应用的基础，也为以后可能出现的用户模式和应用提供了基础。

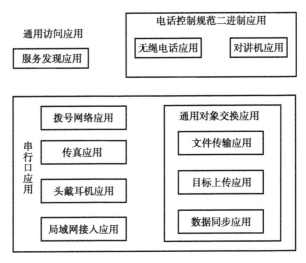

图5.14　蓝牙应用规范示意图

① 通用访问应用模式。

通用访问应用模式（GAP）定义了两个蓝牙单元之间，如何相互发现和建立连接。它用来处理未连接设备之间的相互发现和建立连接，保证两个蓝牙设备，不管是哪一家厂商的产品，都能够发现设备支持何种应用，并能够交换信息。蓝牙单元必须能够实现通用访问应用模式，以保证基本的互操作性。

② 服务发现应用模式。

服务发现应用模式（SDAP）定义了蓝牙单元可利用的服务发现，处理已知和特殊的服务搜索，包括服务发现用户应用，这也是蓝牙单元的本地服务所必需的。服务发现协议的接口向其他蓝牙单元发出或接收服务请求，因此服务发现应用模式描述了与特定的蓝牙协议之间的接口应用，充分利用了终端用户的直接利益。

③ 串行口应用模式。

串行口应用模式（SPP）定义了怎样在两个蓝牙单元之间建立虚拟串行口，利用RS-232（数据通信设备的通用接口标准）控制信令，可提供对蓝牙单元的串行线缆仿真。这种应用可保证128kbps的速率，它依赖于通用访问应用模式。

④ 通用对象交换应用模式。

通用对象交换应用模式（GOEP）定义了处理对象交换的协议和步骤，文件传输应用和同步应用都基于这一应用模式，笔记本电脑、PDA、移动电话是这一应用模式的典型应用。通用对象交换应用以链路和信道都已建好为前提，描述了蓝牙单元的数据传输。通用对象交换应用模式依赖于串行口应用模式。

4．蓝牙的相关技术

蓝牙相关技术包括 WAP、3G 和无线局域网等技术。

（1）蓝牙与 WAP

WAP 是一种能使移动用户利用无线设备方便地访问 Internet 资源，或使用交互式信息和服务的开放式全球规范。WAP 规范运行在成熟的 IP 和无线承载网络之上，针对无线网络的低带宽、高延迟等特点进行优化设计，为移动电话用户、寻呼机用户、个人数字助理用户和其他无线用户提供统一、开放、独立于接入网的因特网服务，把 Internet 的大量信息及通信业务引入移动终端中。

WAP 论坛是 1997 年 6 月，由诺基亚、爱立信、摩托罗拉和 phone.com 共同组成的一个行业协会，WAP 标准是 WAP 论坛成员努力的结果。它支持现有的各个标准化组织，并向这些组织提供信息。该论坛旨在产生一个适用于不同无线网络技术的全球无线协议规范，供适当的工业标准组织采纳，将无线行业价值链各个环节上的公司联合在一起，以保证产品之间的互操作性和无线市场的发展。WAP 论坛已经发布了一系列标准。1997 年 9 月，WAP 论坛出版了第一个 WAP 标准架构。次年 5 月 WAP 1.0 正式推出，紧接着 WAP 1.1 于 1999 年 6 月正式发行。1999 年 12 月 WAP 1.2 正式发布。目前 WAP 2.0 也已推出。

WAP 体系结构如图 5.15 所示，该应用至少包括三个部分：Web 服务器、WAP 代理和 WAP 手机/客户端。这种结构可以灵活地支持其他配置，为了实现端到端安全解决方案，可以建立一个含有 WAP 代理功能的源服务器。

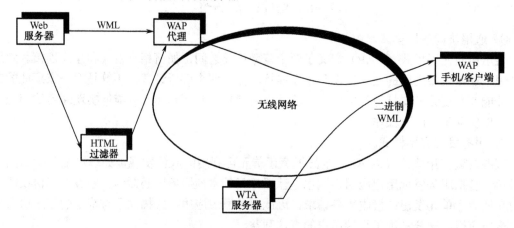

图 5.15 WAP 体系结构示意图

WAP 手机/客户端可以同时与无线网络中的两个服务器（WAP 网关和无线电话应用 WTA 服务器）进行通信。WAP 网关是一个代理服务器，它把来自客户端的 WAP 请求转化成 WWW 请求，同时对来自 Web 服务器的 WWW 响应进行二进制压缩编码，转换成客户端所能接收的格式。无线电话应用 WTA 服务器直接响应 WAP 客户端的请求，使之接入无线网络运营商的电信基础设施。WTA 框架允许从 WML Script 程序访问呼叫控制。电话簿和消息等电话功能，使得运营商可以开发安全的电话应用，并集成到 WML/WML Script 服务中。

WAP 网络结构如图 5.16 所示，分为应用层、会话层、事务层、安全层和传输层。通过协议栈的分层设计，WAP 网络结构为移动通信设备提供了一个层次化、可扩展的应用程序开发环境。WAP 网络结构中的每一层都为其上一层提供接入点。该分层结构还允许其他的服务和应用程序，通过一组已经定义好的接口使用 WAP 协议栈，不同的外部应用程序可以从不同的层次接入 WAP 协议栈。

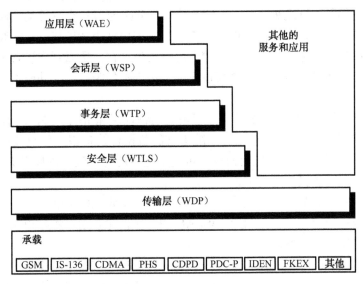

图 5.16　WAP 网络结构示意图

WAP 在设计上独立于传输网络，适用于现有的大多数无线网络，如 CDDP，CDMA，GSM，PDC，TDMA，FLEX 等。因此，今天的 WAP 服务随着无线网络的发展，仍然可能继续存在，不过传输速率会更快，协议标准也会进一步升级。

（2）蓝牙与 3G

3G 是第三代移动通信的简称，3G 数字移动通信系统具备通用无线寻址接入能力，可在全球范围内漫游，含有多信息媒体、多传播介质、多层网络等。

3G 功能模型和接口如图 5.17 所示，主要由核心网（CN）、无线接入网（RAN）、移动台（MT）和用户识别模块（UIM）4 个功能子系统构成。3G 的关键技术有初始同步、Rake 多径分集接收技术、功率控制、信道编译码、智能天线技术和空分多址、多用户检测等。3G 移动通信服务可能是决定蓝牙前途的关键。

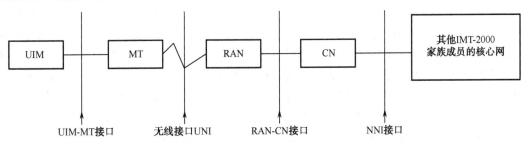

图 5.17　3G 功能模型和接口

（3）蓝牙与无线局域网

无线局域网（WLAN）是计算机用户之间的无线通信网络。WLAN 的传输技术包括：窄带正交频分复用技术、宽带扩频技术、无线局域网的网络结构、星形拓扑结构、微蜂窝拓扑结构等。

无线接入网络是当前发展最迅速的领域之一，相应的新技术层出不穷，IEEE 802.11 和蓝牙都备受关注。它们的共同之处在于：都工作在 2.4GHz 频段；支持移动联网，用户可以灵活地移动计算设备的位置，保持持续的网络连接；不需要使用物理线路，安装非常简便；因为无线网络所使用的高频无线电波，可以穿透墙壁或玻璃窗，所以网络设备可以在有消费人群的地方任意放置；多层安全防护措施可以充分保护用户的隐私；改动网络结构或布局时，不需要对网络进行重新设置。

IEEE 802.11 规定了开放式系统互连参考模型的物理层和 MAC 层，能满足当今 WLAN 应用的数据传输要求，提供比蓝牙 1.0 标准更高的数据传输速率，但只支持数据通信。与 WLAN 不同之处是蓝牙技术有一整套协议，可用于更多场合。蓝牙跳频更快，因而更稳定，同时还具有功耗更低和更灵活等特点。

目前，业界的发展趋势是在无线个人局域网中采用蓝牙 1.0 标准，这是因为在目前的标准下，在同一环境中使用 2.4GHz 频段的 WLAN 和蓝牙，尤其当二者相距较近时，常常会发生相互干扰，使数据传输速度降低。

蓝牙采用跳频扩频信令形式，传输速率为 1Mbps。在 1MHz 带宽的 79 个频隙信道上，大约每秒跳变 1600 次。蓝牙对 802.11b 的干扰强于 802.11b 对它的干扰，其原因在于蓝牙不停地跳到 802.11b 信号上，然后立即跳开，信息包损失很小，而且蓝牙设备能够不停地发送数据。

5.4.2 蓝牙的信息安全问题

蓝牙技术提供短距离的对等通信。为了提供应用保护和信息保密，该系统必须在应用层和链路层提供安全措施。这些措施应该适用于对等环境，即每个蓝牙单元的鉴权和加密都以相同的方式实现。在链路层使用 4 种不同的实体来保证安全，每个用户具有一个唯一的公共地址、两个字和一个随机数，此随机数在每个新的处理中都是不同的。

1. 蓝牙设备的地址

蓝牙设备地址（BD-ADDR）是一个对每个蓝牙单元唯一的 48 位 IEEE 地址。蓝牙地址是公开的，而且可经 MMI 交换，也可自动通过蓝牙单元查询规则获得。"字"在初始化时获得，并且不会被关闭。通常加密字在鉴权过程中从鉴权字获得。对于鉴权的算法，字的长度通常为 128 位。对于加密算法，字的长度可以在八进制 1~16（即 8~128 位）之间。加密字的长度以两种方式进行配置其原因是：首先，不同国家具有不同的适用于加密算法的要求，一般情况下，取决于出口规定和官方对于加密的态度；其次，为了使将来的安全升级很便利，没有必要对算法及加密硬件进行造价较高的重新设计。增加有效字的长度是适应计算功能增强的最简单的方式。目前加密的长度为 64 位，足以满足应用的保密要求。

加密字和鉴权字完全不同。每次加密被激活都要产生新的加密字，因此加密字的生命周期不必与鉴权字一致。从本质上说，鉴权字比加密字更具有静态特征，一旦建立加密字，则由运行在蓝牙设备上的特殊应用决定何时或是否改变加密字。要强调鉴权字对于特殊蓝牙链路的基本重要性，鉴权字常被当做连接字。

RAND 是取自蓝牙单元中的一个随机数或伪随机过程的随机数，不是一个静态参数，它经常会改变。

2．蓝牙的随机数发生器

每个蓝牙单元都有一个随机数发生器，随机数在安全功能方面有着很多用途。由于实用的原因，一般使用基于随机数发生器的软件解决方案。在蓝牙技术中，使用随机数的要求是它们必须非重复并随机产生。"非重复"意味着在鉴权字生命周期里，此值不能重复。

3．蓝牙的字管理

用户不能对特殊单元的加密字长进行设定，而必须由厂家预设值。为了防止用户超出允许的字长，蓝牙基带进程不接受高层次软件层提供加密字。在需要一个新的加密字时，必须用加密算法来产生。如果改变连接字，还应通过已定义的基带进程完成，根据连接字的类型，需要用不同的方式。

（1）字类型

连接字是长度为128位的随机数，由两个或更多部分共享，并且是这些部分安全处理事件的基础。连接字本身用于鉴权程序，当得到加密字时，连接字则作为参数之一。

（2）字产生和初始化

连接字必须在蓝牙单元中产生和分配，在鉴权程序中使用。因而连接字必须保密，不能像获取蓝牙地址那样通过查询规则获得。字的互换发生在初始化阶段，对两个需要执行鉴权和加密的单元分开执行初始化。所有初始化进程包括五部分：初始化字的产生、鉴权、连接字的产生、交换连接字、在每个单元产生加密字。

4．蓝牙技术的加密

可以通过对分组有效净荷加密来对用户信息进行保护，识别码和分组头不被加密。

5．蓝牙技术的鉴权

蓝牙实体的鉴权采用竞争-响应方案。在此方案中，客户方对密钥的确定，使用对称密钥通过 2-move 协议进行校验。

5.4.3 蓝牙技术应用

蓝牙技术可嵌入多种电子产品设备中，给人们带来操作简单、使用方便的便利生活和工作方式。

1．蓝牙技术与 PC

蓝牙是一个独立的操作系统，不与任何操作系统捆绑。蓝牙的规范接口可直接集成到笔记本电脑中，或者通过 PC 卡或 USB 接口连接。笔记本电脑的使用模型包括：通过蓝牙蜂窝电话连接远端网络，利用蓝牙蜂窝电话做扬声器，蓝牙笔记本电脑、手持机和移动电话间的商用卡交易、蓝牙笔记本电脑、手持机和移动电话间的时间同步等。

2．蓝牙技术与电话机

蓝牙规范接口可以直接集成到蜂窝电话中或通过附加设备连接。电话的使用模型包括：通过蓝牙无线耳机实现电话的免提功能，与笔记本电脑和手持机的无电缆连接，与其他蓝牙电话、笔记本电脑和手持机的商用卡交易等。

3．蓝牙技术的其他应用

其他蓝牙设备的使用模型包括：耳机、手持机和其他便携设备、人机接口设备、数据与语音接入点等。

5.5 移动卫星通信系统

同步通信卫星具有广阔的覆盖面，一颗同步通信卫星就可以覆盖约三分之一的地球表面积，如图5.18所示。移动卫星现已成为国际、洲际以及远距离通信的重要工具，并且在部分地区的陆、海、空领域的车、船、飞机等移动通信中起着积极作用，但是它不能用来实现个人的数字手机移动通信。这是因为同步通信卫星转发的信号，必须使用较高的天线和较大的功率，这是数字手机所不可能做到的。解决这个问题的另一途径，就是利用中低轨道通信卫星。中低轨道卫星距地面只有几百公里至几千公里，在地球的上空快速绕地球转动，因此称为非同步地球卫星，或称移动通信卫星。这种卫星系统是以个人数字手机通信为目标而设计的，以太空中的通信卫星为基础，在全球（或区域）范围内为行驶的车辆、船舶、飞机等移动体提供各种通信业务。

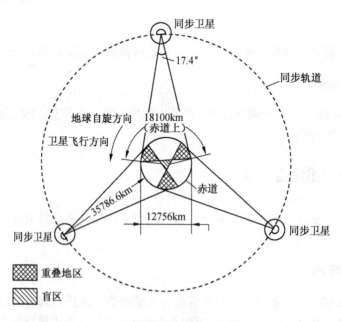

图5.18 利用静止卫星建立全球通信

5.5.1 移动卫星通信系统的分类

移动卫星通信系统按应用分为海事移动卫星通信系统（MMSS）、航空移动卫星通信系统（AMSS）和陆地移动卫星通信系统（LMSS）。

MMSS 旨在改善海上救援，提高船舶使用效率和管理水平，增强海上通信业务和无线电定位能力。AMSS 的主要用途是在飞机与地面之间为机组人员和乘客提供语音和数据通信。LMSS 主要是利用卫星为行驶在陆地上的车辆提供通信。移动卫星通信系统按采用的技术分为静止轨道（GEO）系统、长椭圆轨道（HEO）系统、中轨道（MEO）和低轨道（LEO）系统。GEO 系统采用静止轨道卫星，其组成基本上与固定业务卫星系统相同；LEO 系统则采用多颗低轨道卫星组成星座，与 GEO 系统有所不同。

5.5.2 海事移动卫星通信系统

海事移动卫星通信的国际组织（现称国际移动卫星组织）营建了覆盖全球的国际海事卫星通信系统，称为 INMARSAT 系统。它是一个利用 GEO 卫星（静止轨道卫星或同步轨道卫星）经营全球卫星移动通信业务的商业性国际组织，总部设在伦敦。1979 年 7 月 16 日 INMARSAT 正式成立，主要进行以全球海事移动卫星业务为主的运营工作。

至今 INMARSAT 系统已更新了三代，第一代于 1982 年投入使用，第二代于 1990 年投入使用。第三代 INMARSAT 3F1 于 1996 年 4 月 3 日由 Atlas IAC 122 火箭发射成功，定位于印度洋区东经 64°。

海事移动卫星全球通信系统 INMARSAT 以海上通信、定位、援救等为基本目标，扩充至海岸间及陆地卫星移动通信和航空卫星移动通信，对满足全球移动用户的需求做出了突出贡献。INMARSAT 系统由船站、岸站、网络协调站和卫星组成，如图 5.19 所示。

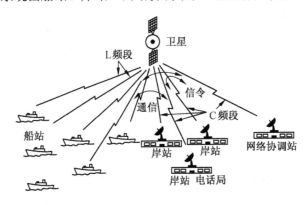

图 5.19　INMARSAT 系统组成

1. 卫星

由分布在大西洋、印度洋和太平洋的三颗卫星覆盖整个地球表面，使三大洋地区的任何一点都能最佳地接入卫星系统，岸站的工作仰角在 5°以上。

2. 岸站

岸站是指设在海岸附近的地球站，归各国主管部门所有，并由它们经营。主要功能有：对来自船舶或陆地上的呼叫进行分配并建立信道；信道状态（空闲、正在受理申请、占线等）的监视和排队管理；船站识别码的编排和核对；登记呼叫，产生计费信息；遇难信息的监收；卫星转发器频率偏差的补偿；通过卫星的自环测试；在多岸站运行时的网络控制功能；对船舶终端进行基本测试，每一海域至少应有一个岸站具备这种功能。

3. 网络协调站

网络协调站是整个系统的一个重要组成部分。每一个海域设一个网络协调站（NCS）。

4. 船站

船站是设在船上的地球站，每一个船站都有自己专用的号码，基本上由甲板上设备和甲板下设备两大部分组成。

INMARSAT 系统的信道可分为 4 种类型，即电话、电报、呼叫申请（船至岸）和呼叫分配（岸至船）。对电话传输，在船至岸方向采用 PSK—TDMA 方式，在岸至船方向采用 TDMA—PSK 系统。对申请信道，用 PKS 随机接入系统，而分配信道与电报信道，采用同一 TDMA—PSK 载波。

随着通信技术的飞速发展，以及全球用户信息业务的需求结构及竞争环境的急剧变化，INMARSAT 系统暴露出下述几项明显的不足与缺陷。

① 终端笨重，不能适应小型灵巧手持机型个人通信需求。

② 从空间至地面段，用户终端价格昂贵，难以适应全球普遍服务这一未来信息社会的基本要求，缺乏竞争力，更不要说其系统仍存在着结构与技术性能方面的弱点。

③ 容量能力的弱点同样明显，系统的话音信道数较少。

④ 频谱利用率较低。

⑤ 移动用户与移动用户间连接需要经 GEO 卫星双跳完成，延时大，费用高。

以上这些情况都要求 INMARSAT 应尽快建立新一代中轨道系统。

5.5.3 陆地移动卫星通信系统

陆地移动卫星通信系统（LMSS）基本上与海事卫星系统相同，都为静止轨道卫星系统。不过 LMSS 一开始即着眼于陆地应用，主要为车辆提供通信。陆地移动卫星通信系统主要是北美的 MSAT 系统，该系统主要由卫星、关口站、基站、网络控制中心和移动台组成，如图 5.20 所示。

MSAT 系统主要提供面向公用通信的无线电话业务，以及面向专用通信的专用移动无线业务。具体分为数字手机业务（MTS）、移动无线电业务（MRS）、移动数据业务（MDS）、航空业务、终端可搬移的业务和寻呼业务。MSAT 系统中设立了 8 种网络管理功能：配置管理、故障管理、性能管理、计费管理、安全管理、容量管理、业务管理和行政管理。

陆地移动通信的迅猛发展，使人们尝到了移动通信的甜头，而且价格性能也为越来越多的用户所接受。

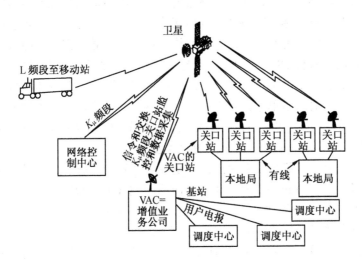

图 5.20　MSAT 系统组成示意图

5.5.4　低轨道移动卫星通信系统

低轨道（LEO）移动卫星通信系统，利用数十颗低轨道卫星构成星座来覆盖全球，使人们可以在地球上任何地方用价格低廉的数字手机进行通信。目前国际上已提出了各种系统方案，而全球星低轨卫星移动通信系统受到了人们的广泛关注。全球星低轨卫星移动通信系统简称全球星（Global Star）系统，它利用 LEO 卫星组成一个连续覆盖全球的移动卫星通信系统，向世界各地提供话音、数据和传真业务。

全球星系统是由美国的劳拉公司和高通公司及 12 家国际电信企业共同参与开发的全球低轨道移动通信卫星系统。该系统由 48 颗环绕地球运动的低轨卫星和全球近百个地面关口站组成。它把卫星通信与地面通信网相结合，建成全球性的"无缝隙"通信网络。设计者们采用了简单、低风险、更便宜的卫星。卫星上既没有处理器，也没有星际互连链路。相反，所有这些功能，包括处理和交换，均在地面完成，这样便于维护和未来的升级。卫星的重量小，约 450kg，因而平均发射费用也较低。全部卫星平均分布在 8 个圆形轨道上，高度为 1414km，用户感受不到话音延时。通信信道编码为 CDMA 方式，抗干扰能力强，通话效果很好，另有 8 颗卫星供备用。轨道与赤道呈 52°倾斜，各轨道间相距 45°。倾斜的轨道覆盖了从北纬 70°到南纬 70°的所有范围，不包括南北极地区。该系统用最少数量的卫星覆盖了地球上最多的居民点。

全球星系统的主要特点是通信距离远，覆盖面积广，通信频带宽，系统容量大，不受地球环境、气候条件和时间的限制。可提供话音、数据（传输速率可达 9.6kbps）、短信息、传真、定位等服务。终端包括手持终端、车载终端和船载终端。可应用于不同领域，充分满足未来的实际需求。全球星系统提供多种通信服务业务，真正实现了覆盖地域、空域、海域的跨越国界的全球通信。

全球星系统并非通过卫星将呼叫直接传递给被叫用户，它是将卫星收到的呼叫通过馈送链路下行传送到入口网络。信号在入口网络被处理后，经由地面基础设施送出。如果被叫用户也是该系统的一个用户，则呼叫将从该入口网或另一入口网上行到一颗卫星上，再传送到目的地。该系统太空中的卫星数量少，而且结构简单，意味着所需的地面入口网数量多。在系统建设的各个阶段，将有38个入口网在全球建成，不远的将来还要增加40个入口网。全球星系统已获得100多个本地服务供应商的经营特许权，覆盖了全球88%以上的地区。

全球星系统中有一对六边形相控阵天线。一个供上行接收，另一个供下行传输。天线朝向地球一面，在地面上形成独立的16个波束。为解决用户的频率限制，全球星系统尽可能多次复用每个波束中的16MHz带宽，以增大卫星容量。

全球星系统还采用了多路分集接收法，以避免当信号被障碍物阻挡时出现通信中断。每个入口网的3台或4台5～6m的天线，可以同时跟踪视线内的数颗卫星。交换系统将同一呼叫送达至少两颗卫星上。然后，多通道接收机将这些信号接收，组合成一个单一的、相干的、更强的信号。全球星系统采用CDMA技术，使系统独具竞争力。如果采用TDMA技术，就无法将两颗卫星的信号组合起来，所以只能选取一个卫星的最佳信号；而当有3颗或4颗卫星时，可以把所有信号都组合在一起，并采用自适应功率控制，把信号送到最强的链路上。这种高效的功率技术不仅提高了系统的容量，而且极大地改善了系统的待命性能，减少了通信中断现象，提高了服务质量。

全球星号码结构：国内采用134网号，为1349H1H2H3ABCD，话机拨打和被叫方式与蜂窝电话相同。

我国地域广阔，地形复杂，地理环境多样。虽然地面通信网发展迅速，覆盖面积不断扩大，但是，受到地形和人口分布等客观因素的限制，地面市话和移动通信网不可能实现在全国各地全覆盖，如海洋、高山、沙漠和草原等。在中国有60%左右的地区是地面网盲区，通信困难的问题现在不可能解决，而且在将来的几年甚至几十年也很难得以解决。这不是由于技术上不能实现，而是由于在这些地方建立地面通信网络耗资过于巨大。相比较而言，卫星通信可以快捷、经济地解决这些地方的通信问题，满足人们对通信的需求。全球星系统可为在这些地区生活、工作的人们提供服务，也可为那些国际和国内的旅游者、商业和企业的要员以及特殊行业（如勘探、科考、抢险、救灾等行业）的工作人员提供极大方便。

5.6 个人通信网

所谓个人通信，就是任何人（Whoever）在任何时候（Whenever）和任何地点（Wherever）都能和其他任何人（Whomever）进行任何方式（Whatever）的通信，即所谓的5W通信。目前，人们对通信的最高要求是个人通信，它是以个人为对象的通信技术。通信者携带终端，按照个人专用的通信号码呼叫，就可以与其他人保持联系，且不受双方位置、距离、环境和传输设备的限制。个人通信的目标是：全球为一村，全球为一网，全球一人一个号码。它是人类通信的最高境界，它实现了在三维空间移动中始终保持通信能力的完全个人移动性。

5.6.1 个人通信网的组成要素

个人通信是一门综合性很强的技术。要实现个人通信，除应发展综合业务数字网（ISDN）

技术、智能网技术之外，还要解决位置登记、跟踪交换、自动识别个人通信码等功能，同时还要有大容量传输系统的支持，尤其是移动通信系统、移动卫星通信系统和无绳电话系统等的支持。它是在 ISDN、智能网、数字移动通信网的基础上实现的。要满足个人通信的这些要求，个人通信网至少要有个人通信码、个人终端、大容量数据库和共同的用户接口 4 个组成部分。

1．个人通信码

个人通信码是与个人有关的逻辑号码，与通信网中的物理点无关。对于个人号码的呼叫，可经过网络的具体处理，将逻辑号码转换为物理号码，按照物理号码选择路由，将信息传送给用户。所以个人通信网应具有号码转换的功能。

2．个人终端

为了满足终端移动性的要求，个人终端应是袖珍式的无线终端，使用户可以不受电话线的束缚而进行通信，还应具备重量轻、耗电省、价格便宜等优点。个人终端可以是单模式的，即只能接入单一模型的系统；也可以是多模式的，即可以接入几种系统。

3．大容量数据库

为了满足对个人通信控制的目的，需要把数以百万的个人通信号码、服务参数及与个人通信有关的路由选择、变换参数存储在大容量的数据库中。而且这些数据可以使个人终端接入各种通信网（有线网、数据网、蜂窝网等），以满足综合业务需要。更重要的是有关的参数必须能动态更新，以便能随时随地找到用户。

4．共同的用户接口

应用共同的用户接口，可以使个人通信业务成为一种容易使用的业务。当用户从一个接入网转换到另一个接入网时，他们需要共同的接口，以方便进行接入业务和控制业务。这种共同的用户接口，不应当依赖于不同的空中接口或接入网技术。

5.6.2 个人通信的发展趋势

随着信息社会的发展，人们的交往联系日益频繁，个人通信具有更广阔的前景。个人通信要能在多种无线工作环境下工作（蜂窝系统、无绳系统、卫星系统和固定电话系统等）；使用多模终端，提供漫游能力；提供广泛电信业务；具有与固定网络业务可比的高质量和完整性；具有国际漫游能力；使用智能网接入技术进行移动管理和业务控制；具有较强的安全性和保密能力；具有灵活开放的网络结构。为实现此目标，个人通信还要在以下几方面得到发展。

① 高速无线接入。包括卫星宽带接入系统、室内无线系统、无线局域网技术。

② 无线 ATM。通过无线方式将 ATM 无线扩展到移动终端，使用户通过无线方式接入多媒体信息业务。

③ 软件无线电。基本思想是研究一个完全可以编程的硬件平台，包括工作频段、调制/

解调方式、多址方式等均可通过注入不同软件，形成不同标准的 PCS 终端和基站，保证各种 PCS、陆地移动业务和卫星业务的无缝集成。它是无线通信系统从模拟走向数字化后的另一次飞跃，即从数字化走向软件化。也许只有软件无线电的实现，才能真正使个人通信的梦想成为现实。

个人通信的最终实现将不是基于单一的技术，而是在 PSTN，ISDN，GSM，CDMA 等所有技术基础之上的混合技术，它将使人们不受时空限制地进行通信，人类长期以来的美好愿望将得到实现。

 习题 5

1. 填空题

（1）我国规定无绳电话的座机发射频段为 48～48.350MHz 分_____个信道、1.655～1.740MHz 分_____个信道及新增加的_____个信道 1.700MHz 和 46.000MHz。无绳电话的数字手机发射频段为 74～74.350MHz 分_____个信道、48.375～48.475MHz 分_____个信道及新增加的_____个信道 40MHz 和 74.3751MHz，共计_____个信道。

（2）GPS 是继子午卫星系统之后发展起来的新一代卫星导航与定位系统，具有_____、全天候、连续性等优点及导航和定位能力。

（3）GPS 由_____、地面监控部分和_____三个主要部分构成一个完整的系统。

（4）GPS 定位有多种方法，用户可以根据不同的用途采用不同的定位方法。根据定位时接收机的运动状态分为_____定位和_____定位。

（5）整个蓝牙协议体系结构可分为底层_____模块、中间协议层（软件模块）和高端_____层三大部分。

（6）移动卫星通信系统按应用分为_____移动卫星通信系统（MMSS）、_____移动卫星通信系统（AMSS）和_____移动卫星通信系统（LMSS）。

（7）要满足个人通信的这些要求，个人通信网至少要有个人_____、个人终端、大容量_____和共同的用户接口 4 个组成部分。

（8）个人通信终端应是袖珍式的_____终端，使用户可以不受电话线的束缚而进行通信，还应具备重量_____、耗电_____、价格便宜等优点。

2. 是非判断题（正确画√，错误画×）

（1）GPS 定位的基本原理是根据高速运动的卫星瞬间位置，作为已知的起算数据，采用空间距离后方交会的方法，确定待测点的位置。（   ）

（2）所谓的"蓝牙"技术，就是开发该技术的人，由于吃蓝莓将牙齿染成蓝色的技术。（   ）

（3）蓝牙技术可嵌入多种电子产品设备中，给人们带来操作简单、使用方便的便利生活和工作方式。（   ）

（4）所谓个人通信就是某一个人对另一个人进行点对点的通信方式。（   ）

（5）个人通信码是与个人有关的逻辑号码，与通信网中的物理点无关。（   ）

3. 选择题（将正确答案的序号填入括号内）

(1) 我国规定无绳电话的信道数是（　　）个。
A．22　　　　　　　B．15　　　　　　　C．2　　　　　　　D．5

(2) 不属于无绳电话的功能是（　　）。
A．接打外线电话　　　　　　　B．主机和副机对讲
C．三方通话　　　　　　　　　D．收看卫星电视

(3) 集群移动通信系统属于（　　）。
A．调度系统的专用通信网　　　B．蜂窝移动通信网
C．有线电话网　　　　　　　　D．综合业务数字网

(4) 在蓝牙协议体系结构中，不属于蓝牙硬件模块的是（　　）。
A．链路管理层　　　　　　　　B．基带层
C．射频层　　　　　　　　　　D．逻辑链路控制与适配协议

(5) （　　）是蓝牙协议中软硬件之间的接口。
A．主机控制器接口　　　　　　B．基带层
C．链路管理层　　　　　　　　D．射频层

(6) 静止轨道（GEO）卫星通信系统，为了覆盖全球，至少在空中布置（　　）同步卫星。
A．1颗　　　　　　　B．2颗　　　　　　　C．3颗　　　　　　　D．4颗

4. 简答题

(1) 简述无绳电话机的工作流程。
(2) 简述 GPS 的典型应用。
(3) 为什么要采用移动卫星通信系统？移动卫星通信系统可否替代蜂窝移动通信系统？
(4) 什么是个人通信？
(5) 海事卫星通信系统由哪几部分组成？
(6) 简述全球星系统的特点。
(7) 个人通信网的组成要素是什么？

5. 画图题

(1) 画出利用静止卫星建立全球通信的示意图。
(2) 画出蓝牙协议结构示意图，并说明各部分的作用。

第6章 移动通信的信道传输特性

对任何通信系统来说，信道都是不可缺少的组成部分。按其传输媒介的不同，信道可分为有线信道和无线信道。架空明线、同轴电缆、光纤等属于有线信道。中长波地波传播、短波电离层反射与散射、微波直射传播、光波视距传播等则属于无线信道。

6.1 电波传播

现代移动通信广泛使用的频段是 VHF 和 UHF。VHF 为超短波（米波），波长范围为 1～10m，频率范围为 30～300MHz。UHF 为分米波（微波），波长范围为 0.1～1m，频率范围为 300～3000MHz。这两个频段主要应用于无线电广播、通信、电视、雷达、导航、中继通信等。了解移动无线信道之前，首先了解无线电波的传播方式和特点。

6.1.1 电波传播方式

电磁波从发射天线到接收天线的传输过程中，可能有不同的传播方式和传播路径，其中主要有如图 6.1 所示的几种方式。

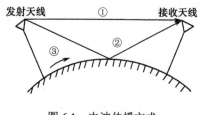

图 6.1 电波传播方式

1. 直射传播

电波从发射天线直射到接收天线的传播方式，称为直射传播，也称视距传播或视线传播，如图 6.1 中的路线①所示。如果两天线之间有障碍物，则该传播方式就会遇到困难。

2. 反射传播

当电波在传播过程中遇到两种不同介质的光滑界面时，如果界面尺寸比电波波长大得多，就会产生镜面反射。例如，从发射天线发出的无线电波经过地面反射，到达接收天线的传播方式称为地面反射传播，如图 6.1 中的路线②所示。在视距传播中，直射波和地面反射波到达接收天线的路径不同，时延不同，将产生相位差，它们之间的干涉构成对信号传播的主要影响，成为地面移动通信影响信号传播质量的重要因素。

3. 地面传播

地面传播是一种沿着地球表面传播的电磁波传播方式，又称地面波或表面波传播，简称地波传播，如图 6.1 中的路线③所示。这种传播方式以中、长波为主。

4. 天波

还有一种传播方式是从天线向高空辐射的电波在电离层内被连续折射、反射而返回地面站，到达接收天线，这种传播方式称为天波传播。这种传播方式以短波为主，可以进行数千公里的远距离传播。由于电离层特性的随机变化，天波信号的衰落现象比较严重。

陆地移动通信系统通常都采用视距传播，在这种情况下，到达接收天线的信号主要是直射波与各个方向反射波的矢量合成。除此之外，在移动信道中，电波还会遇到各种障碍物而发生绕射和散射现象，这些都会对直射波形成干涉，即产生多径衰落现象。

6.1.2 电波传播特性

尽管各种波长的电磁波传播方式有所不同，但电磁波在传播过程中有一些共同特性。电磁波一经天线发射出去，即以发射场源为中心，沿球面向外传播。在相同球面上电场的大小、相位都相同。在均匀媒质中，电波各射线的传播速度相同，电磁场方向不变，即按原先的方向直线向前传播。

1. 自由空间的电波传播

所谓自由空间的传播是指天线周围无限大真空中的电波传播情景，它是理想的传播条件。在理想空间中，不存在电波的反射、折射、绕射、色散和吸收等现象，电波传播的速率等于真空中的光速（约为 3×10^8 m/s）。

虽然电波在自由空间里传播不受阻挡，但当电磁波离开天线以后，向四面八方扩散，随着传播距离的增加，电磁波能量分布在越来越大的球面上，由于天线辐射的总能量一定，因此分布的面积越大，则单位面积上的能量就越小。所以离开天线的距离越远，空间电磁场的场强就越弱，这种损耗是由辐射能量的扩散引起的，该现象称为自由空间的传播衰落或传播损耗。

在工程上传播衰落的计算公式为

$$L_{bs}(\text{dB}) = 32.45 + 20\lg d(\text{km}) + 20\lg f(\text{MHz}) \tag{6-1}$$

式中，32.45 是一个常数，$20\lg d(\text{km})$ 是传播距离衰落，$20\lg f(\text{MHz})$ 是频率衰落。传播衰落的单位为分贝（dB）。

可见，自由空间中电波传播损耗（也称为衰减）仅与电波工作频率 f 和传播距离 d 有关，当 f 或 d 增大 1 倍时，L_{bs} 将分别增加 6dB。

2. 大气中的电波传播

在实际的移动无线信道中，电波在低空大气中传播，由于低空大气不是均匀介质，其温度、湿度、密度、气压等都会随着空间和时间发生变化，产生折射和吸收等现象，这在 VHF

和 UHF 频段尤为突出，直接影响视距传播的极限距离。

（1）大气反射与折射

当电磁波由一种媒质传输到另一种媒质时，在两种媒质的分界面上，传播方向要发生变化，产生反射与折射现象。如图 6.2（a）所示为电磁波的反射现象，与光的反射类似，符合反射定律，$\theta_1=\theta_2$，即入射角等于反射角。

图 6.2（b）中，电磁波在交界面处改变传播方向进入第二种媒质继续传播，这种现象称为折射，它遵守光学折射定理，即

$$\frac{\sin\theta_1}{\sin\theta_2}=\frac{v_1}{v_2}=\sqrt{\frac{\varepsilon_2}{\varepsilon_1}} \tag{6-2}$$

式中，v_1 和 v_2 分别为电波在媒质 1 和媒质 2 中的传播速度；ε_1 和 ε_2 分别是媒质 1 和媒质 2 的介电常数。因此，两种媒质的介电常数相差越大，电波在它们之中的传播速度相差也就越大，引起的电波传播方向的变化也就越大。

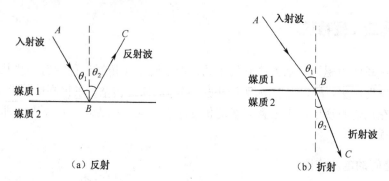

（a）反射　　　　　　　　　　　（b）折射

图 6.2　电波的反射与折射

（2）视距传播的极限距离

由于地球表面近似于球面结构，凸起的地表会挡住视线，视线所能到达的最远距离称为视距传播的极限距离，如图 6.3 所示。图中所示天线的高度分别为 h_1 和 h_2，两个天线的顶点连线 AB 与地面相切于 C 点。考虑大气折射对电磁波的影响，工程中常用"地球等效半径 R"来表征地球半径。由于地球等效半径远大于天线高度，可求得 $d_1 \approx \sqrt{2Rh_1}$，$d_2 \approx \sqrt{2Rh_2}$，则视距传播极限距离为 $d = d_1 + d_2 = \sqrt{2R}(\sqrt{h_1}+\sqrt{h_2})$。

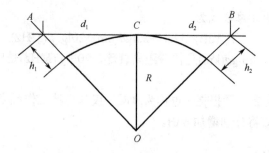

图 6.3　电波的视距传播极限距离示意图

在标准大气折射情况下，地球等效半径 $R=8500$km，可得无线电波的视距传播极限距离为

$$d = 4.12(\sqrt{h_1} + \sqrt{h_2})\tag{6-3}$$

式中，h_1 和 h_2 的单位是 m，d 的单位是 km。天线的高度越大，电波的视距传播极限距离越远，这就是各地的电视塔越建越高，而山东电视台的发射天线建在泰山极顶的原因。移动通信的基站天线也应达到一定的高度。

【例 6-1】 在标准大气折射下，发射天线高度为 200m，接收天线的高度为 2m，则视距传播极限距离为多少？

解：由题中给定的参数，根据式（6-3）可得视距传播极限距离为
$$d = 4.12(\sqrt{h_1} + \sqrt{h_2}) = 4.12 \times (\sqrt{200} + \sqrt{2}) = 64.092 (\text{km})$$

3. 电波的干涉

电波在传播过程中，遇到地球表面、建筑物或墙壁表面时会发生反射。由同一波源所产生的电磁波，经过不同的路径到达某接收点，该接收点的场强是由不同路径传来的电磁波的矢量和，这种现象称为电波的干涉，也称多径效应，如图 6.4 所示。图中由发射端 A 发出的电波分别经过直射线 AB 和地面反射路线 ACB 到达接收端 B，由于两者传输路径不同，从而会产生附加相移。图中入射波和直射波的路径差为

$$\Delta d = \frac{2h_1 h_2}{d_1 + d_2}\tag{6-4}$$

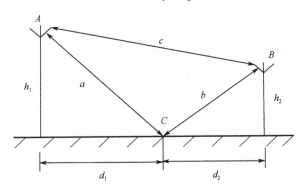

图 6.4 电波的多径效应示意图

由路径差 Δd 引起的附加相移为

$$\Delta \varphi = \frac{2\pi}{\lambda} \Delta d\tag{6-5}$$

式中，$\dfrac{2\pi}{\lambda}$ 为传播相移常数。但由于地面反射时大都要发生一次反相，实际的两路电波相位差 $\Delta \varphi$ 为

$$\Delta \varphi = \frac{2\pi}{\lambda} \Delta d + \pi\tag{6-6}$$

直射波与地面反射波的合成波场强，将随路径差 Δd 的变化而变化，当它们同相位相加时，合成场强最大；有时也会反相叠加而减弱甚至抵消，所以接收地点不同时，合成场强的强弱也是变化的，相差最大时可达 30dB 以上。这就造成了合成波的衰落现象。因此在选择站址时，应力求减弱地面反射，或调整天线的位置或高度，使地面反射区离开光滑界面，当然这

种要求，在移动通信的基站建设中是很难实现的。

4. 散射波

当无线电波遇到粗糙表面时，反射能量由于散射而散布于所有方向，这种现象称为散射。散射波产生于粗糙表面、小物体（小于波长的物体）或其他不规则物体。在实际的通信系统中，树叶、灯柱、街道的标志等都会引起散射。

5. 绕射现象

电波在传播过程中有一定绕过障碍物的能力，这种现象称为绕射。正是由于绕射现象，在障碍物后面有时仍能收到无线电信号。电波的绕射能力与其波长有关，波长越大，绕射能力越强；波长越小，绕射能力越弱。

6.2 移动无线信道的特征

在移动通信中，信号是通过无线电波传播的，而无线信道是无线电波的传播通路，它是移动通信系统必不可少的组成部分。根据信道传输参数的特点，可将信道分为恒参信道和随参信道。恒参信道对信号传输的各种影响是确定的，或是变化极其缓慢的，也就说，在足够长的时间内，信道的参数基本不变。例如，有线信道、人造卫星中继、光纤传播、光波视距传播等基本属于恒参信道。有线信道的传输特性参数变化极微，且变化速度极慢，在此不做讨论，读者可参阅有关书籍。随参信道的参数随时间而变化，而且是多径传播，移动通信信道是典型的随参信道。此处仅讨论移动通信中无线信道的传输特性。

6.2.1 信号的传输衰落

无线移动信道是一种变参数信道，而信号又是裸露在空中进行传输的，所以信号极易受到外界干扰而产生衰落。电波在不同的地形地物环境中传播时，其衰落也不尽相同。为了研究电波在各种环境中的传播衰落，必须对地形特征和传播环境加以分类。

1. 地形特征的分类

在研究移动无线信道中的信号传播衰落时，通常根据地形特征，将服务区分为"准平滑地形"和"不规则地形"两大类。

所谓准平滑地形，是指在电波传播路径的地形剖面图上，其地形起伏高度不超过20m，且起伏缓慢，即峰点与谷点之间的距离必须大于地形起伏高度。

不规则地形是指除准平滑地形以外的其他地形，按其形状不同，又可分为丘陵地形、孤立山岳、斜坡地形和水陆混合地形等。

天线架设在不同高度的地形地物上，其实际效果是不一样的，这一现象在日常生活中大家早有体验，如接收电视信号时，使用室内天线和使用架设在屋顶的室外天线，其接收效果是截然不同的，因此有必要对天线的实际"有效高度"加以定义。

基站天线有效高度 h_b 定义为：沿着电波传播方向，距离基站天线 3～15km 的范围内，高出平均地面海拔高度 h_{gs} 以上的天线高度。图 6.5 中的 h_b 为基站天线有效高度。移动台天线高度 h_m 是指移动台天线高出所在地的地平面的实际高度。

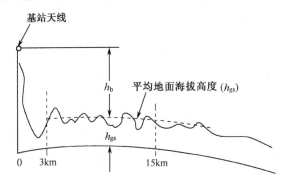

图 6.5 基站天线有效高度 h_b 示意图

2. 地物环境的分类

地面上障碍物的疏密程度不同，对电波传播的影响也不一样，按照地物的密集程度可将传播环境分为开阔地、郊区和市区等几类。

① 开阔地。开阔地是指在电波传播的路径上没有高大的树林、建筑物、山丘等障碍物，呈开阔状地面，如大片农田、广场等均属于开阔地。

② 郊区。郊区是指在移动台附近有些障碍物，但不太稠密，如房屋、树木稀少的田园地带等。

③ 市区。市区有较密集的建筑物，如大城市中的楼群、高大的建筑物等。

以上只是为了研究电波的传播环境，对地物环境进行了粗略的分类，实际上在这三类地区之间还存在有过渡区。了解三种较为典型地区的传播衰落后，过渡区的传播情况也就能大致做出估算了。

6.2.2 电波传播的路径衰落预测

电波在传播过程中，由于受到来自各方面的干扰，到达接收点的实际有用信号与原发射信号相比已经很弱，这种现象称电波传播的路径衰落。在进行移动通信系统设计时，必须考虑路径衰落因素，对接收信号强度留有一定的余量，否则通信将达不到满意的效果。

由于移动环境的复杂性和多变性，仅用几个公式或有限几个函数来表达接收信号场强是不现实的。通过大量的实地测量和分析，在无线电通信领域内已建立了许多场强预测模型。它们是根据各种地形地物环境中的场强实测数据总结出来的，各有特点。通常在一定条件下，使用这些模型对移动通信电波传播特性进行估算，都能获得比较准确的预测效果。其中 Okumura（OM）模型提供的数据较齐全，应用较广泛，适用于 UHF 和 VHF 频段。它是由日本的奥村等人，在东京地区使用不同的频率、不同的天线高度、选择不同的距离进行一系列测试，最后绘制成经验曲线构成的模型。这一模型将城市视为准平滑地形，给出城市场强中值（具有 50%概率的场强值）。对于郊区、开阔地的场强中值，则以城市场强中值为基础进行修正，对不规则地形也给出了相应的修正因子。在移动通信系统组网时可参考这一模型。

这里应指出，东京是东京，悉尼是悉尼，纽约是纽约，上海是上海，北京是北京，实际环境各不相同。一个优良的移动通信组网设计，还应通过实际的参数测量来决定。

1．准平滑地形传播衰落中值

准平滑地形传播衰落中值可分为市区传播衰落中值、郊区和开阔地的传播衰落中值。

（1）市区传播衰落中值

在计算各种地形地物环境中的传播衰落时，均以准平滑地形、市区传播衰落中值或场强中值作为基准，因而称之为基准（基本）衰落中值。

由电波传播理论可知，电波传播衰落取决于传播距离 d、工作频率 f、基站天线高度 h_b、移动台天线高度 h_m 以及街道的走向和宽窄等。如图6.6所示是OM模型给出的准平滑地形大城市市区基本衰落中值。

利用这些曲线，能够预测准平滑地形市区的电波传播衰落中值或场强中值。图6.6中纵坐标是以自由空间的传播衰落为0dB的相对值。换言之，由曲线上查得的基本衰落中值加上自由空间传播衰落，才是实际的衰落中值，以dB为单位。由图6.6可见，随着工作频率 f 的升高或通信距离 d 的增大，传播衰落都会增加。基本衰落中值曲线是在基站天线有效高度 h_b=200m，移动台天线高度 h_m=3m 的标准天线高度情况下测得的。

若基站天线有效高度不是200m，其衰落中值将发生变化，其变化的大小可用基站天线高度增益因子 $H_b(h_b,d)$ 表示，如图6.7所示，它是以基站天线高度为200m作为0dB参考的。

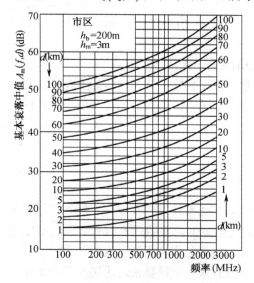

图6.6 准平滑地形大城市市区基本衰落中值　　图6.7 基站天线高度增益因子

同理，移动台天线高度若不是3m，其衰落中值须用图6.8所示的移动台天线高度增益因子 $H_m(h_m,f)$ 加以修正，它是以移动台天线高度为3m作为0dB参考的。

根据以上分析可知，OM模型中准平滑地形、市区路径传播衰落中值 L_T 应为

$$L_T = L_{bs} + A_m(f,d) - H_b(h_b,d) - H_m(h_m,f) \tag{6-7}$$

式中，L_{bs} 为自由空间的传播衰落，$A_m(f,d)$ 为准平滑地形市区基本衰落中值，$H_b(h_b,d)$ 是基站天线高度增益因子，$H_m(h_m,f)$ 是移动台天线高度增益因子。

（2）郊区和开阔地的传播衰落中值

郊区的建筑物一般是比较分散、低矮的，故传播条件优于市区。郊区场强中值与基本场强中值之差称为郊区修正因子，它是增益因子，用 K_{mr} 表示。它随频率和距离变化的曲线如图 6.9 所示。

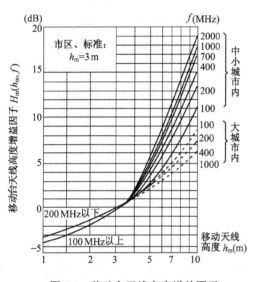

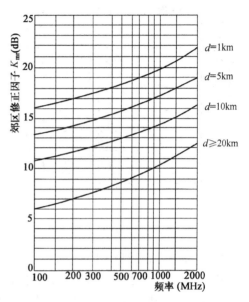

图 6.8 移动台天线高度增益因子　　　　　图 6.9 郊区修正因子

图 6.10 显示了开阔地、准开阔地（介于郊区和开阔地之间的区域）的场强中值相对于基本场强中值的修正值预测曲线。图中 Q_0 表示开阔地的修正因子，Q_r 表示准开阔地的修正因子，Q_0 和 Q_r 亦为增益因子。

求郊区或开阔地、准开阔地的传播衰落中值时，应先求出相应的市区传播衰落中值 L_T，然后减去由图 6.9 或图 6.10 查出的修正因子的 dB 数即可。在通信距离较近（如 5km 以内）且基站天线又较高时，若用上述方法求出的衰落中值小于自由空间的传播衰落，则应以自由空间传播衰落为准。

2．不规则地形上的传播衰落中值

对于不规则地形，如丘陵、孤立山岳、斜坡、水陆混合等地形上的电波传播衰落，同样可以采用对基准衰落中值修正的办法。

（1）丘陵地形修正因子 K_h

丘陵的地形参数可用地形波动高度 Δh 表示。Δh 定义为自接收点向发射点延伸 10km 的范围内，地形起伏的 90%与 10%处的高度差。此定义只适用于地形起伏多次的情况，不包括单纯的斜坡地形。

丘陵地形场强中值修正因子分两项来处理，一项是丘陵地形修正因子 K_h，表示丘陵地形场强中值与基本场强中值之差，如图 6.11 所示。另一项是丘陵地形微小修正因子 K_{hf}，它表示接收点处于起伏顶部或谷点的场强中值偏离 K_h 值的变化情况，如图 6.12 所示。这两个因子均是增益因子。图 6.12 上方的图形粗略表示了地形起伏与场强变化的对应关系。在预测丘陵地形电波传播衰落时，要先用丘陵地形修正因子 K_h 对准平滑地形传播衰落中值进行修正，再用丘陵地形微小修正因子 K_{hf} 进一步修正。

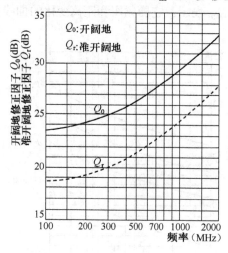

图 6.10 开阔地、准开阔地修正因子

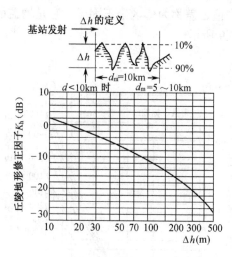

图 6.11 丘陵地形修正因子

（2）孤立山岳地形修正因子 K_{js}

当电波传播路径遇有刃形的孤立山岳时，欲求山背后的场强，则应考虑电波的绕射衰落、阴影效应、屏蔽吸收等附加衰落。可用孤立山岳地形的修正因子 K_{js} 加以修正，如图 6.13 所示。它表示在使用 450MHz，900MHz 频段，山岳高度 H 为 110~350m 时，基本衰落中值与实测衰落中值之差，并归一化 H 为 200m 时的值。显然，它也为增益因子。当山岳高度不等于 200m 时，查得的 K_{js} 还要乘以一个系数：

$$\alpha = 0.07\sqrt{H'} \tag{6-7}$$

式中，H' 为山岳的实际高度，单位为 m。图 6.13 中 d_2 是山顶距移动台的水平距离，d_1 是发射台到山顶的水平距离。

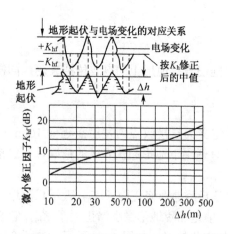

图 6.12 丘陵地形微小修正因子

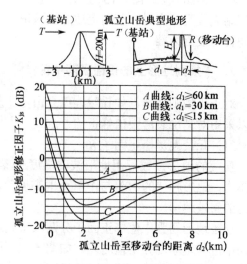

图 6.13 孤立山岳地形的修正因子

（3）斜坡地形的修正因子 K_{sp}

斜坡地形是指在 5～10km 内倾斜的地形。若在电波传播方向上，地形逐渐升高，则称为正斜坡，倾角为 $+\theta_m$；反之为负斜坡，倾角为 $-\theta_m$，单位为毫弧度（mrad）。图 6.14 是 450MHz 和 900MHz 频段斜坡地形的修正因子 K_{sp}，它也是增益因子。图 6.14 中以收、发天线之间的距离为参变量给出了三种不同距离的修正值，其他距离的修正值可用内插法近似求得。

（4）水陆混合地形的修正因子 K_s

在传播路径上，若遇有湖泊或其他水域，接收信号的强度要比纯陆地时高，这时要用水陆混合地形的修正因子 K_s 加以修正。同样，水陆混合地形的修正因子 K_s 亦是增益因子。由图 6.15 可见，其横坐标是以水面距离 d_{sr} 与全距离 d 的比值 d_{sr}/d 作为地形参数的。K_s 大小与水面所处的位置有关，图 6.15 中曲线 A 表示水面位于移动台一方时，水陆混合地形的修正因子。曲线 B 表示水面位于基站一方时的修正因子。当水面在传播路径的中间时，则取上述两曲线的中间值。

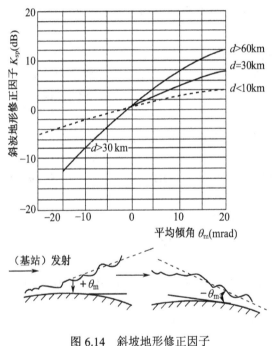

图 6.14 斜坡地形修正因子

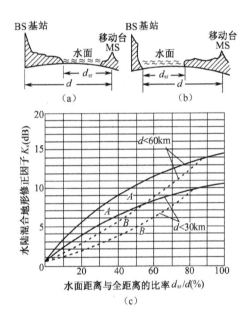

图 6.15 水陆混合地形修正因子

3. 任意地形地物环境下的电波传播衰落中值

根据以上分析，对于任意地形地物环境下的电波传播衰落中值，均可通过以下几步进行预测。

① 首先根据自由空间的传播衰落求出 L_{bs}：

$$L_{bs}=32.45+20\lg d(\text{km})+20\lg f(\text{MHz})$$

② 根据准平滑地形市区的传播衰落求其中值 L_T：

$$L_T=L_{bs}+A_m(f,d)-H_b(h_b,d)-H_m(h_m,f)$$

如果发射信号功率为 P_T，则准平滑地形市区接收信号功率中值 P_R 为

$$P_R = P_T - L_T = P_T - L_{bs} - A_m(f,d) + H_b(h_b,d) + H_m(h_b,f) \quad (6\text{-}8)$$

③ 求任意地形地物环境下的传播衰落中值 L_A:

$$L_A = L_T - K_T$$

式中，L_T 为准平滑地形市区的传播衰落中值；K_T 为地形地物的修正因子，如前所述，其公式如下：

$$K_T = K_{mr} + Q_0 + Q_r + K_h + K_{hf} + K_{js} + K_{sp} + K_s$$

式中，K_{mr} 为郊区修正因子，可由图 6.9 查得；Q_0，Q_r 为开阔地、准开阔地修正因子，可由图 6.10 查得；K_h，K_{hf} 是丘陵地形修正因子和丘陵地形微小修正因子，可由图 6.11 和图 6.12 查得；K_{js} 为孤立山岳地形修正因子，可由图 6.13 查得；K_{sp} 是斜坡地形修正因子，可由图 6.14 查得；K_s 是水陆混合地形修正因子，可由图 6.15 查得。

根据实际的地形地物条件，K_T 因子中可能有几项为零。例如，传播路径是开阔地、斜坡地形，则 $K_T = Q_0 + K_{sp}$，其余各项为零。其他情况以此类推。

任意地形地物情况下接收信号的功率中值 P_{RC} 是以准平滑地形市区的接收功率中值 P_R 为基础的，加上地形地物修正因子 K_T，即

$$P_{RC} = P_R + K_T$$

【例 6-2】 设基站天线有效高度为 62m，移动台天线高度为 1.5m，工作频率为 160MHz，在郊区工作，传播路径是正斜坡，且 $\theta_m = 15$mrad，通信距离为 14km，求传播路径的衰落中值。

解： ① 求自由空间的传播衰落 L_{bs}。

$$L_{bs} = 32.45 + 20\lg d \text{ (km)} + 20\lg f \text{ (MHz)} = 32.45 + 20\lg 14 + 20\lg 160 = 99.45\text{(dB)}$$

② 求准平滑地形市区的传播衰落中值 L_T。

由图 6.6 查得 $A_m(f,d) = 27$(dB)，由图 6.7 查得 $H_b(h_b,d) = -11$(dB)，由图 6.8 查得 $H_m(h_m,f) = -2.5$(dB)，则

$$L_T = L_{bs} + A_m(f,d) - H_b(h_b,d) - H_m(h_m,f)$$
$$= 99.45 + 27 - (-11) - (-2.5) = 139.95\text{(dB)}$$

③ 求任意地形地物情况下的衰落中值 L_A。

由于 $K_T = K_{mr} + K_{sp}$，由图 6.10 查得 $K_{mr} = 9$(dB)，由图 6.14 查得 $K_{sp} = 4$(dB)，故地形地物的修正因子为 $K_T = 9 + 4 = 13$(dB)，因此传播路径的衰落中值 L_A 为

$$L_A = L_T - K_T = 139.95 - 13 = 126.95\text{(dB)}$$

6.3 噪声与干扰

影响移动通信质量的另一个重要因素是噪声和干扰，接收机能否正常工作，不仅取决于输入信号的强弱，而且还取决于噪声和干扰的大小。因此，在进行移动信道设计时，必须研究各种噪声和干扰的特征以及它们对信号传输的影响，并采取必要措施，以减少它们对通信质量的影响。

6.3.1 噪声

有用信号以外的所有信号统称为噪声信号。根据移动信道中噪声的来源不同，可将噪声

分为内部噪声和外部噪声。外部噪声又包括自然噪声和人为噪声。自然噪声主要有大气噪声、太阳噪声和银河噪声等。而人为噪声主要是指电气设备噪声,如电力线噪声、工业电气噪声、汽车或其他发动机的点火噪声等。人为噪声按地物环境又可分为城市人为噪声和郊区人为噪声,外部噪声功率与频率的关系如图 6.16 所示。

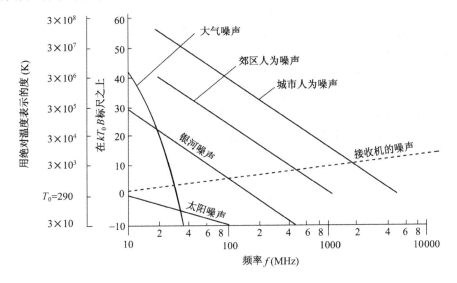

图 6.16　外部噪声功率与频率的关系

图 6.16 中,k（玻耳兹曼常数）$=(1.38×10^{-23})$W/K·Hz；T_0（绝对温度）$=290$K；B 为接收机的带宽,单位为 Hz。

由图 6.16 可见,在移动通信使用的频率范围内,自然噪声低于接收机内部的固有噪声,故可忽略不计。所以在移动信道设计时,只需要考虑人为噪声。

由于在城市中各种噪声源比较集中,所以城市的人为噪声比郊区大,大城市的人为噪声比中小城市大,且噪声强度随频率的升高而下降。但在 1000MHz 以下的频段内,人为噪声,尤其是市区人为噪声影响较大,在移动通信系统设计时应予以重点考虑。

6.3.2　干扰

移动通信系统中,存在着各种各样的干扰,干扰是噪声信号中的一种,通常指受环境影响产生的噪声,如电磁干扰、工业电火花干扰、雷电干扰等。通常情况下,噪声是无规律的,而干扰通常是有规律可循的,如时间规律、频率规律等。根据有用信号与噪声干扰的频率关系,互调干扰、邻道干扰和同频干扰是组网中应考虑的主要干扰。

1. 互调干扰

移动通信的各种干扰中,互调干扰是最主要的干扰。它是由多个干扰信号同时作用于非线性器件,产生与有用信号频率相接近的组合频率,与有用信号一起顺利通过接收机而造成的干扰。

（1）互调干扰的基本原理

发射机末级和接收机前端电路的非线性，造成了发射机互调和接收机互调。此外，在发射机强射频场的作用下，金属接触不良等非线性因素也会产生互调，称为外部互调。

非线性电路特性用幂级数表示，即

$$i=\alpha_0+\alpha_1 u+\alpha_2 u^2+\alpha_3 u^3+\cdots \tag{6-9}$$

式中，α_0，α_1，α_2，α_3，…是由非线性器件决定的系数，随着幂次升高，系数逐渐减小。设有用信号的频率为 ω_0，而干扰信号有三个，其频率分别为 ω_A，ω_B，ω_C，幅度分别为 A，B，C。它们相组合进入非线性电路，即将

$$u=A\cos\omega_A t+B\cos\omega_B t+C\cos\omega_C t$$

代入 i 的幂级数表达式（6-9）中，它会产生很多谐波和组合频率。如果这些谐波和组合频率与接收机接收的有用信号频率相等或相近，就会造成干扰，其中对有用信号危害最大的组合频率是三阶互调干扰，可用频率表示为

$$2f_A-f_B=f_0 \quad （三阶一型互调）$$
$$f_A+f_B-f_C=f_0 \quad （三阶二型互调）$$

同样可得五阶互调干扰信号的类型：

$$3f_A-2f_B=f_0$$
$$3f_A-f_B-f_C=f_0$$
$$2f_A+f_B-2f_C=f_0$$
$$2f_A+f_B-f_C-f_D=f_0$$
$$f_A+f_B+f_C-2f_D=f_0$$
$$f_A+f_B+f_C-f_D-f_E=f_0$$

还有七阶以上的互调干扰信号，由于在非线性电路中，谐波次数越高，系数越小，其对有用信号的影响也越小，一般只考虑三阶互调干扰。

（2）无三阶互调信道组

在一个无线小区内配备信道时，为了避免三阶互调干扰，应合理地选用信道组中的频率，以使互调产物不至于落入同组信道中任一工作信道，这样的信道组称为无三阶互调信道组。

表 6.1 给出了无三阶互调信道组，实际组网时可根据具体情况进行选择。

表 6.1 无三阶互调信道组

须用信道数	最小占用信道数	无三阶互调信道组的信道序号	信道利用率
3	4	1, 2, 4	75%
4	7	1, 2, 5, 7 1, 3, 6, 7	57%
5	12	1, 2, 5, 10, 12 1, 3, 8, 11, 12	42%
6	18	1, 2, 5, 11, 16, 18 1, 2, 5, 11, 13, 18 1, 2, 9, 12, 14, 18 1, 2, 9, 13, 15, 18	33%

续表

须用信道数	最小占用信道数	无三阶互调信道组的信道序号	信道利用率
7	26	1, 2, 8, 12, 21, 24, 26 1, 3, 4, 11, 17, 22, 26 1, 2, 5, 11, 19, 24, 26;	27%
8	35	1, 2, 5, 10, 16, 23, 33, 35 1, 3, 13, 20, 26, 31, 34, 35;	23%
9	46	1, 2, 5, 14, 25, 31, 34, 41, 46;	20%
10	56	1, 2, 7, 11, 24, 27, 35, 42, 54, 56;	18%

需要说明的是选用了无三阶互调信道组后，三阶产物依然存在，只是不落在本系统的工作信道而已。

（3）发射机和接收机的互调干扰

在移动通信系统中，由于发射机末级功率放大器和接收机前端电路的非线性，造成发射机和接收机的互调干扰。

① 发射机的互调干扰。为了提高效率，发射机的末级通常工作于 C 类非线性状态。当两个或多个干扰信号进入发射机的输出端时，就会产生很多互调产物，并通过天线发射出去，从而对工作于互调产物频率的接收机产生干扰。发射机互调干扰的示意图如图 6.17 所示，图中移动台以频率 f_0 与基站 B 通信，基站 A 产生的三阶互调频率（$2f_1-f_2$）正好等于 f_0，就形成了互调干扰。发射机互调干扰的大小取决于系统设计。减小发射机互调干扰可采取以下措施。

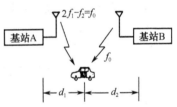

图 6.17　发射机互调干扰示意图

第一，尽量增大发射机之间的空间隔离度，以及发射机输出端的频率隔离度；发射机、天线共用器、馈线、天线之间必须良好地匹配；选用良好的馈线等。

第二，为了减小移动台发射机互调干扰，应采用移动台自动功率控制系统。

第三，选用无三阶互调信道组工作。

② 接收机互调干扰。通常接收机前端射频通频带较宽，如有多个干扰信号同时进入高放或混频器，通过它们自身的非线性作用，各干扰信号就会彼此混频产生互调产物。若互调产物落入接收机频带内，就会造成接收机互调干扰。对于一般移动通信系统而言，三阶互调是主要的，其中又以两信号三阶互调的影响最大。为了减小接收机互调干扰，除使用无三阶互调信道组工作外，还应从以下几方面着手，考虑减小接收机互调。

第一，高放和混频级宜采用平方律特性器件，如场效应晶体管等。

第二，提高输入回路的选择性，高放增益不宜过高，接收机采用抗干扰性强的方案等。

第三，移动台发射机采用自动功率控制系统，减小无线小区半径，降低最大接收电平等。

2. 邻道干扰

邻道干扰是指邻近信道之间的干扰。邻道干扰有两种类型，即发射机调制边带扩展干扰和发射机边带噪声。

（1）发射机调制边带扩展干扰

发射机调制边带扩展干扰，是指语音信号经调频，它的某些边带频率落入邻近信道所形成的干扰。

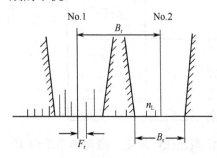

图 6.18 调制边带扩展干扰

由调频波的特性可知，其频谱分量无穷多，若落到邻道接收机通频带内的边频分量强度和有用信号相比拟，就会造成对邻道信号的干扰，如图 6.18 所示。为了减小发射机调制边带扩展干扰，应严格限制调制信号的带宽。

（2）发射机边带噪声

通常发射机即使未加入任何调制信号，在发射机载频两侧，也存在频谱很宽的噪声，这种噪声称为发射机边带噪声。该噪声的频谱范围很宽，可能在数兆赫兹范围内对接收机产生干扰。发射机边带噪声的大小主要取决于振荡器、倍频器的噪声，调制电路的噪声以及电源脉动、脉冲等引起的噪声。

为了减小发射机噪声辐射，首先要设法减小发射机本身的边带噪声，如减小倍频次数，降低振荡器的噪声，采用电源去耦滤波，少采用低电平工作的电路及高灵敏度的调制电路等。其次，在系统设计上采用减小发射机边带噪声的措施，如在发射机的输出端插入高性能的带通滤波器，增大各工作信道的频距，采用移动台发射机自动功率控制系统等。

3. 同频干扰

同频干扰是指相同载频电台之间的干扰。在电台密集的地方，若频率管理或系统设计不当，就会造成同频干扰。

为了提高频率利用率，常采用同频复用技术。将相同的频率分配给相隔一定距离的两个或多个小区使用。显然，同频小区的距离越远，它们之间的空间隔离度就越大，同频干扰就越小。但频率复用次数随之降低，即频率利用率降低。因此在进行无线小区的频率分配时，应先满足通信质量的要求，并以此确定进行同频复用的最小距离。在实际应用中，同频干扰和同频复用距离是密切相关的，两者要兼顾考虑。在移动通信系统中，同频复用距离的设计应从以下因素考虑。

① 调制制度。调制制度不同，抗干扰的能力不同。
② 电波传播特性。实际的电波传播特性与使用频率、地形、地物等因素有关。
③ 要求的可靠通信概率。
④ 无线小区半径。
⑤ 选用的工作方式。

6.4 抗信道衰落技术

根据对移动通信信道的分析，信道衰落现象是不可避免的，它是影响通信质量的主要因素。快衰落的深度可达 30～40dB，通过加大发送功率来克服这种深衰落是不现实的，而且会造成对其他电台的干扰。分集接收技术是抗衰落的一种有效措施。CDMA 系统采用路径分集技术（即 Rake 接收），TDMA 系统采用自适应均衡技术，各种移动通信系统使用不同的纠错编码技术、自动功率控制技术等，都能起到抗衰落作用，提高通信的可靠性。

6.4.1 分集接收技术

所谓分集接收，是指接收端对它收到的多个衰落特性互相独立（携带同一信息）的信号进行特定的处理，以降低信号电平起伏的办法。

1. 分集接收的概念

如果一条无线传播路径中的信号经历了深度衰落，那么另一条相对独立的路径中可能包含着较强的信号。因此可以在多径信号中选择两个或两个以上的信号，这样在接收机中的瞬时信噪比和平均信噪比都有所提高，通常可以提高 20～30dB。图 6.19 给出了一种选择式合并法分集接收的示意图。图中 A 和 B 代表两个同一来源的独立衰落信号。如果在任意时刻，接收机选用其中幅度大的一个信号，则可得到合成信号，如图中 C 所示。由于在任一瞬间，两个非相关的衰落信号同时处于深度衰落的概率是极小的，因此合成信号 C 的衰落程度会明显减小。

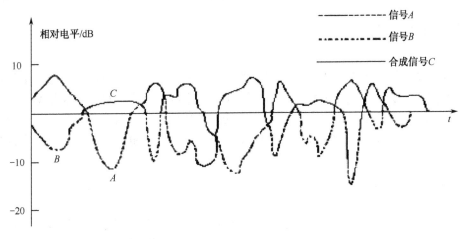

图 6.19 选择式分集合并示意图

分集的概念包括两层含义：一是分散传输，使接收端能获得多个统计独立的、携带同一信息的衰落信号；二是集中处理，即接收机把收到的多个统计独立的衰落信号进行合并（包括选择与组合）以降低衰落的影响。

2. 分集的方法

在移动通信系统中，可能用到宏分集和微分集两种方式。宏分集主要用于蜂窝通信系统中，也称多基站分集。这是一种减小慢衰落影响的分集技术，它是把多个基站设置在不同的地理位置上（如蜂窝小区的对角上），并使其在不同的方向上，这些基站同时和小区内的一个移动台进行通信。显然，只要在各个方向上的信号传播不是同时受到阴影效应或地形的影响而出现严重的慢衰落，这种办法就能保持通信不会中断。微分集是一种减小快衰落影响的分集技术，理论和实践都表明，在空间、频率、极化、场分量、角度和时间等方面分离的无线信号，都呈现独立的衰落特性。所以微分集又可分为空间天线分集、频率分集、极化分集、场分量分集、时间分集等多种分集方式。

3. 合并的方式

接收端收到 M（$M \geq 2$）个分集信号后，如何利用这些信号的特点来减小衰落的影响，这就是合并要研究的问题。在移动通信系统中，一般均使用线性合并器，即把输入的 M 个独立衰落信号相加后合并输出。假设 M 个输入信号电压为 $r_1(t)$，$r_2(t)$，$\cdots$，$r_M(t)$，则合并输出的电压 $r(t)$ 为

$$r(t) = a_1 r_1(t) + a_2 r_2(t) + \cdots + a_M r_M(t) = \sum_{k=1}^{M} a_k r_k(t) \tag{6-10}$$

式中，a_k 为第 k 个信号的加权系数。选择不同的加权系数，就可构成不同的合并方式。

4. 分集合并性能

在通信系统中，信噪比是一项非常重要的性能指标。模拟通信系统的信噪比决定了话音质量，数字通信系统中的信噪比决定了误码率。分集合并的性能是指合并前后信噪比的改善程度。

6.4.2 差错控制技术

在各种移动通信系统中，无不采用纠错编码技术来提高信号传输的可靠性。数字信号传输既有必要也有可能采用纠错编码。例如，无线寻呼系统中采用 BCH 码及偶数校验码；模拟蜂窝系统（AMPS 及 TACS）也采用多种格式的 BCH 码以及重发技术、择大判决等纠错措施；在 CDMA 移动通信系统中，采用卷积码和交织技术等。因此，纠错编码是提高通信质量必不可少的技术基础。

1. 编码的基本原理

数字信号或信令在传输过程中，由于受到噪声的干扰影响，信号码元的波形变坏，传输到接收端后，可能发生错误判决，即把"0"误判成"1"，或者把"1"误判成"0"，这样就会出现一次误码。也有可能在某一时间段内，由于受到突发的脉冲干扰，错码会成串出现。为此，在传输数字信号时，往往要根据不同情况进行各种编码。

（1）检错编码

用一个例子来说明检错编码的含义，如果由 3 位二进制数字构成码组，它共有 $2^3=8$ 种不同可能的组合。若将其全部组合用来表示天气，则可以表示 8 种不同的天气状况，如表 6.2 所示。

表 6.2 8 种编码组合表示 8 种天气状况

序 列	编 码 组 合	表示的天气状况
1	000	晴天
2	001	有云
3	010	阴天

续表

序　列	编码组合	表示的天气状况
4	011	有雨
5	100	下雪
6	101	霜冻
7	110	有雾
8	111	冰雹

其中任一码组在传输中若发生一个或多个错码，则将变成另一信息码组。这时接收端将无法发现接收错误，即这种编码既无检错能力也无纠错能力。因为3位二进制数字只能构成8种码组，没有冗余组合。

在上述8种码组中只允许使用4种码组来传送消息（还是三位编码），如表6.3所示。这时虽然只能传送4种不同的天气状况，但是接收端却可能发现码组中的一个错误码。例如，若000（晴天）中传错了一位，接收码变成100或010或001。这三种码组都是不准使用的，称为禁用码组。接收端在收到禁用码组时，就知道是错了了。当发生三个错码时，000变成111也是禁用码组，故这种编码也能检测三个错码。但是，这种码不能发现两个错码，因为发生两个错码后产生的也是须用码组。

表6.3　4种编码组合表示4种天气状况

序　列	编码组合	表示的天气状况
1	000	晴天
2	011	有雨
3	101	霜冻
4	110	有雾

上面这种码只能检测错误，不能纠正错误。例如，当收到禁用码组100时，在接收端无法判断是哪一位码发生错误，因为晴天、霜冻、有雾三者的码组错了一位都可以变成100。

要想能纠正错误，还要增加冗余度。例如，若规定许用码组只有两个：000—晴天，111—阴天，其他都是禁用码组，则能检测两个以下错码，或能纠正一个错码。当收到禁用码组100时，若当作仅有一个错码，则可判断此错码发生在"1"位，从而纠正为000（晴天），因为另一许用码组111（阴天）发生任何一位错码都不会变成这种形式。但是，若假定错码数不超过两个，则存在两种可能性，000错一位和111错两位都可能变为100，因而只能检测出存在错码而无法纠正它。

（2）检纠错编码

在信息码元序列中加入监督码元就称为差错控制编码，也叫纠错编码。不同的编码方法有不同的检错或纠错能力，有的编码只检错，不能纠错；有的编码既有检错功能，又有纠错功能。一般来说，监督位码元所占比例越大，检错和纠错能力就越强。监督码元的多少，通常用冗余度来衡量。

2. 常用的编码方法

常用纠错码有奇偶校验码、循环冗余校验（Cyclic Redundancy Check，CRC）码、卷积码等。检错的基本思路是发送端按照给定的规则，在 k 位信息比特后面添加 m 个校验比特，而这 m 个校验比特是按照某种规则计算出来的。在接收端对收到的信息比特按照这种规则重新计算 m 个校验比特，并将本地计算出的校验比特和接收到的校验比特对比，如果两者一致，则说明传输无误，否则认为有误。

（1）奇偶校验码

奇偶校验的种类很多，这里给出一个奇偶校验码的例子，如表 6.4 所示。表内信息序列中，输入信息比特为 $\{S_1, S_2, S_3\}$，$k=3$，校验比特为 $\{C_1, C_2, C_3, C_4\}$，$m=4$。表中符号 $\oplus$ 表示模 2 加法。假设发送的比特为 $\{010\}$，经过奇偶校验规则得到校验序列为 $\{0111\}$，则发送的信息序列为 $\{0100111\}$。如果经过物理信道传输后，收到的序列为 $\{1100111\}$，根据奇偶校验规则计算出 $\{110\}$ 的本地奇偶校验码应为 $\{1001\}$，显然与接收到的校验序列 $\{0111\}$ 不同，表明接收到的信息有误。

表 6.4 奇偶校验码

S_1	S_2	S_3	C_1	C_2	C_3	C_4	校 验 规 则
1	0	0	1	1	1	0	
0	1	0	0	1	1	1	
0	0	1	1	1	0	1	$C_1=S_1 \oplus S_3$,
1	1	0	1	0	0	1	$C_2=S_1 \oplus S_2 \oplus S_3$,
1	0	1	0	0	1	1	$C_3=S_1 \oplus S_2$,
1	1	1	0	1	0	0	$C_4=S_2 \oplus S_3$
0	0	0	0	0	0	0	
0	1	1	1	0	1	0	

在奇偶校验码的实际应用中，每个码字中的 k 个信息比特可以是输入信息比特中 k 个连续比特，也可以是信息流中每隔一定的间隔（如 1 字节）取出 1 比特来构成 k 个比特。为了提高检测错误的能力，可以结合使用两种取法。

（2）循环冗余校验码

CRC（循环冗余校验）根据输入比特序列 $(S_{k-1}, S_{k-2}, \cdots, S_1, S_0)$，通过 CRC 算法产生 m 位的校验比特序列 $(C_{m-1}, C_{m-2}, \cdots, C_1, C_0)$。CRC 算法如下。

将输入比特序列表示为下列多项式的系数：

$$S(D) = S_{k-1}D^{k-1} + S_{k-2}D^{k-2} + \cdots + S_1 D + S_0 \tag{6-11}$$

式中，D 可以看做一个时延因子，D^i 对应了 S_i 所对应的位置。

设 CRC 校验比特的生成多项式为

$$g(D) = D^m + g_{L-1}D^{m-1} + \cdots + g_1 D + 1 \tag{6-12}$$

则校验比特对应下列多项式的系数：

$$C(D) = \mathrm{Remainder}\left[\frac{S(D) \cdot D_m}{g(D)}\right] = C_{m-1}D^{m-1} + C_1 D + C_0 \tag{6-13}$$

式中，Remainder[·]表示取余数。式中的除法与普通多项式长除法相同，差别在于其系数是二进制，运算是以模 2 为基础的。最终形成的发送序列为 (S_{k-1}, S_{k-2}, …, S_1, S_0, C_{m-1}, …, C_1, C_0)。

生成多项式的选择不是任意的，它必须使得生成的校验序列有很强的检错能力。常用的 16 阶 CRC 生成多项式为 $g(D)=D^{16}+D^{12}+D^5+1$，CRC-16 产生的校验比特为 16 比特。

（3）卷积码

卷积码是一种分组码，它的监督码元不仅与本组的信息元有关，而且还与前面若干组有关。这种编码的纠错能力强，不仅可以纠正随机错误，还可以纠正突发差错。

6.4.3 Rake 接收技术

图 6.20 为简化的 Rake 接收机组成示意图，它是利用多个并行相关器检测多径信号，按照一定的准则合成一路信号，供解调用的接收技术，利用多径现象来增强信号。

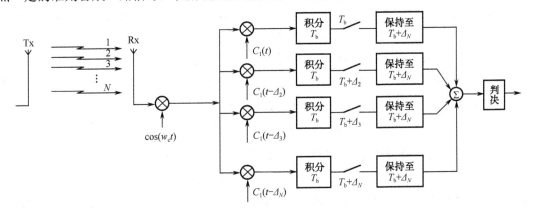

图 6.20 简化的 Rake 接收机组成示意图

图 6.20 中假设发射端从天线 Tx 发出的信号，经 N 条路径到达接收天线 Rx。路径 1 距离最短，传输时延最小，之后从第二条路径开始依次增加，时延最大的是第 N 条路径。通过电路测定各条路径的相对时延差，以第一条路径为基准时，第二条路径相对于第一条路径的相对时延差为 Δ_2，第三条路径相对于第一条路径的相对时延差为 Δ_3，之后依次类推，第 N 条路径相对于第一条路径的相对时延差为 Δ_N，且 $\Delta_N>\Delta_{N-1}>…>\Delta_3>\Delta_2$（$\Delta_1=0$）。

接收端的信号通过解调后，送入 N 个并行相关器。图 6.20 中用户 1 使用伪码 $C_1(t)$，通过定时同步和调整，产生的各个相关器的本地码分别为 $C_1(t)$, $C_1(t-\Delta_2)$, $C_1(t-\Delta_3)$, …, $C_1(t-\Delta_N)$，信号经过解扩（与本地码相乘）后加入积分器。每次积分时间为 T_b，第一支路的输出在 T_b 末尾进入电平保持电路，保持到 $T_b+\Delta_N$，到最后一个相关器于 $T_b+\Delta_N$ 产生输出。这样 N 个相关器输出于 $T_b+\Delta_N$ 时刻通过相加求和电路，在经过判决电路产生数据输出。

在图 6.20 中，由于各条路径加权系数为 1，因此为等增益合并方式。在实际系统中还可以采用最大比值合并或最佳样点合并方式。该接收机利用多个并行相关器，获得各多径信号能量，也就是 Rake 接收机利用多径信号，提高了通信质量。

在实际系统中，每条多径信号都经受着不同的衰落，具有不同的振幅、相位和到达时间。

由于相位的随机性,其最佳非相干接收机的结构由匹配滤波器和包络检波器组成。如果输入信号有多条路径,输出的每一个峰值都对应一条多径。每个峰值幅度的不同是由每条路径的传输损耗不同引起的。为了将这些多径信号进行有效的合并,可将每一条多径通过延迟的方法使它们在同一时刻达到最大,按最大比的方式进行合并,就可以得到最佳的输出信号,然后再进行判决恢复发送数据。可采用横向滤波器来实现上述时延和最大比合并。

6.4.4 均衡技术

均衡技术是指各种用来处理码间干扰的算法和实现方法。在移动环境中,信道的时变和多径传播特性会引起严重的码间干扰,需要采用均衡技术来克服码间干扰。

1. 均衡技术

在一个通信系统中,可将发射机、信道和接收机等效为一个冲激响应 $f(t)$ 的基带信道滤波器,如图 6.21 所示。假定发射端原始基带信号为 $x(t)$,则接收端的均衡器收到的信号为

$$y(t) = x(t) \otimes f^*(t) + n_b(t) \tag{6-14}$$

式中,$f^*(t)$ 是 $f(t)$ 的复共轭,$n_b(t)$ 是基带噪声,$\otimes$ 表示卷积运算。设均衡器的冲激响应为 $h_{ep}(t)$,假定系统中没有噪声,也就是说 $n_b(t)=0$,则在理想情况下,应有 $\hat{d}(t) = x(t)$,在这种情况下没有任何码间干扰。为了使 $\hat{d}(t) = x(t)$ 成立,$g(t)$ 必须满足

$$g(t) = f^*(t) \otimes h_{eq}(t) = \delta(t) \tag{6-15}$$

式(6-15)就是均衡器要达到的目标,在频域中上式可以表示为

$$H_{eq}(f)F^*(-f) = 1 \tag{6-16}$$

式中,$H_{ep}(f)$ 和 $F^*(-f)$ 分别是 $h_{ep}(t)$ 和 $f(t)$ 的傅里叶变换。由上式可以看出,均衡器实际上就是等效基带信道滤波器的逆滤波器。若信道为一个频率选择性信道,则均衡器将放大被衰落的频率分量,衰减被信道增强的分量,从而提供一个具有平坦频率响应和线性相位响应的 $g(t)$。

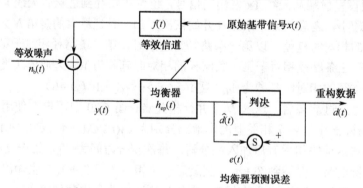

图 6.21 等效无线传输系统结构示意图

2. 自适应均衡技术

自适应均衡器必须动态地调整其特性参数,使其能够跟踪信道的变化,它是一个时变滤

波器。当信号持续时间小于时延扩展时,接收信号中将出现码间干扰现象,这时必须用自适应均衡器来减轻或消除码间干扰。实际的移动通信系统,要求自适应均衡器具有快速的收敛特性、良好的跟踪信道时变特性的能力、较低的实现复杂度和较少的运算量。

图 6.22 为自适应均衡器的基本结构图,图中符号的下标 k 表示离散时间序号。该结构形式称为横向滤波器结构。它有 N 个延迟单元(z^{-1})、$N+1$ 个抽头、$N+1$ 个可调的复数乘法器(权值)。这些权值通过自适应算法进行调整,调整的方法可以是每个采样点调整一次,或每个数据块调整一次。

图 6.22 中自适应算法是由误差信号 e_k 控制的,而 e_k 是通过比较均衡器的输出 $\hat{d}_k$ 和本地 d_k 得到的。d_k 通常是已知的发送信号或已知发送序列(也称为训练序列),即 $d_k = x_k$。自适应算法利用 e_k 来最小化一个代价函数,它通过迭代的方法修正权值,从而逐步减小代价函数。

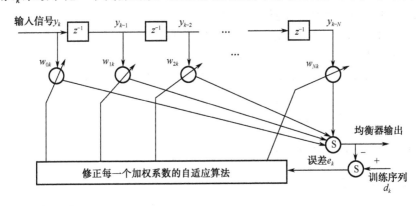

图 6.22 自适应均衡器基本结构图

习题 6

1. 填空题

(1)现代移动通信广泛使用的频段是_____和_____。VHF 为超短波(米波),波长范围为 1~10m,频率范围为_____MHz。UHF 为分米波(微波),波长范围为_____,频率范围为 300~3000MHz。

(2)在移动通信中,主要的电波传播方式有_____传播、_____传播、_____传播和_____。其中_____为 VHF 和 UHF 频段的主要传播方式。

(3)蜂窝移动通信的信道是典型的_____信道(填随参或恒参)。

(4)移动通信系统中电波传播的直射波与地面反射波的合成波场强,将随路径差 Δd 的变化而变化,当它们_____相加时,合成场强最大;有时也会_____叠加而减弱甚至抵消。

(5)在研究移动无线信道中的信号传播衰落时,通常根据地形特征,将服务区分为准平滑地形和_____两大类。

(6)由电波传播理论可知,电波传播衰落取决于_____d、工作频率 f、基站_____高度 h_b、移动台天线高度 h_m 以及_____走向和宽窄等。

(7) 根据移动信道中噪声的来源不同，可将噪声分为_____噪声和外部噪声。

(8) 所谓分集接收，是指_____多个衰落特性互相独立（携带同一信息）的信号进行特定的处理，以_____起伏的办法。

2. 是非判断题（正确画√，错误画×）

(1) 自由空间中电波传播损耗仅与电波的传播距离有关，而与电波频率无关。（   ）

(2) 两列电磁波在空间的某点叠加时，信号一定会增强。（   ）

(3) 电波的绕射能力与其波长有关，波长越大，绕射能力越弱。（   ）

(4) 恒参信道对信号传输的各种影响是确定的，是一成不变的（   ）。

(5) 无线移动信道是一种变参数信道，而信号又是裸露在空中进行传输的，所以信号极易受到外界干扰而产生衰落，因此移动通信系统的信息保密性极差。（   ）

(6) 相对于准平滑地形大城市市区基本衰落中值而言，所有的修正因子都是增益因子。（   ）

(7) 在移动通信系统中，噪声就是干扰，干扰就是噪声。（   ）

(8) Rake 接收，就是利用多个并行相关器检测多径信号，按照一定的准则合成一路信号，供解调用的接收技术。（   ）

(9) 均衡技术可以减弱或克服码间干扰的影响。（   ）

3. 选择题（将正确答案的序号填入括号内）

(1) 属于移动信道的是（   ）。

A. 架空明线　　　　　B. 同轴电缆　　　　　C. 光纤　　　　　D. 微波

(2) 正是由于（   ）现象，在障碍物后面有时仍能收到无线电信号。

A. 绕射　　　　　　　B. 反射　　　　　　　C. 散射　　　　　D. 直射

(3) 无线电波的视距传播极限距离与（   ）关系不大。

A. 发射天线高度　　　　　　　　　B. 接收天线高度

C. 发射与接收天线高度　　　　　　D. 发射功率

(4) 属于自然噪声的是（   ）。

A. 太阳噪声和银河噪声　　　　　　B. 电力线噪声

C. 工业电气噪声　　　　　　　　　D. 汽车或其他发动机的点火噪声

(5) 下列（   ）不属于抗信道衰落技术。

A. 分集接收技术　　　B. 纠错编码技术　　　C. 均衡技术　　　D. 语音压缩技术

4. 简答题

(1) 地形地物是如何进行分类的？

(2) 移动通信中的主要干扰有哪些？

(3) 什么是互调干扰？有几种类型？

(4) 什么是邻道干扰？有几种类型？

(5) 什么是同频干扰？它是如何产生的？

5．画图题

（1）画出电波几种传播方式的示意图。

（2）画出简化的Rake接收机组成示意图，并说明其工作过程。

6．计算题

（1）已知工作频率f=900MHz，通信距离d为20km，求自由空间的传播衰落。如果f=450MHz，传播衰落有何变化？

（2）在标准大气折射下，发射天线高度为150m，接收天线的高度为1m，则视距传播极限距离为多少？

（3）某移动通信系统工作频率为900MHz，传播环境为开阔地，基站天线高度为20m，移动台天线高度为3m，电波传播距离为30km，求传播路径的衰落中值。

第 7 章 数字手机维修实践与训练

移动通信系统的接收机体积小，片状元器件密集，电路结构精密复杂，科技含量高，对其进行调试和维修应具有较高的要求，不仅需要一定的理论基础，更需要依靠大量的实际工作锻炼，在不断总结经验的基础上，才能逐步提高技术水平。

7.1 实训前的准备工作

在维修移动通信接收设备之前，应全面了解待修移动通信接收机的功能特点和技术性能，掌握操作方法与使用技巧。了解整机基本构成和各部分电路的工作原理，熟悉元器件所在的位置与所起的作用、整机装配特点以及各测试点的参考值与波形等。只有这样才能根据移动通信设备工作原理和故障现象，准确判断移动通信设备有无故障存在。如果有故障，应判断故障的大体部位，进而缩小故障范围并找到故障点，然后用正确的方法排除故障。

7.1.1 维修专用工具、仪器和实验用品

实训中应熟悉并正确使用各种维修工具和仪器仪表，能准确、快速、有效地对移动通信设备进行调试和维修，同时在拆卸元器件过程中不会损坏数字手机。

1. 维修工具

在数字手机的调试与维修中，常用的维修工具包括尖嘴钳、偏口钳、刀片、起子、无感起子、镊子、综合开启工具、恒温电烙铁、带灯放大镜、热风枪、显示屏拆装工具、各类电路板连接电缆、剪子、置锡片、吸锡器、电吹风、毛刷、热压头等。

2. 维修仪器

在数字手机的调试与维修中，常用的维修仪器仪表有稳压电源（0～5V/2A）、功率表、频谱分析仪（2GHz）、射频信号发生器（100MHz～2GHz）、数字万用表或指针式万用表、频率计（10MHz～2GHz）、双踪示波器（DC—40MHz）、个人计算机、数字手机软件故障维修仪（如LABT00L—48）、各类数字手机免拆机维修仪（如三星、爱立信等）、超声波清洗器等。

3. 实验用品

在数字手机的调试与维修实训中，常用的实验用品有实验用数字手机、各类充电器、数字手机电池等。

4. 备件与耗材

在维修实训过程中，常用到数字手机各种常用备件、报废数字手机电路板、报废数字手机整机、报废数字手机外壳、数字手机维修卡和 SIM 卡（实验用）、焊锡膏、焊锡、无水酒精及容器、超声波清洗液、脱脂棉等。平时还要注意收集各种类型数字手机电路图集、使用和维修说明书等。

7.1.2 建立良好的维修环境

所谓良好的维修环境，是指安静、简洁、明亮、无浮尘、无烟雾的环境。在工作台上铺盖一张起绝缘作用的厚橡胶片（必要时，使用防静电工作台）。准备一个带有许多小抽屉的元器件框架，可分门别类地放置相应配件。应注意将所有仪器的地线都连接在一起，并良好接地，以防止静电损伤接收机的 CMOS 电路。要穿着不易产生静电的工作服，并注意每次在拆手机前，特别是干燥的冬天，都要触摸一下地线，把人体的静电放掉，以免静电击穿零部件，必要时要佩戴防静电手腕带。

7.2 数字手机的拆装

在数字手机维修过程中，数字手机的拆装是维修的基本功，熟练掌握数字手机拆装是提高数字手机维修质量和速度的保证。

7.2.1 数字手机的拆装方法

GSM 数字手机的拆卸与重装需要使用专用的组合工具，为了避免静电对数字手机内码片及字库（可擦写存储器）的干扰，在拆卸时，必须佩戴防静电手腕带，而且要确保接地良好。另外，有一些 GSM 数字手机体积小，结构紧凑，所以在拆卸时应十分小心，否则会损坏机壳、机内元器件及液晶显示屏。

1. 数字手机外壳拆装方式

数字手机外壳可分为两种：一种是带螺钉的外壳，如三星 SGH600，800，A188 和摩托罗拉 L2000，这些手机的外壳拆装较为简便；另一种是不带螺钉而用卡扣装配的数字手机外壳，如摩托罗拉 V998、摩托罗拉 V8088、爱立信 T28、西门子 C2588、西门子 3508 等，这种外壳用普通工具很难拆卸，必须使用专用工具，否则将会损坏手机外壳，轻则影响美观，重则将外壳破坏。

2. 数字手机拆装注意事项

在拆装数字手机的过程中应注意的事项如下。

① 养成良好的维修习惯,拆卸下的元器件要存放在专用元器件盒内,以免丢失。

② 防止静电干扰损坏元器件。

③ 带螺钉的数字手机,在拆装时要防止螺钉滑扣,否则既拆不开数字手机的外壳,又不好还原装上。

④ 带卡扣外壳的数字手机要防止硬撬,以免损坏外壳的卡扣,不能重装复原。

⑤ 手机的显示屏为易损元件,拆装时要十分小心,尤其是翻盖上带液晶屏的数字手机,在更换显示屏时更要小心,以免损坏显示屏和灯板以及连接显示屏到主板的软连接带。尤其要注意显示屏上的软连线,不能折叠。对于显示屏要轻取轻放,不要用热风枪吹屏幕,也不能用清洗液清洗屏幕。

⑥ 翻盖式的数字手机都有磁控管类器件,在换壳重装时,不要遗忘小磁铁,以免磁控管失控,造成数字手机无信号指示。

⑦ 在重装前板与主板无屏蔽罩的数字手机时,切莫遗忘安装挡板(带挡板的以三星数字手机居多),以免数字手机加电时前后板元件短路,损坏数字手机。

7.2.2 数字手机的拆装实例

图 7.1 诺基亚 3210 型数字双频手机外形图

数字手机的种类较多,结构各有不同,但也有共同点,在此仅举两例,以提供数字手机的基本拆装方法。

1. 诺基亚 3210 型数字双频手机的拆装方法

诺基亚 3210 型数字双频手机外形如图 7.1 所示,其外形小巧玲珑,具有"一下指"、"随心换"、"游戏"等功能。由于 3210 型数字双频手机的显示屏比较大,在拆装过程中应小心,以免损坏显示屏。同时在进行拆卸和重装时,应佩戴防静电手腕带,防止人体静电击穿数字手机元器件。其拆卸过程如下。

① 拆卸数字手机后盖。按图 7.2(a)中箭头方向推动数字手机后盖。按图 7.2(b)中箭头方向翻起数字手机后盖,并取下后盖。

② 拆卸电池与 SIM 卡。按图 7.3(a)中箭头方向,向下压电池,使之后移,再向上勾起电池,并取下电池,如图 7.3(b)所示。按图 7.3(c)中所示方法,取出 SIM 卡。

③ 拆卸内置天线。按图 7.4(a)和图 7.4(b)中的方向,分别撬起内置天线的左右侧紧固扣,再按图 7.4(c)所示箭头方向向上翻开内置天线,并取下内置天线。

④ 拆卸数字手机前盖。在图 7.5(a)中箭头处,向下压前盖,然后推起机板。将数字手机翻过来,再按图 7.5(b)中所示箭头方向顶起前盖底部,翻出前盖,如图 7.5(c)所示。

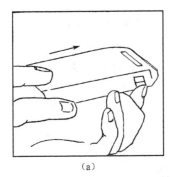 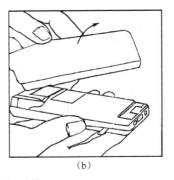

图 7.2 拆卸后盖

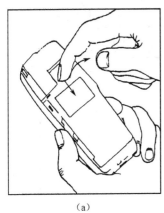  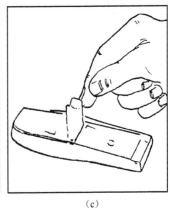

图 7.3 拆卸电池与 SIM 卡

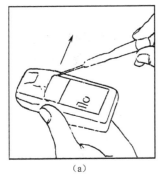 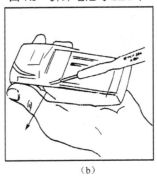 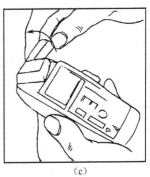

图 7.4 拆卸内置天线

图 7.5 拆卸前盖

⑤ 拆卸数字手机金属机壳、底部接口和主板。旋下图7.6（a）中箭头处的4颗螺钉。按图7.6（b）中箭头方向用镊子小心地掀起金属机壳。按图7.6（c）中的方法取出金属机壳。按图7.6（d）中的方法分离金属机壳与主板。按图7.6（e）中箭头方向，用镊子小心夹起底部接口。按图7.6（f）中箭头方向，用镊子小心撬起主板。

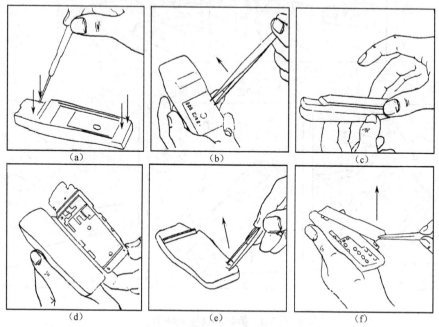

图7.6 拆卸金属机壳、底部接口和主板

⑥ 拆卸主板上的屏蔽罩。按图7.7（a）中箭头方向，用镊子小心撬起芯片屏蔽罩边沿。按图7.7（b）中的方法移开芯片屏蔽罩。按图7.7（c）中箭头方向，用镊子小心撬起射频部分隔离罩边沿，取下射频部分隔离罩，如图7.7（d）所示。

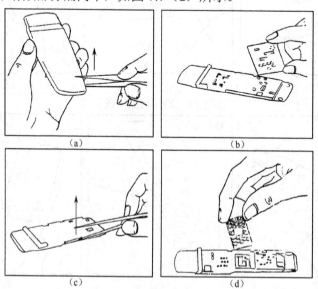

图7.7 拆卸主板上的屏蔽罩

第7章 数字手机维修实践与训练

按上述拆卸方法的相反过程，将数字手机重新装好。一定要注意拆装过程中零部件的放置，防止漏装、错装及划伤现象的发生。

2．松下 GD70 型数字双频手机的拆装方法

松下 GD70 型数字双频手机外形如图 7.8 所示，该数字手机能根据通信信道质量的好坏，自动转换 900MHz 和 1800MHz 两个频段，可通过内置调制解调器与个人计算机或办公系统相连，提供电子邮件、传真等服务功能，机身精巧，操作运用方便。该机的拆卸过程如下。

① 拆卸数字手机机壳。如图 7.9（a）所示，从数字手机背后取下两个橡胶扣眼，然后按图 7.9（b）所示拧下外壳螺钉，按图 7.9（c）中的方法取下机壳，按图 7.9（d）所示从机壳外面取下电池挡板。

图 7.8　松下 GD70 型数字双频手机外形图

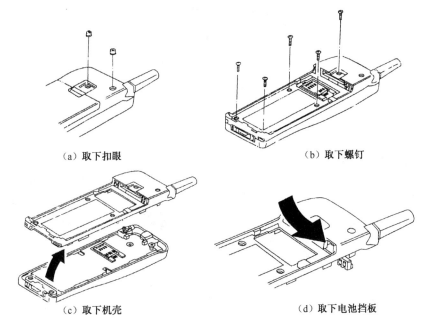

（a）取下扣眼　　　　　　　　　（b）取下螺钉

（c）取下机壳　　　　　　　　　（d）取下电池挡板

图 7.9　拆卸机壳

② 拆卸电路板组件。按图 7.10（a）中箭头方向，取出电路板组件；按图 7.10（b）所示方法，从机壳上取下键盘板。

③ 拆卸扬声器。按图 7.11 所示方法松开扬声器的固定夹，取出扬声器。

④ 拆卸逻辑板及显示屏组件。按图 7.12（a）中箭头方向从机架上向上取下逻辑板，然后按图 7.12（b）所示方法轻掰显示屏的四个卡扣，从逻辑板上取下显示屏组件。

⑤ 拆卸数字手机接收板。按图 7.13（a）中的方法取下接收板的螺钉，再按图 7.13（b）所示箭头方向取出接收板。

⑥ 拆卸数字手机振动电动机。按图 7.14（a）中箭头方向，拔出振动电动机的插头，再按图 7.14（b）中的方法从接收板上松开振动电动机的搭扣，取下数字手机的电动机。

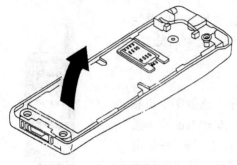
(a) 取出电路板组件

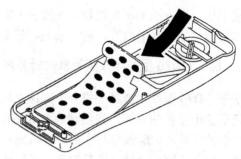
(b) 取下键盘板

图 7.10 拆卸电路板组件

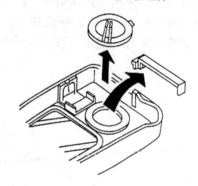

图 7.11 拆卸扬声器

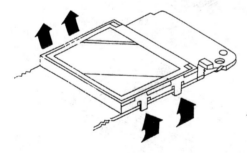
(a) 取下逻辑板

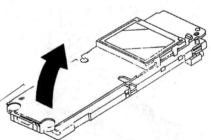
(b) 取下显示屏组件

图 7.12 拆卸逻辑板及显示屏组件

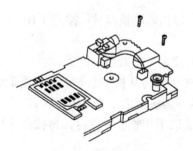
(a) 取下接收板螺钉

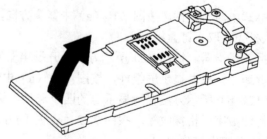
(b) 取出接收板

图 7.13 拆卸接收板

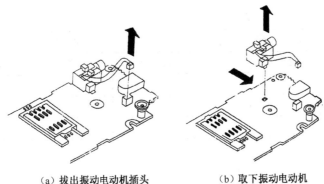

(a) 拔出振动电动机插头　　　　(b) 取下振动电动机

图 7.14　拆卸振动电动机

按上述拆卸松下 GD70 型数字双频手机的相反过程，将该数字手机重新装好，并试用该手机。

7.2.3　数字手机的拆装实训

通过以上典型数字手机的拆装介绍，总结各零部件的拆装要领，在此基础上进行拆装实训，以便更好地掌握数字手机零部件的拆装技巧。

1. 典型数字手机拆装训练

指导教师选择几款机型，让学生拆装整机。学生仔细观察数字手机特点（颜色、外形、型号、电池、标识等），并用正确的方法拆装数字手机，完成表 7.1。

表 7.1　典型数字手机拆装训练

测　试　人		班级		指导教师	
序　　号	第 1 款数字手机	第 2 款数字手机	第 3 款数字手机	第 4 款数字手机
数字手机颜色				
数字手机外形				
翻盖、折叠、直板				
数字手机型号				
电池类别				
电池标识				
IMEI				
外壳拆装类别				
拆装所用工具				
简单列出拆机顺序				
简单列出装机顺序				
拆装重点部位				
有几块电路板				

续表

测试人		班级		指导教师	
序 号	第1款数字手机	第2款数字手机		第3款数字手机	第4款数字手机
是否有挡板					
用时					
成绩					

2．写体会

根据拆装训练，详细写出某一款机型的拆装过程及体会，总结手机的拆装经验和注意事项。

7.3 数字手机元器件识别与检测

数字手机的功能越来越强，而体积越来越小，这是因为数字手机元器件有其特殊性，其中表面贴片式安装技术的采用起了决定性作用。

7.3.1 元器件识别与检测方法介绍

绝大多数数字手机元器件直接贴装在电路板的表面，将电极焊接在与元器件同一面的焊盘上。片状元器件外形多呈薄片状，大部分没有引出线，有的元器件两端仅有非常小的引出线，相邻电极之间的距离很小。贴片元器件安装密度高，减小了引线分布参数的影响，降低了寄生电容和电感等参数，高频特性好，增强了抗电磁干扰和抗射频干扰能力。

1．电阻器

（1）电阻器的识别

在数字手机中，电阻器实物一般呈片状矩形、无引脚，电阻体是黑色或浅蓝色，两头是银色的镀锡层，其实物图如图7.15所示。数字手机中的电阻大多未标出其阻值，个别体积稍大的电阻在其表面一般用三位数表示其阻值，第一位和第二位数为有效数字，第三位数为倍乘，即有效数字后面"0"的个数。例如，100表示10Ω，102表示1000Ω即1kΩ，5R1表示5.1Ω。

图7.15 电阻器实物图

（2）电阻器的检测

① 直接观察法：观察电阻体外观是否受损、变形和烧焦变色，若有此现象表明电阻已损坏。此法适用于所有元器件。

② 用万用表的电阻挡测量其阻值：可从表头上直接读取电阻器的阻值，然后与图纸所给的参数比较，若参数相符则是好的，否则是坏的。

2. 电容器

（1）电容器的识别

在数字手机中，无极性普通电容的外观、体积与电阻相似，电容一般为棕色、黄色、浅灰色、淡蓝色或淡绿色等，两端为银色。无极性普通电容器的尺寸都很小，最小的只有1mm×2mm。通常电解电容的外观都呈长方体，体积稍大，颜色以黄色和黑色最常见。电解电容的正极一端有一条色带（黄色的电解电容色带通常是深黄色，黑色的电解电容色带常为白色）。还有一种电容颜色鲜艳，它是金属钽电解电容，其特点是容量精确而稳定，它的突出一端为正极，另一端为负极。电容器实物图如图7.16所示。

 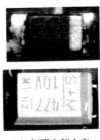 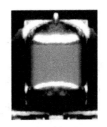

（a）普通电容　　　　（b）矩形电解电容　　　　（c）金属钽电解电容

图7.16　电容器实物图

在数字手机电路中，μF级的电容一般为有极性的电解电容，而pF级的一般为无极性普通电容。电解电容由于体积大，其容量与耐压直接标在电容体上，而金属钽电解电容则不标其容量和耐压，不标容量和耐压的电容都可通过图纸查找。注意电解电容是有极性的，使用时正负极不可接反。有的普通电容器的容量采用符号标注，在其中间标出两个字符。标注符号的意义是：第一位用字母表示有效数字，第二位用数字表示倍乘，单位为pF。用字母表示的有效数字如表7.2、表7.3所示。例如，电容体上标有"C3"字样的容量是 1.2×10^3 pF=1200pF。

表7.2　部分片状电容器容量标识字母含义

字符	A	B	C	D	E	F	G	H	J	K	L	M
值	1	1.1	1.2	1.3	1.5	1.6	1.8	2.0	2.2	2.4	2.7	3.0
字符	N	P	Q	R	S	T	U	V	W	X	Y	Z
值	3.3	3.6	3.9	4.3	4.7	5.6	5.6	6.2	6.8	7.5	9.0	9.1

表7.3　部分片状电容器容量标识数字的含义

数字	0	1	2	3	4	5	6	7	8	9
倍乘	10^0	10^1	10^2	10^3	10^4	10^5	10^6	10^7	10^8	10^9

(2) 电容器的检测

电容器常见故障是开路失效、短路击穿、漏电、介质损耗增大和电容量减小。电容器的测试应采用电容表，但一般常用指针式万用表粗略判断电容器的好坏。

① 普通电容器粗略检测方法：普通电容器容量比较小，一般在 1μF 以下，很难看到其充放电的灵敏度指示，常使用万用表的欧姆挡测量其是否短路。正常时，表针应指在"∞"位置；若表针指在"0"处，说明该电容器短路；表针指在某一固定阻值处，说明电容器漏电，质量变坏。注意电容器在线测量时，要看其两端并联的元器件阻值，否则会造成误判。

② 电解电容器检测方法：电解电容器容量比较大，一般在 1μF 以上，用万用表的欧姆挡测试其有无充放电现象。在表笔刚接上电容器两引脚的瞬间，表针右偏一下，然后慢慢地返回到"∞"的位置，说明电容有充放电灵敏度指示，是好的。如果电容器漏电或短路，则万用表指示为"0"或指针停在某一位置不动（注意与在线测量的区别）。

3．电感器

(1) 电感器的识别

数字手机电路中电感的数量很多，有的从外观上可以识别出来。如图 7.17 (a) 所示，外观为片状矩形的是绕线电感，用漆包线绕在磁芯上，提高电感量。如图 7.17 (b) 所示是漆包线隐藏的升压电感，如数字手机电源电路中的升压电感。数字手机中还有很多 LC 选频电路的电感，如图 7.17 (c) 所示，外表为白色、浅蓝色、绿色、一半白一半黑或两头是银色的镀锡层，中间为蓝色等颜色，形状类似普通小电容，这种电感即叠层电感，又叫压模电感，可以通过图纸和测量的方法将其与电容器区分开。

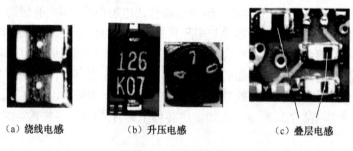

(a) 绕线电感　　(b) 升压电感　　(c) 叠层电感

图 7.17　电感器实物图

(2) 电感的检测

在通常情况下，用万用表 $R \times 1\Omega$ 挡测量电感器的阻值，其电阻值极小，一般为零是好的，否则是坏的。

由于电感属于非标准件，不像电阻那样方便检测，且在电感体上没有任何标注，所以一般应借助图纸上的标注参数。在维修时，如果判断该电感损坏，一定要用与原来相同规格、参数的电感进行替换。

4．晶体管

(1) 二极管的识别与检测

不同类别的二极管，在电路中的作用也不相同。普通二极管用于开关、整流、隔离；发光二极管用于键盘灯、显示屏灯照明；变容二极管是一种电压控制元件，其 PN 结电容随反向偏压变化呈反比例变化，通常用于压控振荡器（VCO），改变手机本振和载波频率，使手机锁定信道；稳压二极管用于简单的稳压电路或产生基准电压。

数字手机中二极管的外形与电阻、电容相似。有的呈矩形，有的呈柱形，一般为黑色，一端有一个白色的竖条，表示该端为负极，如图 7.18 所示。数字手机中常采用双二极管封装，即两个二极管组成的元件，有 3 个或 4 个引脚，此时较难识别，还会与三极管混淆，只有借助于原理图和印制板图识别或通过测量才能确定其引脚。

（a）矩形二极管　　　　　（b）柱形二极管　　　　　（c）双二极管

图 7.18　二极管实物图

用万用表 $R\times100\Omega$ 或 $R\times1k\Omega$ 挡，根据二极管正向电阻小、反向电阻大的特点可判别普通二极管的极性；测量发光二极管时，将万用表置于 $R\times1k\Omega$ 或 $R\times10k\Omega$ 挡，正向电阻小于 $50k\Omega$，反向电阻大于 $200k\Omega$ 为正常；用万用表的低阻挡（$R\times1k\Omega$ 挡以下）测量稳压二极管正反向电阻时，其阻值和普通二极管一样，原因是表内电池为 1.5V，不足以使稳压二极管反向击穿；变容二极管只能用万用表测其是否短路，不能检测其性能。

（2）三极管与场效应管的识别与检测

数字手机中的三极管与场效应管一般为黑色，大多数为 3 个引脚，少数为 4 个引脚（三极管中有两个引脚相通，一般为发射极 E 或源极 S），如图 7.19 所示。也有双三极管封装、双 MOS 管封装形式。需要说明的是，晶体三极管的外形和作用与场效应管极为相似，在电路板上很难识别哪个是三极管，哪个是场效应管，只有借助于原理图和印制板图识别，判断时应注意区分，以免误判。场效应管与三极管相比，具有很高的输入电阻，工作时栅极几乎不取信号电流，因此它是电压控制组件。以三极管或场效应管为核心，配以适当的阻容元件就能构成放大、振荡、开关、混频、调制等各种电路。

图 7.19　三极管与场效应管实物图

三极管可用万用表 $R\times1k\Omega$ 或 $R\times100\Omega$ 挡，测试三极管的 BE 结、BC 结和 CE 极间正反向电阻来判断其好坏。BE 结和 BC 结均为 PN 结，故与二极管的检测方法相似。

MOS 管好坏的判别是将万用表置于 $R\times1k\Omega$ 挡，测量 D,S 间正、反向电阻。对于 NMOS

管,将红表笔置于 S 引脚,用黑表笔先后触摸 G 引脚和 D 引脚,测 D,S 间正、反向电阻,若均为 0Ω,则该管为好的,否则为坏的。对于 PMOS 管,将黑表笔置于 S 引脚,用红表笔先后触摸 G 引脚和 D 引脚,测 D,S 间正、反向电阻,若均为 0Ω,则该管为好的,否则为坏的。检测方法如图 7.20 所示,双 MOS 管的检测需要了解其内部结构,按照检测单个 NMOS 管和 PMOS 管的方法来检测。

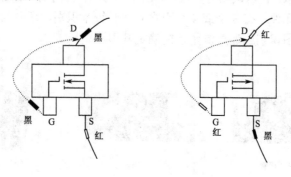

图 7.20 MOS 管检测示意图

由于 MOS 管的输入阻抗高,很小的输入电流都会产生很高的电压,使管子被击穿。因此拆卸场效应管时要使用防静电的电烙铁,最好使用热风枪。另外栅极不可悬浮,以免栅极电荷无处释放而击穿场效应管。

5. 稳压块

(1) 稳压块的识别

稳压块主要用于数字手机的各种供电电路,为数字手机正常工作提供稳定、大小合适的电压。应用较多的主要有五脚和六脚稳压块,如爱立信 788、爱立信 T18 和三星 600 数字手机较多地使用了这两类稳压块,其实物如图 7.21 所示。五脚和六脚稳压块引脚排列如图 7.22 所示,当控制端为高电平时,输出端有稳压输出。一般在稳压块表面有输出电压标称值,例如"28P"表示输出电压是 2.8V。

图 7.21 稳压块实物图

图 7.22 五脚和六脚稳压块引脚排列图

（2）稳压块的检测

稳压块的检测常用在线测量法、触摸法、观察法（损坏时有加电发烫、鼓包、变色等现象）和替代法等。

6．集成电路

集成电路（IC）内最容易集成的是 PN 结，也能集成小于 1000pF 的电容，但不能集成电感和较大的组件，因此 IC 对外要有许多引脚，将那些不能集成的元器件连到引脚上，组成完整的电路。由于 IC 内部结构很复杂，在分析集成电路时，重点是 IC 的主要功能，如输入、输出、供电及对外呈现出来的特性等，并把其看成一个功能模块来分析 IC 的引脚功能和外围组件的作用等。

由于 IC 有许多引脚，外围组件又多，所以要判断 IC 的好坏比较困难，通常采用在线测量法、触摸法、观察法（损坏或大电流时，有加电发烫、鼓包、变色及裂纹等现象）、按压法（观察手机工作情况，从而判断 IC 是否虚焊）、元器件置换法和对照法等。数字手机电路中使用的 IC 多种多样，有射频处理 IC、逻辑 IC、电源 IC、锁相环 IC 等。IC 的封装形式各异，用得较多的表面安装 IC 的封装形式有小外形封装、四方扁平封装和球形栅格阵列内引脚封装等。

（1）小外形封装

小外形封装又称 SOP 封装，引脚数目少于 28 个，且分布在两边。码片、字库、电子开关、频率合成器、功放等常采用这种封装，如图 7.23 所示。

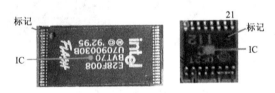

图 7.23　小外形封装

（2）四方扁平封装

四方扁平封装适用于高频电路和引脚较多的模块，又称 QFP 封装，四边都有引脚，引脚数目一般在 20 个以上。许多中频模块、数据处理器、音频模块、微处理器、电源模块等都采用 QFP 封装，如图 7.24 所示。

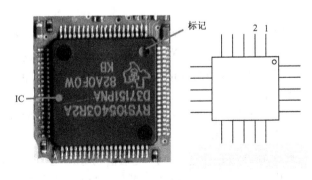

图 7.24　四方扁平封装

对于小外形封装和四方扁平封装的 IC，找出其引脚排列顺序的关键是找出第 1 脚，然后按照逆时针方向，确定其他引脚。确定第 1 脚的方法是在 IC 表面字体正方向左下脚的圆点为第 1 脚标志。

（3）球形栅格阵列内引脚封装

球形栅格阵列内引脚封装又称 BGA 封装，是一个多层的芯片载体封装，这类封装的引脚在集成电路的底部，引线是以阵列的形式排列的，其引脚按行线、列线来区分，所以 BGA 封装的引脚数目远远超过其他封装形式。利用阵列式封装，可以省去电路板多达 70% 的位置。BGA 封装充分利用封装的整个底部来与电路板互连，而且用的不是引脚而是焊锡球，这样还缩短了互连的距离。目前许多数字手机，如摩托罗拉 L2000 的电源 IC、爱立信 T18 的字库、诺基亚 8810 的 CPU 等都采用这种封装形式，如图 7.25 所示。

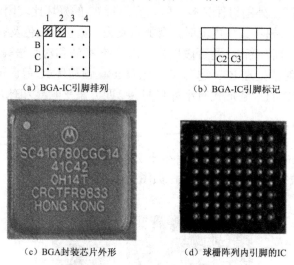

图 7.25　BGA 封装集成电路

7. 压控振荡器（VCO）组件

在数字手机电路中，越来越多的 UHFVCO 及 VHFVCO 电路采用一个组件，构成 VCO 电路的元器件被封装在一个屏蔽罩内，组成 VCO 电路的元器件包含电阻、电容、晶体管、变容二极管等。这样既简化了电路，又减小了外界对 VCO 电路的干扰，并且方便维修，VCO 组件实物图如图 7.26 所示。

数字单频手机中的 VCO 组件一般有 4 个引脚（输出端、电源端、控制端及接地端），不同数字手机中 VCO 组件引脚功能可能不一样，但它们是有规律可循的。当 VCO 组件上有一个小的方框或一个小黑点标记时，各引脚功能分别如图 7.27（a）和图 7.27（b）所示。

在部分数字双频手机中采用双频 VCO 组件，其标记为一个小黑点，该 VCO 组件引脚功能如图 7.28 所示。有些 VCO 组件标明了该 VCO 组件就是一个双频 VCO，如图 7.29 所示是摩托罗拉 V998 数字双频手机的发射 VCO。

VCO 组件引脚的在线识别方法是接地端的对地阻值为零，电源端的电压与该机的射频电压很接近，控制端接有电阻或电感，在待机状态下或按"112"启动发射时，该端口有脉冲控制信号，余下的便是输出端。若有频谱分析仪，则可测试这些端口有无射频信号输出，有射频信号输出的就是输出端。

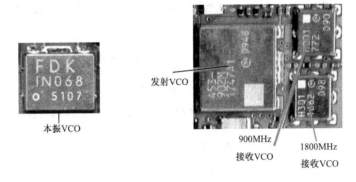

图 7.26　几种 VCO 组件实物图

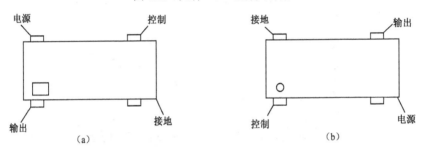

图 7.27　单频数字手机 VCO 组件各引脚功能

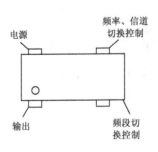

图 7.28　部分双频手机 VCO 组件引脚功能

图 7.29　V998 的发射 VCO

8. 基准频率时钟电路

在 GSM 数字手机的众多元器件中，有一类不可缺少的元器件，就是 13MHz 的振荡器及产生 13MHz 的时钟电路。它在数字手机中用于产生锁相环的基准频率和主时钟信号，它的正常工作为数字手机系统正常开机和正常工作提供了必要条件。由这个元器件所引发的故障在数字手机故障中占有很大的比例，尤其是摔坏的数字手机更易引起该电路的损坏。

综观所有数字手机所采用的 13MHz 振荡器及基准频率时钟电路，因品牌不同大致分为两大类。一类为采用谐振频率为 13MHz 的石英晶体振荡器，如摩托罗拉和爱立信数字手机的基准频率时钟电路基本上都由一个晶体振荡器和中频模块内的部分电路一起构成一个振荡电路。该石英晶体也靠近中频模块，该类 13MHz 信号通常会经中频模块处理后才将信号送到频率合成电路和逻辑电路。它们所使用的石英晶体通常如图 7.30 所示。晶体无法用万用表检测，由于晶体引脚少，代换很容易，因此在实际中，常用组件代换法鉴别其好坏。代换时注意用相同型号的晶体，保证引脚匹配。

图 7.30 数字手机 13MHz 晶体实物图

另一类 13MHz 信号的产生采用 VCO 组件形式。例如，诺基亚、松下和三星等手机的基准频率时钟电路，都是由一个 VCO 组件构成一个独立的电路，该 13MHz 信号经缓冲放大后直接送到频率合成电路和逻辑电路，如图 7.31 所示。

图 7.31 13MHz VCO 组件

该 VCO 组件有 4 个端口，即输出端、电源端、AFC 控制端及接地端。判断该 VCO 组件的端口很容易，接地端对地电阻为零，用示波器或频率计检测余下的三个端口，有 13MHz 信号输出的就是输出端，控制端的电压通常在电源端电压的二分之一左右。13MHz 石英晶体振荡器和 13MHz VCO 组件上面一般标有"13"的字样。

现在一些机型，如摩托罗拉 V998、摩托罗拉 L2000 和诺基亚 8850 数字手机等，使用的振荡频率是 26MHz，而三星 GSM 型 A188，A100 等数字手机使用的振荡频率是 19.5MHz。CDMA 型数字手机常采用 19.68MHz 振荡频率，如三星 A399 等。它们的作用与 13MHz 晶体振荡器的作用一样。在数字手机电路中，这个晶体振荡电路受逻辑电路 AFC 信号的控制。

9. 实时时钟晶体

在数字手机电路中，实时时钟信号通常由一个 32.768kHz 的石英晶体产生。在该石英晶体的表面，大多数都标有 32.768 的字样，如图 7.32 所示。如果该晶体损坏，会造成数字手机无时间显示的故障。

诺基亚数字手机的实时时钟电路通常在电源模块电路中，摩托罗拉 V998 数字手机以后的数字手机电路中的实时时钟电路通常也在电源模块电路中，爱立信数字手机的实时时钟电路通常在中央处理单元中。

图 7.32 实时时钟晶体

10. 滤波器

滤波电路的作用是让指定频段的信号顺利地通过，而将其他频段的信号衰减。从性能上可以分为低通（LPF）、高通（HPF）、带通（BPF）、带阻（BEF）4 种滤波器。LPF 主要用在信号处于低频（或直流成分），并且需要削弱高次谐波和高频率噪声等场合；HPF 主要用于信号处于高频，并且需要削弱低频（或直流成分）的场合；BPF 主要用来突出有用频段的信号，削弱其余频段的信号或干扰噪声；BEF 主要用来抑制干扰，例如信号中常含有不需要的交流频率信号，可针对该频率加 BEF。在数字手机电路中，4 种滤波器都要用到，例如接收电路需要 HPF，在频率合成电路中需要 BPF，在电源和信号放大部分需要 LPF 和 BEF。

滤波器按其介质来分，有声表面滤波器、晶体滤波器、陶瓷滤波器和 LC 滤波器等，几种常见的滤波器实物如图 7.33 所示。陶瓷滤波器、晶体滤波器和声表面滤波器容易集成和小型化，频率固定，不需要调谐，常见于数字手机的射频滤波、中频滤波等。LC 滤波器损耗小，但不容易小型化，因此在数字手机电路中仅作为辅助滤波器。

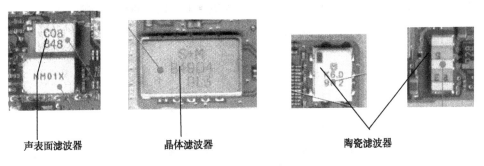

声表面滤波器　　　　　晶体滤波器　　　　　陶瓷滤波器

图 7.33 滤波器实物图

滤波器按其所起的作用来分，有双工滤波器、射频滤波器、本振滤波器、中频滤波器及低频滤波器等。

11. 功率放大器

功率放大器在发射机的末级，工作频率高达 900MHz/1800MHz，因此功放是超高频宽带放大器，功放由于功耗较大，故较易损坏。目前越来越多的数字手机发射功率放大器使用功率放大器组件或集成电路。如果该数字手机有双工滤波器，则功率放大器的输出端接在双工滤波器的 TX 端口。

（1）功率放大器封装形式

功率放大器一般有两种封装形式，一种是 SON 封装的功放组件，图 7.34 所示 SON 封装形式的单频功放组件，其端口比较固定，图中 1～4 端口一般分别为输入端、功率控制端、电源端和输出端。对于如图 7.35 所示 SON 封装 8 个端口的双频功放组件，不同的数字手机电路其端口的功能不尽相同，常有如图 7.36 所示的三种端口功能，但也不能一概而论，这里仅供参考。

图 7.34　SON 封装单频功放组件

图 7.35　SON 封装双频 8 端口功放组件

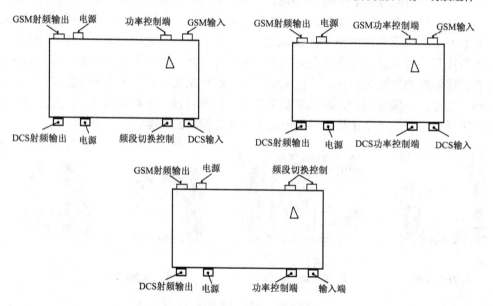

图 7.36　SON 封装 8 端口双频功放端口功能

对于图 7.37 所示 SON 封装的 12 个端口和 16 个端口双频功放组件，虽然端口数量增加了，但不外乎也是有两路输入、两路输出和两个电源输入端，另外就是功率控制端、切换控制端和若干接地端等，甚至有悬空端。不同的数字手机电路其端口的功能不尽相同，不能一概而论。

功率放大器的另一种封装形式是 SOP 封装集成电路。这种功率放大器旁常有微带线，如图 7.38 所示。功放的电路形式比较简单，但功放的供电及功率控制却很有特点。

图 7.37　SON 封装的 12 个端口和 16 个端口双频功放组件

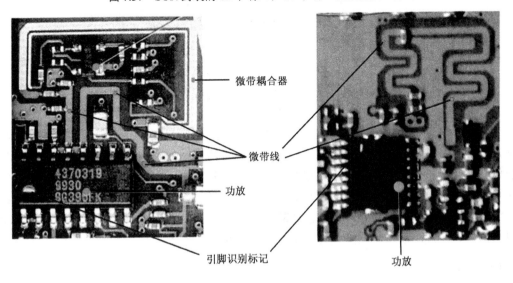

图 7.38　SOP 封装集成功放

（2）功放供电

数字手机在守候状态时，功放不工作，不消耗电能，其目的是延长电池的使用时间。数字手机中的功放供电有两种情况，一是电子开关供电型，二是常供电型。

电子开关供电型是在守候状态，电子开关断开，功放无工作电压，只有数字手机发射信号时，电子开关闭合，功放才供电。常供电型的功放管工作于丙类，在守候状态虽有供电，但功放管截止，不消耗电能，有信号时功放进入放大状态。丙类工作状态通常由负压提供偏压。

（3）功率控制

数字手机功放在发射过程中，其功率是按不同的等级工作的，功率等级控制来自功率控制 IC，如图 7.39 所示。控制信号主要来自两个方面，一是由定向耦合器检测发信功率，反馈到功放，组成自动功率控制 APC 环路，用闭环反馈系统进行控制；二是功率等级控制信号，数字手机的收信机不停地测量基站信号场强，送到 CPU 处理，据此算出数字手机与基站的距离，产生功率控制资料，经数模转换器变为功率等级控制信号，通过功率控制模块，控制功放发射功率的大小。

功放的负载是天线，在正常工作状态下，功放的负载是不允许开路的。因为负载开路会因能量无处释放而烧坏功放。所以在维修时应注意,在拆卸手机取下天线时,应接上一条短导线充当天线。

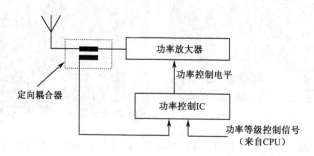

图 7.39 功率控制示意图

12. 微带线与定向耦合器

在高频电子设备中,一段特殊形状的铜皮就可以构成一个电感或具有一定功能的单元电路。通常把这种电感称为印制电感或微带线。

微带线在电路中通常使用如图 7.40 所示的符号来表示。如果只是一根短粗黑线,则称其为微带线;若是平行的两根短粗黑线,则称其为微带线耦合器。在手机电路中,微带线耦合器的作用类似变压器,常用在射频电路中,特别是接收的前级和发射的末级。微带线耦合器用在发射的末级时也称定向耦合器,是对发射功率取样,并反馈到功放级,用于自动功率控制。不过微带线耦合器仅是定向耦合器的表现形式之一,定向耦合器常常是一个单独的器件,作用类似变压器,用于信号的变换与传输,有时也称为互感器。

13. 天线

在电路图上天线通常用字母 ANT 表示。数字手机天线的形状多种多样,常见的天线有外置式、内置式两类。随着数字手机小型化的发展,一些数字手机的内置天线通过巧妙的设计,变得与传统观念中的天线大不一样。例如,有的内置天线只不过是机壳上的一些金属镀膜,有的仅仅是一块铜皮,如图 7.41 所示。

图 7.40 微带线和微带线耦合器的图形符号　　　图 7.41 内置式天线

数字手机的天线有其工作频段,GSM 数字手机的天线工作在 900MHz 频段,DCS 数字手机工作在 1800MHz 频段,而 GSM/DCS 双频手机的天线则可工作在两个频段。正因为数字手机工作在高频段,所以天线体积可以很小。天线还涉及阻抗匹配等问题,所以数字手机的天线是不可以随便更换的。天线锈蚀、断裂、接触不良均会引起数字手机灵敏度下降,发射功率减弱。

14．送话器、受话器和振铃器

（1）送话器

送话器是用来将声音转换为模拟话音电信号的一种器件，也称扬声器、话筒、拾音器等，数字手机中常用驻极体电容话筒。送话器在数字手机电路中连接的是发射音频电路，用字母MIC（Microphone）表示。如图7.42所示是送话器端口的平面示意图（注意正、负极的位置），送话器实物图如图7.43所示。

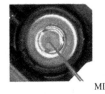

图7.42　送话器端口的平面示意图　　　　图7.43　送话器实物图

送话器有正、负极之分，在维修时应注意，如极性接反，则送话器不能输出信号。有一种简单的方法来判断送话器是否损坏，将数字万用表的红表笔接在送话器的正极，黑表笔接在送话器的负极，如用指针式万用表则相反。用嘴吹话筒，观察万用表的指示，可以看到万用表的电阻值读数发生变化或指针摆动。若无指示，说明话筒已损坏。表针指示读数变化范围越大，说明话筒灵敏度越高。在实际中也可以采用直接代换法来判断其好坏。

（2）受话器

受话器用于在电路中将模拟话音电信号转化为声音信号，是供人们听声音的器件，又称听筒、喇叭、扬声器等。听筒的种类很多，在手机中多采用动圈式扬声器，属于电磁感应式。目前数字手机中越来越多地使用高压静电式听筒，它是在两个靠得很近的导电薄膜间加电信号，在电场力的作用下，导电薄膜发生振动，从而发出声音。受话器在数字手机电路中接的是接收音频电路，用字母SPK或EAR表示，如图7.44所示是受话器示意图，如图7.45所示是实物图。

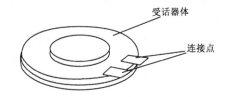

图7.44　受话器示意图　　　　图7.45　受话器实物图

（3）振铃器

振铃器又称蜂鸣器，其原理和检测方法与听筒相同。也有数字手机扬声器与振铃器合二为一的。单独设置的振铃器实物如图7.46所示。查找数字手机中的送话器、受话器和振铃器是很容易的，它们位于数字手机的底部和顶部，通常通过弹簧片或插座与数字手机PCB板相连。

图 7.46 振铃器实物图

15. 振动器

振动器俗称电动机、振子,用于来电振动提示。电路图中振子符号通常如图 7.47 所示,英文通常使用 VIB(Vibrator)表示,如图 7.48 所示是振动器实物图。可以利用万用表的电阻挡对振子进行简单判断,表笔接触振子插头的两点,振子即会振(转)动。

图 7.47 振子的符号　　　　　　　　图 7.48 振动器实物图

16. 磁控开关

磁控开关在数字手机中常常被用于数字手机翻盖电路中,通过翻盖动作,使磁铁控制磁控开关闭合或断开,从而挂断电话或接听电话以及锁定键盘等。常见磁控开关有干簧管和霍耳元件。在实际维修中,干簧管或霍耳元件出问题将导致数字手机按键失灵。

(1)干簧管

干簧管是利用磁场信号来控制的一种线路开关器件。干簧管的外壳一般是一根密封的玻璃管,在玻璃管中装有两个铁质的弹性簧片电极,玻璃管中充有某种惰性气体。

依照干簧管内簧片平时的状态,干簧管分为常开式与常闭式。常开式干簧管在平时处于关断状态,有外磁场时才接通;而常闭式干簧管在平时处于闭合状态,有外磁场时才断开。在实际运用中,通常使用磁铁来控制这两个金属片的接通与断开,又称其为磁控管。例如,摩托罗拉 V998,V8088 等手机前板上都有干簧管。其图形符号如图 7.49 所示,实物图如图 7.50 所示。

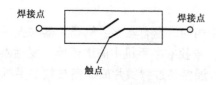 

图 7.49 干簧管图形符号　　　　　　　图 7.50 干簧管实物图

（2）霍耳元件

由于干簧管的隔离罩易破碎，近年来多采用霍耳元件，其控制作用等同于干簧管，但比干簧管的开关速度快，因此在诸多品牌数字手机中得到了广泛应用。霍耳元件是一种电子元件，外形与三极管相似，如图 7.51（a）所示。图中 VCC 是电源，GND 是地，OUT 是输出。它与干簧管一样等同于一个受（磁）控开关，如图 7.51（b）所示。

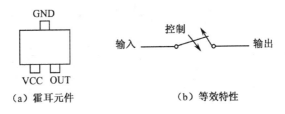

(a) 霍耳元件　　　　　　　　(b) 等效特性

图 7.51　霍耳元件及其等效特性示意图

17．接插件

接插件又称连接器或插头座。在手机中，接插件可以提供简便的插拔式电气连接，为组装、调试、维修提供方便。例如，数字手机的按键板、显示屏与主板的连接，数字手机底部连接座与外部设备的连接，均由接插件来实现。数字手机的按键板与主板的接插件多采用如图 7.52（a）所示的凸凹插槽式内连座，显示屏接口采用如图 7.52（b）所示的插件连接。

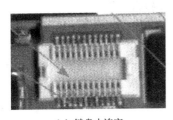 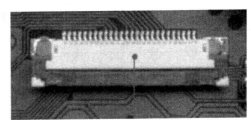

(a) 键盘内连座　　　　　　　　(b) 显示屏接口插件

图 7.52　接插件实物图

在实际维修中，接插件容易出现变形，一旦变形，就会造成接触不良。在使用时，注意不能让接插件受热变形或受力损坏。

18．键盘电路板

数字手机中的键盘电路（除触摸屏外）一般采用 4×5 矩阵动态扫描方式，如图 7.53 所示。其中行线（ROW）通过电阻分压为高电平，列线（COL）由 CPU 逐一扫描，低电平有效，当某一键被按下时，对应交叉点上的行线和列线同时为低电平，CPU 根据检测到的电平来识别此键。

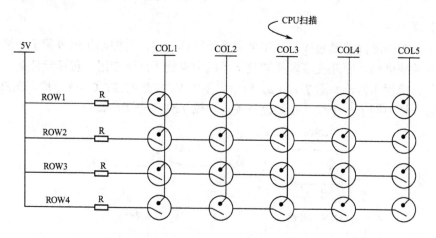

图 7.53 键盘电路

7.3.2 元器件识别与检测实训

1. 电阻、电容和电感的识别与检测训练

仔细观察电阻、电容和电感的特点,如颜色、标识、引脚等,并做简单检测,然后完成表 7.4。

表 7.4 电阻、电容和电感的识别与检测训练

序 号	1	2	3	4	5	6	7	8
名 称								
外 形								
颜 色								
标 称 值								
测 量 值								
引脚极性								
成 绩								
用 时			日期			指导教师签名		

2. 二极管、三极管和场效应管的识别与检测训练

仔细观察二极管、三极管和场效应管的特点,如颜色、标识、引脚等,并做简单检测,完成表 7.5。

表 7.5 二极管、三极管和场效应管的识别与检测训练

序 号	1	2	3	4	5	6	7	8
名 称								
外 形								

续表

序　号	1	2	3	4	5	6	7	8
封装方式								
颜　色								
标　识								
引脚数目								
引脚极性								
成　绩								
用　时		日期				指导教师签名		

3．稳压块、小外形封装、四方扁平封装和 BGA 封装集成块的识别训练

仔细观察稳压块、小外形封装、四方扁平封装和 BGA 封装集成块的特点（颜色、标识、引脚），完成表 7.6。

表 7.6　稳压块、小外形封装、四方扁平封装和 BGA 封装集成块识别训练

序　号	1	2	3	4	5	6	7	8
名　称								
封装方式								
颜　色								
标　识								
引脚数目								
第一引脚（或 A_1）的位置								
成　绩								
用　时		日期				指导教师签名		

4．VCO 组件（包括 13MHz、26MHz 和 19.5MHz 的 VCO）的识别与检测训练

仔细观察 VCO 组件（包括 13MHz、26MHz 和 19.5MHz 的 VCO）的特点（颜色、标识、引脚等），用仪器测量有关参数，完成表 7.7。

表 7.7　VCO 组件（包括 13MHz 的 VCO）的识别与检测训练

序　号	1	2	3	4	5	6	7	8
颜　色								
标　识								
引脚数目								
接地引脚电阻								
电源引脚电压								
控制端 1 波形								
控制端 2 波形								

续表

序　号	1	2	3	4	5	6	7	8
输出引脚波形								
成　绩								
用　时			日期			指导教师签名		

5．13MHz（26MHz 和 19.5MHz）晶体和实时时钟晶体的识别与检测训练

仔细观察 13MHz（26MHz 和 19.5MHz）的晶体和实时时钟晶体的颜色、标识、引脚，分别用示波器、频率计测量晶体频率，完成表 7.8。

表 7.8　13MHz（26MHz 和 19.5MHz）晶体和实时时钟晶体的识别与检测训练

序　号	1	2	3	4
颜　色				
标　识				
引脚数目				
频率计测晶体频率				
示波器测晶体频率波形				
成　绩				
用　时		日期	指导教师签名	

6．滤波器的识别训练

仔细观察双工滤波器、射频滤波器、中频滤波器及低频滤波器的特点，如颜色、标识、引脚等，完成表 7.9。

表 7.9　滤波器的识别训练

序　号	1	2	3	4	5	6	7	8
名　称								
颜　色								
标　识								
引脚数目								
各引脚的作用								
成　绩								
用　时			日期			指导教师签名		

7．功率放大器及定向耦合器的识别训练

仔细观察功放及定向耦合器的特点，如颜色、标识、引脚等，完成表 7.10。

表 7.10 功率放大器及定向耦合器的识别训练

序 号	1	2	3	4
名 称				
封装方式				
颜 色				
标 识				
引脚数目				
主要引脚的作用				
识别定向耦合器				
成 绩				
用 时		日期	指导教师签名	

8．送话器、受话器、振铃器及振子的识别与检测训练

仔细观察送话器、受话器、振铃器、振子的特点（颜色、标识、引脚等），完成表 7.11。

表 7.11 送话器、受话器、振铃器及振子的识别与检测训练

序 号	1	2	3	4
名 称				
外 形				
颜 色				
标 识				
引脚形状				
引脚与电路板的连接方式				
测量方法和结果				
成 绩				
用 时		日期	指导教师签名	

9．天线、微带线、磁控开关管、电池、SIM 卡及卡座、接插件、显示屏等的识别训练

关于这些元器件的识别训练，请指导教师随机安排。

7.4 数字手机电路元器件拆焊

正确使用工具，对元器件的拆装质量和拆装速度影响很大。

7.4.1 元器件拆焊工具

在实际维修中，常常使用防静电调温烙铁、热风拆焊台、BGA 焊接工具、超声波清洗器等维修工具。

1. 防静电调温专用电烙铁

数字手机电路板上组件小、分布密集，均采用贴片式。许多COMS器件，容易被静电击穿，因此在重焊或补焊过程中必须采用防静电调温专用电烙铁，其外形如图7.54所示。使用防静电调温专用电烙铁时应注意以下事项。

图7.54　防静电调温电烙铁

① 使用的防静电调温烙铁确定已经良好接地，这样可防止工具上的静电损坏数字手机上的精密元器件。

② 应该调整到合适的温度，不宜过低，也不宜过高。做不同的工作，如清除和焊接以及焊接大小不同的元器件时，应该调整烙铁的温度。

③ 准备电烙铁架和烙铁擦，及时清理烙铁头，防止因氧化物和碳化物损害烙铁头而导致焊接不良，定时给烙铁上锡。

④ 烙铁不用的时候，应当将温度旋至最低或关闭电源，防止因长时间空烧而损坏烙铁头。

⑤ 为了避免元器件拆装过程中丢失元器件，应备有盛放元器件的专用容器。

2. 热风枪

热风枪是用来拆卸QFP和BGA等集成块和片状元器件的专用工具。其特点是防静电，温度调节适中，不损坏元器件。热风枪外形如图7.55所示。使用热风枪时应注意以下事项。

① 温度、风量旋钮选择适中，根据不同集成组件的特点，选择不同的温度，以免温度过高损坏组件或风量过大吹丢小型元器件。

② 注意吹焊的距离适中，距离太远吹不下来元器件，距离太近又会损坏元器件。

③ 枪头不能集中于一点吹，以免吹鼓、吹裂元器件。按顺时针或逆时针的方向均匀转动手柄。

④ 不能用热风枪吹接插口的塑料件部位。

⑤ 不能用风枪吹灌胶集成块，以免损坏集成块或板线。

图7.55　850热风枪

⑥ 吹焊组件应熟练准确，以免多次吹焊损坏组件。

⑦ 吹焊完毕时，要及时关闭电源，以免持续高温而降低手柄的使用寿命。

⑧ 热风枪的喷嘴不可对人和设备，以免烫伤。

3. 植锡球工具

随着数字手机逐渐小型化及内部集成化程度的不断提高，近年来采用了BGA（Ball Grid Array，球栅阵列）封装技术。BGA技术与过去的QFP平面封装技术的不同之处，在于BGA封装方式下，芯片引脚不是分布在芯片的周围，而是在封装的底面。将封装外壳基板原四面引出的引脚变成以面阵布局的凸点引脚。这样就可以容纳更多的引脚，且可用较大的引脚间距代替QFP引脚间距，避免引脚距离过短而导致焊点互连。因此使用BGA封装方式，既可以使芯片在与 QFP 相同的封装尺寸下保持更大的封装容量,又可以使 I/O 引脚具有间距较大的特点。

(1) 植锡板

植锡板是为 BGA 封装的 IC 芯片植锡安装引脚的工具,如图 7.56 所示。使用植锡板的方法是将锡浆印到 IC 芯片上后,就把植锡板拿开,然后用热风枪将植锡点吹成球。这种方法的优点是操作简单,成球快。缺点是植锡时不能连植锡板一起用热风枪吹,否则植锡板会变形隆起,造成无法植锡。

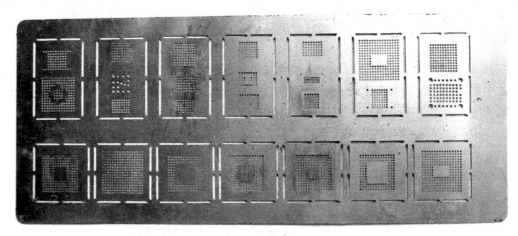

图 7.56 植锡板

(2) 锡浆和助焊剂

锡浆是用来做焊脚的,建议使用瓶装的进口锡浆。助焊剂对 IC 和 PCB 没有腐蚀性,因为其沸点仅稍高于焊锡的熔点,在焊接时焊锡熔化不久便开始沸腾吸热汽化,可使 IC 和 PCB 的温度保持在这个温度而不被烧坏。

(3) 清洗剂

使用天那水作为清洗剂,天那水对松香助焊膏等有极好的溶解性。长期使用天那水对人体是有害的,应注意防护。

4. BGA 芯片植锡操作

① 清洗:首先在 IC 表面加上适量的助焊膏,用电烙铁将 IC 上的残留焊锡去除,然后用天那水清洗干净。

② 固定:可以使用固定芯片的专用卡座,也可以采用双面胶将芯片粘贴在桌子上来固定。

③ 上锡:选择稍干的锡浆,用平口刀挑适量锡浆到植锡板上,用力往下刮,边刮边压,使锡浆均匀地填充于植锡板的小孔中,上锡过程中要注意压紧植锡板,不要让植锡板和芯片之间出现空隙,以免影响上锡效果。

④ 吹焊:将热风枪的风嘴去掉,将风量调大,温度调至 350℃左右,摇晃风嘴对着植锡板缓缓均匀加热,使锡浆慢慢熔化。当看见植锡板的个别小孔中已有锡球生成时,说明温度已经到位,这时应当抬高热风枪的风嘴,避免温度继续上升。过高的温度会使锡浆剧烈沸腾,造成植锡失败,严重的还会使 IC 过热损坏。

⑤ 调整：如果吹焊完毕后，发现有些锡球大小不均匀，甚至有个别脚没植上锡，可先用裁纸刀沿着植锡板的表面将过大锡球的露出部分削平，再用刮刀在锡球过小和缺脚的小孔中上满锡浆，然后用热风枪再吹一次。

5. BGA 芯片的定位

由于 BGA 芯片的引脚在芯片的下方，在焊接过程中不能直接看到，所以在焊接时要注意 BGA 芯片的定位。定位的方式包括画线定位法、贴纸定位法和目测定位法等。定位过程中要注意 IC 的边沿应对齐所画的线，同时用画线法时用力不要过大以免造成断路。

6. BGA 芯片焊接

BGA 芯片定位后，就可以焊接了。把热风枪的风嘴去掉，调节至合适的风量和温度，让风嘴的中央对准芯片的中央位置，缓慢加热。当看到 IC 往下沉且四周有助焊剂溢出时，说明锡球已和线路板上的焊点熔合在一起。这时可以轻轻晃动热风枪使加热均匀充分。由于表面张力的作用，BGA 芯片与线路板的焊点之间会自动对准定位。具体操作方法是用镊子轻轻推动 BGA 芯片，如果芯片可以自动复位，则说明芯片已经对准位置。注意在加热过程中，切勿用力按住 BGA 芯片，否则会使焊锡外溢，极易造成脱脚和短路，如图 7.57 所示是焊接示意图。

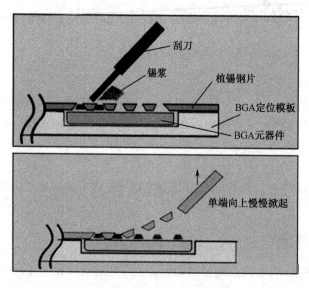

图 7.57 BGA 芯片焊接示意图

BGA 芯片焊接注意事项：风枪吹焊植锡球时，温度不宜过高，风量也不宜过大，否则锡球会被吹在一起，造成植锡失败，温度经验值不超过 300℃；刮抹锡膏要均匀，每次植锡完毕后，要用清洗液将植锡板清理干净，以便下次使用；植锡膏不用时要密封，以免干燥后无法使用；需要准备防静电吸锡笔或吸锡线，在拆卸集成电路或 BGA 集成电路时，将残留在上面的锡吸干净。

7. 维修平台

维修平台用于固定数字手机电路板。数字手机电路板上的元器件有集成块、屏蔽罩和 BGA 集成电路等，在拆卸时，需要固定电路板，否则拆卸组件极不方便。利用万用表检测电路时，也需要固定电路板，以便表笔准确触到被测点。维修平台上一侧是夹子，一侧是卡子，也有两侧都是卡子，卡子采用永久性磁体。可以在维修平台上任意移动被卡电路板的位置，这样便于拆卸电路板的元器件和检测电路板的正反面，如图 7.58 所示。

8. 超声波清洗器

超声波清洗器用来处理进液或被污物腐蚀的故障数字手机电路板，超声波清洗器的外形如图 7.59 所示。

图 7.58　维修平台

图 7.59　超声波清洗器

使用超声波清洗器时应注意，一般情况下容器内应放入酒精，因为其他清洗液易腐蚀清洗器。放入清洗液要适量。清洗故障机时，应先将进液的易损坏元器件摘下，如屏、送话器和听筒等，并适当选择清洗时间。

9. 带灯放大镜

带灯放大镜可为数字手机维修起照明作用，还可在放大镜下观察电路板上的元器件是否有虚焊、鼓包、变色和被腐蚀等现象，带灯放大镜外形如图 7.60 所示。

图 7.60　带灯放大镜

7.4.2　元器件拆焊实训

任课教师根据实际情况，指导学生拆焊数字手机元器件若干，具体种类、数量由任课教师确定，拆焊训练不少于 30 学时。

拆焊训练结束后，由任课教师根据学生的拆焊工艺给出评分（每种元器件拆 5 个，焊上 5 个，每个元器件采用 10 分制），并填表 7.12；同时，学生写出拆焊数字手机元器件的体会和技巧，不断总结数字手机元器件拆装的经验。

表 7.12 学生拆焊工艺评测表（每个元器件采用 10 分制）

成绩\序号\名称	1	2	3	4	5	6	7	8	9	10
电阻										
电容										
电感										
二极管										
三极管、场效应管										
稳压块										
SOP 封装芯片										
四方扁平封装芯片										
BGA 封装芯片										
VCO 组件										
晶体										
滤波器										
功放										
磁控开关										
接插件										
SIM 卡座										
显示屏软连接线										
测试人		用时				日期			指导教师	

7.5 数字手机关键点的波形测试

在数字手机的维修过程中，了解手机电路关键点的波形并掌握正确测量方法，对故障点的判断和排除起到事半功倍的效果。

7.5.1 波形测试工具

数字手机中很多关键测试点，用万用表很难确定信号是否正常，必须借助数字频率计、示波器和频谱分析仪进行测量。示波器和频谱分析仪是反映信号瞬变过程的仪器，它们能把信号波形变化直观地显示出来。数字手机中的脉冲供电信号、时钟信号、数据信号、系统控制信号、RXI/Q、TXI/Q 以及部分射频电路的信号等都能在示波器或频谱分析仪的显示屏上看到。通过将实测波形与图纸上的标准波形或平时观察的正常数字手机波形做比较，就可以为维修工作提供判断故障的依据。在此对数字手机波形测试中的主要测量仪器进行简单的说明。

1. 数字频率计简介

数字频率计的外形如图 7.61 所示,主要用于检测数字手机射频频率信号,如 13MHz、26MHz 和 19.5MHz 等晶体频率。其测量范围应达到 1000MHz,若考虑到测量数字双频手机的需要,测频范围应能达到 2GHz。数字频率计的主要按键使用情况介绍如下。

① 功能选择:设置测量频率、测量周期、测量频率比和自校等挡位。选择测量频率信道。

② 门控时间选择:有 10ms,100ms,1s,10s 等挡。闸门时间越长,测量越精确,但测量速度低,一般选 1s 挡。有的仪器在面板上设置了一个闸门时间指示灯,灯亮表示闸门开启,进入测量状态。

③ 输入信号倍乘选择:在主信道中设置一个键,以控制信号的幅度。

④ 复位控制:按下此键,数字频率计清零,数码管显示全为零,表示本次测量结束,下一次测量可以开始。

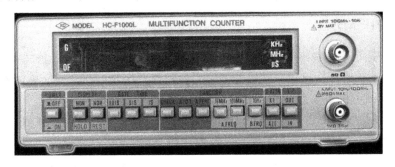

图 7.61　数字频率计

2. 示波器简介

示波器如图 7.62 所示,可用于观察信号的波形,测量信号的幅度、频率和周期等各种参数。

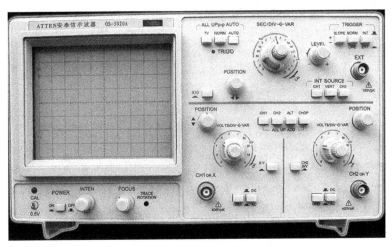

图 7.62　示波器

（1）示波器面板介绍

示波器的显示屏可以直接显示信号波形。幅度调节旋钮可以放大或缩小进入仪器的信号幅度。时间基准调节旋钮可以改变示波器的显示时间，若调到最低，会看到一个亮点慢慢地从左移到右；若调到最高，只能观察到信号波形的一部分。只有选择合适的时间基准，才能观察到信号的完整波形。信号的输入方式有 AC 和 DC 两种选择，AC 是交流输入方式，DC 是直流输入方式。

示波器的参数主要是频率测量范围，观察数字手机信号时常用的示波器频率为 20MHz 或 100MHz，可以观测射频部分的中频信号和晶体频率信号。高频段的示波器有 400MHz 或 1GHz 等，可用来观测数字手机射频信号。

（2）示波器使用注意事项

示波器使用时机壳必须接地，显示屏亮点的辉度要适中，被测波形的主要部分要移到显示屏中间。测量信号的频率应在示波器的量程内，否则会出现较大的测量误差。

3．频谱分析仪简介

频谱分析仪是数字手机维修过程中的一个重要维修仪器，主要用于测试手机的射频及晶体频率信号，使用频谱分析仪可以使维修数字手机的射频接收通路变得简单。这里以 AT5010 型频谱分析仪为例，说明频谱分析仪的使用方法。

AT5010 型频谱分析仪由安泰公司生产，如图 7.63 所示。其量程为 1 GHz，能测得 GSM 数字手机的射频接收信号。

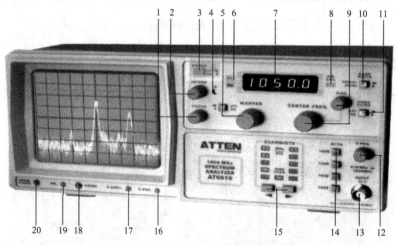

1—FOCUS（聚焦调节）；2—INTEN（亮度调节）；3—POWER ON/OFF（电源开关）；4—TR（光迹旋转调节）；5—MARKER ON/OFF（频标开关）；6—CF/MK（中心频率显示/频标频率显示）；7—DIGITAL DISPLAY（数字显示窗，显示的是中心频率或频标频率）；8—UNCAL（此灯亮表示显示的频谱幅度不准）；9—CENTER FREQUENCY（中心频率粗调、细调）；10—BAND WIDTH（带宽控制，压入 20kHz，弹出 400kHz）；11—VIDEO FILTER（视频滤波器，压入通，弹出断）；12—Y-POSITION INPUT（垂直位置调节）；13—INPUT（输入插座 BNC 型，50Ω电缆）；14—ATTN（衰减器，每级 10dB，共 4 级）；15—SCAN WIDTH（扫频宽度调节）；16—X-POS（水平位置调节）；17—X-AMPL（水平幅度调节）；18—PHONE（耳机插孔）；19—VOL（耳机音量调节）；20—PROBE POWER（探头开关）

图 7.63　AT5010 型频谱分析仪

（1）频谱分析仪的使用方法及注意事项

将频谱分析仪的扫频宽度置于 100MHz/DIV，调节输入衰减器和频带宽度，使被测信号的频谱显示于屏上；调垂直位置旋钮，使谱线基线位于最下面的刻度线处，调衰减器使谱线的垂直幅度不超过 7 格；接通频标，移动频标至被读谱线中心，此时显示窗的频率即为该谱线的频率。关掉频标，读出该谱线高出基线的格数，高出基线一个大格对应为 10dB。可得到该处谱线频率分量的幅度电平计算方法为

$$幅度 dB 数 = -107 + 高出基线格数 \times 10 + 衰减器分贝$$

如某谱线高出基线两个大格，衰减器分贝为 10dB，则谱线该频率分量的幅度为

$$-107 + 2 \times 10 + 10 = -77dB$$

当 UNCAL 灯亮时，读出的幅度是不准确的，应调整带宽至 UNCAL 灯灭，再读幅度。缩小扫描宽度（SCANWIDTH）可使谱线展宽，有助于谱线中心频率的准确读取。若只是定性观察，可不必读取谱线的垂直度。

频谱分析仪最灵敏的部件是其输入级，由信号衰减器和第一混频级组成，在无输入衰减时，输入端电压不得超过+10dBm（0.7Vrms）/AC 或 25V/DC。在最大输入衰减（40dB）时，交流电压不得超过+20dBm。若输入电压超过上述范围，就会造成输入衰减器和第一变频器的损坏。

（2）使用方法举例

以测量数字手机 71MHz 中频信号为例。首先可以调整频谱分析仪扫描频率，将其扫描频率调整到 71MHz，同时将频谱分析仪的扫描带宽设置为 0.2μs，然后使用探头来测量数字手机的 71MHz 中频信号。在测量过程中可以通过调节光标旋钮将信号波形的中心位置调整到光标位置，这时可以读出数字手机信号的实际频率，同时通过数字手机的信号幅度可以读取数字手机信号的功率。

7.5.2 波形测试介绍

1. 13MHz 时钟和 32.768kHz 时钟信号波形

数字手机基准时钟振荡电路产生的 13MHz 时钟，一是为数字手机逻辑电路提供工作必要条件，二是为频率合成电路提供基准时钟。当无 13MHz 基准时钟时，数字手机将不会开机。13MHz 基准时钟偏离正常值，数字手机将不入网，因此维修时测试该信号十分重要。13MHz 基准时钟波形为正弦波，如图 7.64 所示。

数字手机中的 32.768kHz 实时时钟信号也可方便地用示波器进行测量，波形也为正弦波。13MHz 时钟和 32.768kHz 时钟信号频率也常用数字频率计进行测量。

2. TXVCO 控制信号波形

发射变频电路中，TXVCO 输出信号一路送功率放大电路，另一路与 RXVCO 信号进行混频，得到发射参考中频信号。在维修不入网和无发射故障的数字手机时，需要经常测量发射 VCO 的控制信号，以确定故障范围。用示波器测试该波形时，要拨打"112"以启动发射电路。正常情况下，其波形为一脉冲信号，如图 7.65 所示。

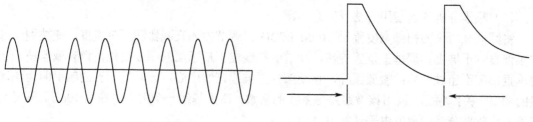

图 7.64　13MHz 基准时钟波形　　　　　图 7.65　TXVCO 控制信号波形

3. RXI/Q，TXI/Q 信号波形

维修不入网的故障手机时，通过测量接收机解调电路输出的接收 RXI/Q 信号，可快速判断出是射频接收电路故障还是基带单元故障。RXI/Q 信号波形酷似脉冲波，用示波器可方便地测量。真正的接收信号在脉冲波的顶部，若能看到该信号，则解调电路之前的电路基本没问题。

发射调制信号 TXMOD 一般有 4 个，也就是常说到的 TXI/Q 信号，TXI/Q 波形与 RXI/Q 类似。

使用普通的模拟示波器测量 TXI/Q 信号时，将示波器的时基开关旋转到最长时间，拨打"112"，如果能打通"112"，就可以看到一个光点从左向右移动；如果不能打通"112"，波形一闪就不再来了。

4. RXON，TXON 信号波形

RXON 是接收启闭信号，TXON 是发射启闭信号，如果 RXON，TXON 信号测不出来，说明数字手机的软件或 CPU 有问题；如果 RXON 或 TXON 信号可以瞬间测出来，数字手机仍不正常，说明故障已缩小到了接收机或发射机范围。TXON 波形如图 7.66 所示。

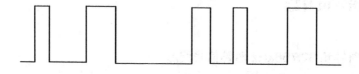

图 7.66　TXON 波形

5. SYNDAT，SYNCLK 和 SYNEN（SYNON）信号波形

CPU 通过"三条线"（CPU 输出的频率合成器数据 SYNDAT、时钟 SYNCLK 和使能 SYNEN 信号）对锁相环发出改变频率的指令，在这三条线的控制下，锁相环输出的控制电压就改变了，这个已变大或变小了的电压去控制压控振荡器的变容二极管，就可以改变压控振荡器的频率。正常波形如图 7.67 所示。

6. SIM 卡信号波形

维修不识卡故障时，通过测卡数据 SIMDAT、卡时钟 SIMCLK 和卡复位 SIMRST 信号可快速地确定故障点。卡数据 SIMDAT 信号波形如图 7.68 所示。卡时钟 SIMCLK 信号波形和

卡复位 SIMRST 信号波形类似,如图 7.69 所示,均为脉冲信号。SIM 卡电路供电电压 SIMVCC 信号波形如图 7.70 所示。

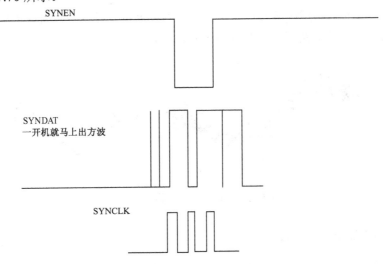

图 7.67　SYNDAT,SYNCLK 和 SYNEN 信号波形

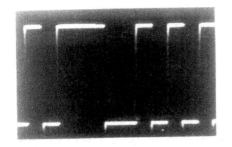

图 7.68　卡数据 SIMDAT 信号波形

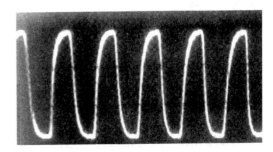

图 7.69　卡时钟 SIMCLK 信号波形

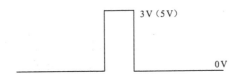

图 7.70　SIMVCC 信号波形

7. 显示数据 SDATA 和时钟 SCLK 信号波形

若 CPU 输出显示数据 SDATA 和显示时钟 SCLK 不正常,数字手机就不能正常显示。数字手机开机后就可以测到该波形,SDATA 的正常波形如图 7.71 所示。

图 7.71　显示数据 SDATA 正常波形

8. 话筒、振铃器两端的信号波形

数字手机在受话时，用示波器可以在受话器两端测得音频信号，如图 7.72 所示。当然数字手机在振铃时，振铃器两端也应有音频信号出现。

图 7.72　受话器两端测得的音频信号

9. 照明灯电路驱动信号波形

由发光二极管组成的键盘灯电路，其驱动信号波形如图 7.73 所示。背景灯点亮控制信号波形如图 7.74 所示。

图 7.73　键盘灯电路驱动信号波形　　　　图 7.74　背景灯点亮控制信号波形

由"电致发光板"构成的照明灯电路，需要的驱动电压较高，如爱立信 T28 数字手机采用了 170V 峰峰值的双向三角波，驱动电压波形如图 7.75 所示。

10. 脉宽调制（PWM）信号波形

脉宽调制信号的特点是波形一般为矩形波。脉宽占空比不同时，经外电路滤波得到的电压也不同，此信号也能方便地用示波器测出。波形如图 7.76 所示。

图 7.75　"电致发光板"驱动电压波形　　　　图 7.76　脉宽调制信号波形

7.5.3　波形测试实训

指导教师选择一款机型，让学生用示波器、数字频率计或频谱分析仪等，对数字手机关键测试点进行测量，并完成表 7.13。对一些测试点测量时，需要启动相应的电路。

表 7.13 数字手机常见波形测试训练

测 试 人		日 期		成 绩	
数字手机型号		用 时		指导教师签名	
测试点名称	使用仪器	旋钮位置		显示波形图	波形分析
13MHz 时钟信号					
32.768kHz 时钟信号					
TXVCO 控制信号					
RXI/Q 信号					
TXI/Q 信号					
RXON 信号					
TXON 信号					
SYNDAT 信号					
SIMCLK 信号					
SDATA 信号					
受话器两端音频信号					
背景灯点亮控制信号					

7.6 数字手机指令秘诀的使用

所谓数字手机指令秘诀，就是利用数字手机本身的键盘，输入操作指令，不需要任何检修仪就能对数字手机功能进行测试及程序设定。

7.6.1 使用方法

通过使用数字手机指令秘诀，可以既简单又方便地解决某些软件故障和由设置错误引起的故障，所以此法可称为维修软件故障的"秘诀"。数字手机型号不同，此法操作有所不同，以下简单介绍几种常用手机的秘诀使用方法。

1．诺基亚手机秘诀使用方法

输入"＊#06#"，可显示 15 位数字的数字手机串号，它是数字手机的"机身号"，即 IMEI。
输入"＊#92702689#"，显示内容如下：①SerialNO（序列号），即 IMEI 产地码；②Made（数字手机制造日期）；③Purchasing date（购买日期），可自行输入购买日期（前面是月份，后面是年份，此选项一旦输入，则无法再更改。如果用户在购买数字手机时通过此秘诀发现此项有记录，那么这部手机一定是旧的；④Repaired（修理日期）；⑤Transfer User data（更改使用者日期）。

输入"*3370#"激活 EFR 模式（全速增强型编码模式，可以改善话音质量，但会增加耗电量）；输入"#3370#"关闭 EFR 模式；输入"*4720#"激活 HR（半速）模式，在此模式下，虽然话音质量变低，但能延长电池使用时间 30%左右；输入"#4720#"关闭 HR（半速）模式；输入"＃pw+1234567890+1#"查询是否锁国码；输入"#pw+1234567890+2#"查询是否锁网络码；输入"#pw+1234567890+3#"查询是否锁网络提供者锁定的码；输入"#pw+1234567890+4#"，查询是否锁 SIM 卡。

输入秘诀前，首先应找出设定数字手机时要使用的几个键。其中连续按"*"键二次即出现"+"；连续按"*"键三次即出现"p"；连续按"*"键四次即出现"w"。然后就可以顺序输入相应组合键。

在诺基亚数字手机上输入"*#0000#"，会显示几行内容：第一行是软件版本，第二行是软件发布日期，第三行是数字手机型号。

诺基亚系列 GSM 数字手机解 SIM 卡锁指令是在键盘上输入"*#746025625#"，数字手机显示"SIMCLOCK STOP ALLOWED"或"SIM CIOCK，STOP NOTALLOWED"，显示内容取决于所使用的 SIM 卡。

2. 摩托罗拉手机秘诀使用方法

输入"*#06#"可显示 IMEI（不包括 6200，7500，8200）。对于摩托罗拉系列数字手机，如开机出现"输入开机密码"，当输入原设定密码"1234"不能解密时，可尝试以下办法：当屏幕出现"输入开机密码"时，按菜单键，再按 OK 键，输入"000000"，此时，开机密码就会直接显示在显示屏上。

摩托罗拉 V680 型 CDMA 数字手机解锁指令是在键盘输入"25*#"，再按录音键两次并输入"071082"，进入"Test mode"，再进入"COMMON"，向下选"lnutialize carrier"，找编辑提示，复位选"是"，重新开机即可。

摩托罗拉 V730 型 CDMA 数字手机解锁指令是在键盘输入"25*#"，再按录音键三次，输入"071082"，出现菜单后选"data port"进入子菜单，选第二项"Vodiagusbds"后自动复位，密码变为原始密码，重新开机即可。

摩托罗拉公司有一种特殊的数字手机测试卡，能够胜任摩托罗拉数字手机人工测试工作。使用时可参考其使用说明书，但是摩托罗拉测试卡不适用于摩托罗拉 T2688 数字手机，T2688 数字手机可通过键盘输入指令来测试，主要指令是输入"*#300#"后按确认键，可查看手机版本号及生产日期；输入"*#301#"后按确认键，会出现相应菜单，用于背光灯、键盘、振子、振铃和告警测试。例如，当数字手机调至该菜单的振铃项目时，按确认键，数字手机振铃会响个不停，便于维修。

另外，T2688 数字手机还可通过键盘进行解锁，只要输入"19980722"即可显示"输入密码正确"，之后跳过话机锁自动运行使用状态，但每次开机必须重新输入该指令。因为它只支持当前的解锁，无法实现手机的全复位。

3. 爱立信 388，768，788，T18 手机秘诀使用方法

输入"*#06#"显示 IMEI；输入">*<<*<*"检查软件版本号；输入"0#"显示最后拨叫的号码（可按 YES 键重拨）；输入"<**<"设置手机只能使用当前 SIM 卡（请小心使用）；输入">*YES"查看全部屏幕提示信息；输入"*#0000#"将系统语言重设为英语。

4. 三星数字手机秘诀使用方法

输入"*#0228#"显示电池容量和温度；输入"*#9998*228#"显示电池参数，如类型、电压、温度；输入"*#06#"显示 IMEI；"*#2767*3855#"或"*2767*2878#"是码片复位指令，可用于三星数字手机的解锁，开机后不必插卡，再输入以上密码，按确认键，则显示码片已复位，之后关机，再将电池取下，重装电池开机即可。该指令常用于三星旧版数字手机解锁，从字库中取出程序重置 EEPROM 为出厂值（该指令对三星 800 数字手机切勿乱用，否则会出现不认卡故障）；"*2767*2878#"码片复位指令，也可解决无液晶显示故障；"*#2767*7377#"为三星新版手机的解锁密码；输入"*#9999#"或"*#0837#"显示软件版本。

三星 600 新旧版判断方法：输入"*#0001#"，出现"印"为旧版，其他为新版。以上秘诀适用于三星 600、三星 A100、三星 A188 等数字手机，但不适用于三星 800、三星 2200、三星 2400 数字手机。

三星 800 数字手机调整对比度的指令是输入"*#9998*523#"，然后按左右键进行调整。

5. 西门子数字手机秘诀使用方法

① 西门子 C2588。输入"*#06#"显示 IMEI；输入"*#06#"再按左功能键，可查看软件的版本（不插卡）；输入"*#9999#"恢复为原厂设定；输入"*#0000#"设定语言为自动选择（英文）；输入"*#0086#"设定语言为繁体中文。

② 西门子 S2588。输入"*#06#"可查看 IMEI；输入"*#06#"再按左功能键，可查看软件的版本（不插卡）；输入"*#0000#"再拨号，改成默认语言显示；输入"*#0001#"再拨号，改成英文显示。

6. 松下数字手机秘诀使用方法

松下 600，520 数字手机话机锁跳过方法：数字手机开机后，输入"112"，按发射键→正在紧急通话→已通话，立刻按关机键→输入"*#06#"→按 C 键。

7. 飞利浦数字手机秘诀使用方法

输入"*#06#"显示 IMEI；输入"*#7489*#"显示和更改数字手机的保密码。

8. 阿尔卡特数字手机秘诀使用方法

阿尔卡特 0T221，220，500，700 型 GSM 数字手机解锁指令是键盘输入"25228352"；OT301，302 型 GSM 数字手机解锁指令是键盘输入"83227423"；阿尔卡特系列数字手机恢复出厂设置指令是键盘输入"###847#"。

9. NEC 数字手机秘诀使用方法

NEC988 型 GSM 数字手机解锁指令是键盘输入"19980722"；DB2000，2100 型 GSM 数字手机解锁指令是键盘输入"82764016"。

10．东信数字手机秘诀使用方法

东信 EX280 型 CDMA 数字手机升级版只认一张卡锁指令，输入"*1234567890#"即可；东信 EX280 型 CDMA 数字手机解话机锁，输入"1215"即可；东信 GSM 数字手机解锁，输入"*#1001#"即可；查看东信 EG760C 型 GSM 数字手机版本，在键盘上同时按开机键和"#"键；东信 EX200 型 CDMA 数字手机解锁，拨打"112"，接通后反复输入"8088"，经 20s 左右按下关机键，然后长按住"#"键就能解开了，最后输入"**321456987##000000"，选择两次"确定"项就可看到密码。

11．康佳数字手机秘诀使用方法

康佳 KC88 型 CDMA 数字手机只认一机一卡解锁指令，在键盘上按功能键并输入"0070571"即可；解话机锁（初始密码为"0000"），输入"*5238*#2002#"即可；康佳 K3118，3118+型 GSM 数字手机解锁，不插卡开机，输入"##1001#"，然后在插卡开机后输入新的保密码"0000"即可；只识别一张 SIM 卡解锁，输入"94726501#"即可；康佳 K3238，7388 型 GSM 数字手机解锁不插卡开机，输入"19980722"，然后再插卡开机后输入新的保密码"1234"即可；康佳 K7388 型手机电池电量测试指令为"#400#"；康佳 3268 型 GSM 数字手机解锁，不插卡开机，输入"#0000#"，然后插卡开机后再输入新的保密码"1234"即可；康佳 K5218，5218+，5219，7368，7899 型 GSM 数字手机解锁，不插卡开机，在键盘上输入"#8879576"，然后在插卡开机之后，输入新的保密码"1234"即可；康佳 K5238 型 GSM 数字手机解锁，输入"*5238*#"或"2002#"即可。

12．海尔数字手机秘诀使用方法

海尔 1000，2000 型 CDMA 数字手机解锁，输入"2327"即可；海尔 H79，H8018 型 GSM 数字手机解话机锁，不插卡输入"##1001#"，在显示"SIM 卡重置"时，再插卡，进入菜单功能，关闭 SIM 卡锁即可；海尔 H6988，H8088 型 GSM 数字手机解锁，输入万能码"19980722"即可；海尔 N6988 型数字手机液晶显示暗淡，但其他功能正常，采用对比度调整指令，输入"*#402#"，重调对比度即可；海尔 K3000，TZ3000 型 GSM 数字手机解锁，不插卡输入万能码"#8879576#"或"#8879501#"（新版软件）即可；海尔 T80000，P5 型 GSM 数字手机解锁，不插卡输入万能码"#8879501#"即可；海尔 Y2000 型 GSM 数字手机解锁，输入"*2850#"，数字手机将进入测试模式，选择"出厂设置"选项，按左方向键确认，密码将恢复成"0000"；海尔 T9000 型 GSM 数字手机解锁，输入"#7233"（发射），使密码恢复为"0000"；海尔 HC1000/2000 型 GSM 数字手机解锁，输入万能密码"2327"即可；海尔地文星型 GSM 数字手机解锁，输入万能密码"2327"即可；海尔运天星 2000 型 GSM 数字手机解锁，输入"*2580#"进入测试模式，选择恢复出厂设置即可。

13．南方高科数字手机秘诀使用方法

南方高科 CDMA 数字手机解锁，插卡后输入"#5626*"可以看到密码，再输入密码即可；南方高科 Hi 系列通用解锁指令，在显示话机锁时按 SOS 键，再输入"4268#"，然后长按"*"键，密码就显示出来了。

14．海信数字手机秘诀使用方法

海信 C520 型 CDMA 数字手机解锁，输入"##8462#**"，再按开机键，输入"*456819375#"选 1 即可；海信 C2198 型 CDMA 数字手机解锁，输入"*465819375#"，提示输入密码时，输入"*465819375#"，提示是否解锁，选 1 即可。

15．波导数字手机秘诀使用方法

波导 8XX/9XX 系列 GSM 数字手机解话机锁，输入"*#"和串号（IMEI）的第 7～14 位数字（万能密码）即可；解 SIM 卡锁，输入串号（IMEI）的第 7～14 位数字（万能密码）即可；波导 S1000，999D，720 型 GSM 数字手机解锁，开机输入"24681357"即可，如果死机，再输入"24681257"即可。波导 8180 型/GiYaQl688/Q1699 型 GSM 数字手机测试指令，输入"*#369#"后会出现如下 8 项测试内容：①调整对比度；②软件版本；③背景照明；④蜂鸣器；⑤振动装置；⑥键盘；⑦扬声器音量 0～13 级；⑧RTC 状态。

波导 S502 型 GSM 数字手机解锁，输入"12345678"即可；波导 S1500 型 GSM 数字手机解锁，输入"19980722"即可；波导 V08 型 GSM 数字手机解锁，按 SOS 键，输入"4268#"，再长按"*"键，就可以读密码。

波导 V09 型 GSM 数字手机解锁，对首批 1.00 和 5.00 版本，取下 SIM 卡开机，输入"753"进入工程模式，恢复出厂设置，装回卡开机，密码自动恢复到"0000"。

16．斯达康数字手机秘诀使用方法

斯达康 UT718U，U718+型小灵通，关机后同时按"*"键、"5"键、"#"键开机，进入测试模式。进入测试模式后按"1"键可以测试以下项目：①显示串号；②背景灯及闪烁灯测试（1 为开，2 为关）；③测试铃声（1 为开，2 为关，上、下键为音量调节）；④测试振动；⑤测试键盘；⑥测试受话；⑦回声测试（送话测试）。按"2"键进入"安全模式"，此时除不能显示待机图片外，其他功能一切正常。

斯达康 UT702—S331 型小灵通手机进入测试模式，同时按下"*"键和"#"键，然后插入电池，等待 3s 后，开机屏幕显示 PSID 码，此时手机进入测试。采用该方法进入测试状态，只能对某些参数进行测试，通常只用于手机读写码。进入测试模式后，按"1"键进入测试已调信号连续发射；按"2"键进入测试未调信号连续发射；按"3"键进入测试已调信号间隙发射；按"4"键进入测试连续接收；按"5"键进入测试间隙接收；按"6"键进入测试 RSSI 调整；按"7"键进入简单通信测试；按"8"键进入环路通信测试；按"9"键进入测试 I/Q 交织调整；按"0"键进入测试回到初始状态；按 HOLD 键进入测试信道/时隙/输出调整；按 SEND 键进入测试充电功能；按 TEL 键进入测试 LED；按 MODER 键进入测试语言回路；按 EDIAL 键进入测试录音/回放；按"*"键进入测试铃音（提高），按"#"键进入测试铃音（降低）；按 SPEAKER 键进入测试 LCD 对比度调整（通过侧键调整）。

17．其他数字手机秘诀使用方法

① 厦华 998D 型 GSM 数字手机解话机锁，输入"19980722"即可。

② 熊猫 958 型 GSM 数字手机复位和解锁，取下 SIM 卡开机，输入"0718"，然后长按

"#"键,选择"FAC TORRESTING"即可。

③ 华厦一号 2332 型 GSM 数字手机解锁,输入"19980722"即可。

④ 中兴 8188 型 CDMA 数字手机解锁,插卡后输入"#5626*"可以看到密码,再输入密码即可。

⑤ 台湾明基 V750A 或 V775 型 GSM 数字手机解锁,输入"19980722"即可。

以上仅列出了部分数字手机的部分指令秘诀,实际中应注意收集数字手机的指令秘诀,并恰当地使用它们。

7.6.2 数字手机指令秘诀使用实训

指导教师选择几款机型,指导学生使用手机指令秘诀对手机进行操作,并填表 7.14。由指导教师对学生每款机型的操作给出成绩。

表 7.14 数字手机指令秘诀使用训练评测

机型 \ 序号	秘诀使用 1(写出所用秘诀)	秘诀使用 2(写出所用秘诀)	秘诀使用 3(写出所用秘诀)	秘诀使用 4(写出所用秘诀)	秘诀使用 5(写出所用秘诀)	成绩
机型 1						
机型 2						
机型 3						
机型 4						
机型 5						
测试人		用时		日期		指导教师签名

7.7 摩托罗拉维修卡的使用

摩托罗拉系列免拆机检修故障可使用维修卡,摩托罗拉有多种 GSM 数字手机维修卡(测试卡)、转移卡和覆盖卡等,如摩托罗拉三合一测试卡、六合一测试卡、八合一测试卡等。

7.7.1 使用方法

用 GSM 数字手机维修卡可对手机的状态进行测试,对故障可以直接进行维修是摩托罗拉品牌手机的设计特点。这种测试不需要拆机和使用其他仪器,但是要求数字手机加电能开机,这样才能正常使用维修卡。

1. 摩托罗拉测试卡

摩托罗拉公司有一种特殊的 SIM 卡,外形跟普通的 SIM 卡一模一样,能胜任摩托罗拉系列 GSM 数字手机的人工测试工作,一般卡的颜色为白色,上面有很大的"Motorola Test Card"字样及相应的 SN 编号。所谓人工测试,就是通过测试卡,让数字手机进入测试状态,按维修人员的指令安排进行工作。

在测试状态下，数字手机接收维修人员从键盘上输入的代码，并把代码"翻译"成数字手机能执行的命令，数字手机就会执行与代码相对应的程序，如频率合成器调谐到指定的信道，发射机开启，调整发射机的功率等级，显示屏全部像素同时显示等，以便于维修人员判断数字手机的功能是否正常。如果有些功能经测试后发现不正常，就能判断是相应的电路或程序出了问题。所以用测试卡做摩托罗拉数字手机的人工测试，是一种重要的维修手段。需要注意的是，测试卡只适用于对摩托罗拉 GSM 数字手机进行测试。测试卡的主要功能有（以三合一测试卡为例）如下 5 项。

（1）进入测试状态

将测试卡插入数字手机，按开机键开机，迅速按"#"键直至 LCD 显示屏出现"Test"，表示数字手机进入人工测试状态，如图 7.77 所示。

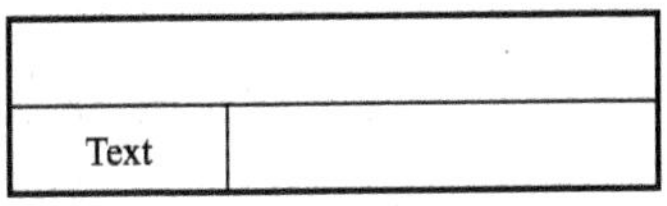

Text	

图 7.77　测试对话框

（2）退出测试状态

输入"01#"，数字手机将退出人工测试状态。

（3）重要测试指令

① 解锁，输入"59#"，显示的就是锁机码，如"1234"；想改为"8888"，则输入"598888#"。

② 不知道 PIN 码引起不能进行其他操作，输入"58#"显示的就是安全码，如"900000"；想改为"123456"，则输入"58123456#"。

③ 输入"57#"恢复出厂状态，它是常用指令，可以解除许多故障，例如"328"只能接听不能打电话，或者听筒无声等设置功能紊乱引起的一系列故障。

④ 集成电路版本测试，输入"19#"，显示 CPU 的版本号；输入"20#"，显示调制解调器的版本号；输入"21#"，显示中文字库存储器的版本号；输入"22#"，显示语音 IC 版本号。

⑤ I/O 通路测试，输入"99#"，LCD 显示屏能全显示，否则 LCD 损坏或驱动电路出故障；输入"45XXX#"，XXX 为 001～124，显示的是信号强度。

⑥ 音频处理部分测试，依次输入"36#"，"434#"，"477#"，对着话筒讲话，隔 1s 后听到自己的声音不失真，则音频处理通路基本是正常的。输入"470#"，声音变小则电位器正常。输入"37#"退出音频测试。

⑦ 振铃电路测试，输入"15XX#"，XX 为 43～63，可听到各种响声；若想改变声音大小，可输入"47X#"，X 为 0～7，7 为最大。

⑧ 发射机测试，输入"11XXX#"设置信道，XXX 为 001～124；输入"12XX#"设置功率等级，XX 为 01～15，一般到 10 级时太大，可能损坏功放电路；输入"31X#"开启发射机，X 为 0～7。发射机测试时可用收音机、电话机听，应有"嗒嗒嗒"和"滋滋滋"的声音，若无声音则为不正常；用示波器也可测到不同的波形。

（4）故障代码

在测试状态下，通过输入"7100#"可对逻辑部分进行测试，会显示出故障代码，代码的含义如表 7.15 所示。

表 7.15　测试时显示的故障代码含义

显　　示	含　　义
00	软件故障

续表

显示	含义
01	正常
02	检查 RAM
03	调换调制解调器
04	检查数字信号处理电路
05	调换话音编码器,做主清除,输入"57#"
06	软件故障
07	重写码片或用转移卡做一次数据转入
08	正常

(5) 测试指令列表

测试指令列表如表 7.16 所示。

表 7.16 测试指令列表

指令	功能	指令	功能
#(按住 3s)	进入手工测试模式	47X#	设置音量
01#	退出手工测试模式	490#	读取电池数据
02XX#	显示发射功率等级的 DA 值	51#	启动侧音
02XXYY#	修改发射功率电平 DA 值及装载 DA 标准表	52#	停止侧音
03X#	DAI	57#	主清除,即恢复出厂状态,此时手机内存的号码等会被擦除
05X#	启动 EXEC 错误处理程序测试	58#	显示保密码
07#	关闭接收音频通路	58XXXXXX#	修改保密码
08#	开启接收音频通路	59#	显示解锁码
09#	关闭发射音频通路	59XXXX#	修改解锁码
10#	开启发射音频通路	60#	显示机身号(IMEI)
11XXX#	设信道号	61#	显示位置区识别码(LAI)的移动国家码(MCC),如中国为 460
12XX#	设置发射功率等级	61XXX#	修改位置区识别码(LAI)的移动国家码(MCC)
13X#	显示存储使用法	62#	显示位置区识别码(LAI)的移动网号(MNC),如中国联通为 01
14X#	启动内存不足条件	62XX#	修改 LAI 的 MNC
15XX#	产生音调	63#	显示位置区识别码(LAI)的位置区号码(LAC),位置区是发起呼叫范围
156X#	振动测试	63XXXX X#	修改位置区识别码(LAI)的位置区号码(LAC)
16#	关闭音调发生器	64#	显示局部更新状态

续表

指令	功能	指令	功能
19#	显示处理器的软件（S/W）版本号	64X#	修改局部更新状态
21#	显示中文字库存储器的版本号	65#	显示 IMSI
20#	显示调制解调器的软件（S/W）版本号	66XYYY#	显示/修改临时移动用户号（TMSI）
22#	显示语音编码器的软件（S/W）版本号	67#	将陆地公用移动网（PLMN）选择器置零
24X#	设置 25dBm 步进自动增益控制器（AGC）值	68#	消除陆地公用移动网（PLMN）禁止使用表
25XXX#	设置连续自动增益控制器（AGC）值	69#	显示密码键顺序号
26XXXX#	设置连续自动频率控制器（AFC）值	69X#	修改密码键顺序号
31X#	启动随机序列（设定发射机时隙），X 为 0～7	70XX#	显示广播信道（BCH）分配表
32X#	启动随机接入脉冲序列	70XXYYY#	修改广播信道（BCH）分配表
33XXX#	XXX：ARFCN 与广播信道（BCH）载波同步	71XX#	显示内部信息
36#	启动音频回路	72XX#	显示 PassiveFad 码，维修时有信号则有数字
37#	停止此前的测试	73X#	显示电子自动记录器控制框
38#	启动 SIM	73XYYY#	修改电子自动记录器控制框
39#	停止 SIM	7536778#	开始向快闪存储器转换
40#	开始全"1"发射	88#	机内年、月、日时间显示
41#	开始全"0"发射	980#	DCS 模式（双频指令）
42#	停止回声处理	981#	GSM 模式（双频指令）
43X#	变化音频路径		
45XXX#	读取 XXX 信道的信号强度		
46#	显示自动频率控制器（AFC）当前值		

实际应用时，请参看相应的测试卡使用说明。

2．摩托罗拉转移卡

摩托罗拉转移卡是摩托罗拉公司的另一种 SIM 卡形式的维修卡，可以将正常数字手机中的资料"读"出来，然后再"写"入故障数字手机，把故障机中不正确的资料改写成正确的资料。其使用方法如下。

① 找一台与故障数字手机同型号的正常数字手机，将转移卡插入正常数字手机后开机，显示"CLONE"后，输入"021#"读取第一组数据。正确读取数据后，数字手机显示"CLONE"，然后关机，取出转移卡。

② 将转移卡插入故障数字手机后开机，显示"CLONE"后输入"03#"，将第一组正常资料"写"入故障数字手机。手机显示"CLONE"后关机，取出转移卡。

③ 再将转移卡插入正常数字手机后开机，显示"CLONE"后输入"022#"，传送第二组

数据，正确读取数据后，数字手机显示"CLONE"后关机，取出转移卡。

④ 再将转移卡插入故障数字手机并开机，显示"CLONE"后，再输入"03#"，将第二组正常资料"写"入故障手机。数字手机显示"CLONE"后关机，取出转移卡。转移卡一次只能转移其中一部分资料，要反复转移几次，直到转移完毕。实际应用时，请参看相应的转移卡使用说明。

3．摩托罗拉覆盖卡

覆盖卡内部包含 10 种以上摩托罗拉数字手机的软件资料，可以直接"写入"故障数字手机。具体应用参见相应的使用说明书。

摩托罗拉 GSM 数字手机维修卡有不同的版本，可完成的功能也有所区别。

7.7.2 使用实训

1．摩托罗拉测试卡使用训练

教师根据实际情况确定摩托罗拉维修卡和摩托罗拉数字手机的数量和种类，指导学生按照相应的测试卡使用说明进行操作，并完成表 7.17。

表 7.17 摩托罗拉测试卡使用训练

序　号	1	2	3	4	5	6	7	8	9	10
输入的指令										
LCD 显示的内容										
LCD 显示的含义										
测试人			用时		日期		教师签名		成绩	

2．摩托罗拉转移卡使用训练

以某一款摩托罗拉数字手机为例，练习把正常数字手机的软件资料转移到故障数字手机中，并详细写出转移卡使用方法。

3．摩托罗拉覆盖卡使用训练

以某一款摩托罗拉数字手机为例，练习把覆盖卡内的软件资料覆盖到故障数字手机中，并详细写出覆盖卡使用方法。

7.8 数字手机免拆机软件维修仪的使用

数字手机软件发生了故障，必须采用软件维修仪重新对数字手机软件进行编程，输入新的数据。可利用配电脑免拆机软件维修仪，通过数字手机的传输线将程序写入数字手机中。这种方法操作简单，使用方便，功能齐全，而且可不断自身升级。

7.8.1 使用方法

常见软件维修仪有 NET—2000、精彩 2000、天尔软件通、天仙配、升级宝典等，这里以天尔软件通为例详细介绍有关内容，如图 7.78 所示为其外形，如图 7.79 所示为主机后板连接口。

图 7.78　天尔软件通外形

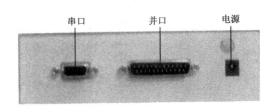

图 7.79　主机后板连接口

1. 硬、软件安装及功能简介

（1）硬件介绍

主机一台，计算机一台，天尔软件通安装光盘一张，9V 稳压器一个，各类数字手机传输线若干，计算机串行及并行数据线各一条，操作说明书等。

当使用计算机并行数据线连接主机时，数字手机接主机前板左边两个输出口。当使用串行数据线连接主机时，数字手机接主机前板右边两个输出口。主机前板最左边为电源开关和电源指示灯，前板最右边两个开关 S1，S2 为功能转换开关。

（2）软件安装

将维修软件安装光盘放进计算机（采用 Windows 操作系统）光驱，双击"setup"图标进行程序安装，安装结束后，计算机桌面将生成软件通快捷方式。

（3）主要功能简介

① 修改 GSM 数字手机开机画面和铃声，使手机个性化。
② 可使 GSM 数字手机进入测试状态，进行 RF 参数调整、键盘测试等，方便维修。
③ 适用于多种数字手机修复软件和升级软件。
④ 将正常的 GSM 数字手机软件资料收集到计算机中，以备日后维修时调用。
⑤ 可解网络锁和安全锁。
⑥ 8 位特别号码（Special Code）解除。
⑦ IMEI（机身号）修复。
⑧ 通过修改 GSM 数字手机内部参数，开发数字手机潜在功能。

2. 天尔软件通功能举例

双击计算机桌面软件通快捷方式，进入维修软件的主界面，如图 7.80 所示。
摩托罗拉 T2688/T2988 软件修复界面，如图 7.81 所示。
① 双击"T2688/T2988 升级与解锁"选项，进入如图 7.82 所示的界面。

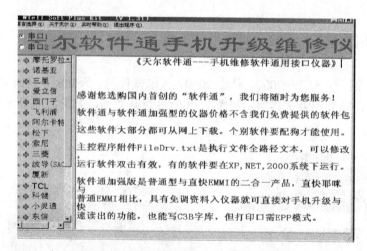

图 7.80　天尔软件通维修软件的主界面

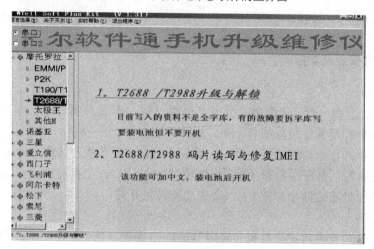

图 7.81　摩托罗拉 T2688/T2988 软件修复界面

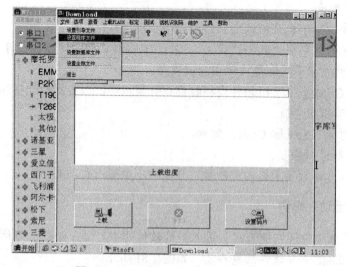

图 7.82　T2688/T2988 升级与解锁界面

② 设置数据库文件和程序文件后，单击"上载"按钮，即可完成字库写操作。
西门子 C35/S35 软件修复界面，如图 7.83 所示。

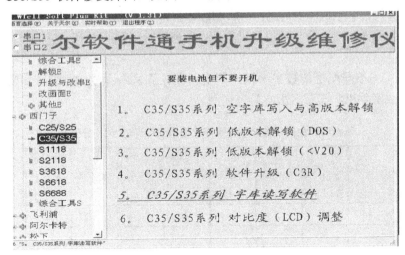

图 7.83　西门子 C35/S35 软件修复界面

① 双击"C35/S35 系列字库读写软件"选项，进入如图 7.84 所示的界面。

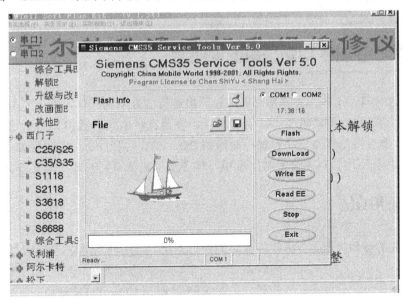

图 7.84　西门子 C35/S35 系列字库读写界面

② 在该界面中可以完成对数字手机字库信息（厂家型号和字库容量）的读出，对字库资料、码片资料的读写等操作。

7.8.2　使用实训

任课教师根据实际情况，选择合适的免拆机软件维修仪和数字手机机型，指导学生进行实训具体操作,并填表7.18。任课教师对学生的每项操作给出评分。

训练内容包括:①解网络锁;②读出锁机码;③调出数字手机数据;④数字手机软件升级;⑤将资料写入数字手机(重写码片资料和版本资料);⑥将正常的数字手机软件资料收集到计算机中;⑦修改 GSM 数字手机开机画面;⑧解除 8 位特别号码;⑨修复机身号;⑩进行铃声编辑等。

注意事项:①不同型号的数字手机,其资料在计算机中存放的位置和名称等有区别;②同一型号的数字手机,其资料版本号有区别。

表7.18 免拆机数字手机维修仪使用训练评测(10分制)

成绩\序号\机型	操作1	操作2	操作3	操作4	操作5	操作6	操作7	操作8	操作9	操作10
机型1										
机型2										
机型3										
机型4										
机型5										
测试人			用时				日期		教师签名	

7.9 数字手机多功能编程器的使用

LT—48,SP—48,UP—48 等是可以同计算机连接的万用编程器,由一个 48 线万能引脚驱动和一个扩展的 TTL 驱动组成。48 类多功能编程器自带微处理器和 FPGA,适用于所有的 DIP 封装 PLD 器件微处理器、高容量存储器和 BGA 封装的芯片。用多功能编程器配合计算机重新编写码片和字库资料来修复数字手机,但需要拆机取下码片和字库芯片。

7.9.1 使用方法

以 LT—48 的使用为例,介绍软件故障的处理方法。LT—48 编程器全套包括主机、电缆、电源线、数据盘、各类适配器、说明书和驱动程序及资料光盘。如图 7.85 所示是 LT—48 的外形。

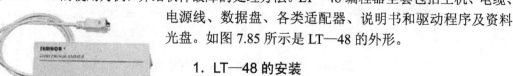

图 7.85 LT—48 的外形

1. LT—48 的安装

① 硬件安装。用电缆将 LT—48 与计算机打印机接口接好,将 LT—48 接上电源线,打开电源,LT—48 主机进行自检,然后工作指示灯(GOOD)点亮。

② 软件安装。打开计算机,将驱动程序及资料光盘放入光驱,双击"我的电脑",再双击光驱图标,然后双击"setup",选择安装路径,完成驱动软件的安装。

2. LT—48 的编程

（1）进入 LT—48 操作主界面

打开计算机，进入 Windows 界面，单击"开始"按钮，依次选择"程序"、"LABTOOL—48"，再单击"LABTOOL—48 FOR WINDOWS"，打开如图 7.86 所示的操作主界面。

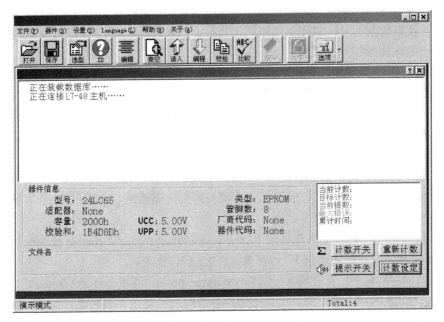

图 7.86　LT—48 操作主界面

（2）菜单说明

"打开"，将磁盘文件调入缓冲区；"保存"，将缓冲区内容存入磁盘文件中；"选型"，选择 IC 厂家及型号；"编辑"，修改缓冲区内容；"查空"，检查 IC 是否为空；"读入"，把 IC 内容读入缓冲区；"编程"，把缓冲区内容写入 IC；"校验"，IC 内容与缓冲区内容校验；"擦除"，擦除 IC 中的内容；"比较"，IC 内容与缓冲区内容比较。

（3）写版本（字库）过程（以爱立信 388 手机为例）

① 爱立信 388 手机版本（字库）为 Intel，E28F004BVB 为 TSOP40 脚封装，因此适配器选用 SDP—UNIV—40 与 TSOP48 适配座上下组合，将 IC 放入适配器中，检查第一脚（E28F004BVB 上大圆点所对应的脚）是否与 TSOP48 适配座上第一引脚（PIN —1）箭头所指位置一致，把带 E28F004BVB 的适配器插入 LT—48 插座并锁紧。

② 选厂家及型号。在计算机上用鼠标单击"选型"，此时应选择厂家和型号，有两种方法，一种是将光标先移到 Intel 厂家，再在 Intel 厂家内的所有芯片型号中选出 E28F004BVB，并单击"OK"按钮。另一种选择厂家和型号的方法是直接在键盘上输入"28F004"。将光标移到 E28F994BVB 位置，再单击"OK"按钮，即可选出相应的厂家以及型号。

③ 调文件。单击"打开"，找出 388 版本文件名为"388f"，将光标移到"388f"上，再单击"OK"按钮，即可选出要写入的文件。

④ 写程序。单击"编程"，编程器将缓冲区的内容写入 IC 内，LT—48 自动检测 IC 是否

正常，接触是否良好，指示出哪些引脚接触不良，若全部引脚都接触良好，将自动进行编程。如果 IC 内有内容，将显示"DEVICD IS NOT BLANK"，可以先清除后再重写。写码片的过程与写版本（字库）过程相似。

（4）新数据的收集

面对市场不断推出的新机型，用户必须把数字手机版本数据和码片数据通过软件维修仪收集到计算机内，以备后用。

① 将要收集数据的写码或版本用热风工具拆下，把引脚清洗干净，放在正确的适配器上并插在 LT—48 编程器插座上锁紧。

② 在 LT—48 主菜单中，单击"选型"，选择 IC 对象及型号。

③ 单击"读入"，将 IC 数据读入缓冲区。

④ 单击"保存"，按屏幕提示输入文件名存入计算机磁盘中。

⑤ 将 IC 焊回原处，即完成数据的收集过程。

（5）LT—48 操作注意事项

① 在读、写某 IC 时，如出现提示"Poor contact at pin x, xx!"，表明该 IC 的第 x, xx 脚与编程器插座接触不良，或该 IC 的第 x, xx 脚与内部电路断路。前者应把 IC 重新放好并重写；后者说明此 IC 已坏，即为废品。

② 在读、写某 IC 时，如出现提示"Device insertion error or damaged already!"，在确认 IC 与插座接触良好后一般表明该 IC 已受损，应把该 IC 作废。

③ 在读、写某 IC 时，如出现提示"Programmer power off disconnect from PC!"，应关掉编程电源，把 IC 从插座上拿下来，检查元器件各引脚之间是否存在短路，否则元器件多半已受损失，如某版本（Flash ROM）的 V_{pp} 应为 12V，而软件上标明是 5V（软件没问题，是指该 IC 有离线与在线两种烧录电压），后按键盘上的 F3 键，通过电压编辑功能将 V_{pp} 设为 12V，此故障消失，但此方法慎用，因为操作具备一定的盲目性，有可能烧坏元器件。

④ 在读、写某 IC 时，如出现提示"Power on programmer and check parallel port interface!"，应打开编程器电源，或检查计算机并行接口与编程器接口是否连接良好。特别注意，切忌带电插拔，在插计算机并行口与编程器接口的连线时，编程器的电源必须关闭，否则极有可能烧毁编程器的接口芯片；如使用打印口共享器，转换开关到编程器功能时，编程器的电源仍必须关闭。

⑤ 在读、写某 IC 时，如出现提示"Device ID unmatched, do you want to retry!"，表明所写 IC 与所选 IC 的型号或厂家不符，需要重新选择。当然，也有可能是元器件接触不良而导致此提示。在"终止"(A)、"重试"(R)、"忽略"(I)这三个选项中，第三项应慎用。例如，烧录一批 27C910，有 Intel，NEC，TI 等品牌，烧录中碰到上述提示时，可用"I"忽略，或用"F4"烧录编程功能，取消"Devicee ID check"（ID 检查）项即可；但碰到元器件型号不符、引脚接触不良或元器件有损等警告提示时，绝对禁用"I"来实现写出的功能，否则有可能导致元器件或编程器损坏。

7.9.2 使用实训

任课教师根据实际情况，选择合适的多功能编程器和数字手机机型，指导学生进行实训具体操作，包括写版本、写码片、新数据的收集等，并完成表 7.19。任课教师对学生的每个芯片操作给出评分。

表 7.19 读写版本、读写码片、新数据的收集训练评测

训练内容	芯片 1	芯片 2	芯片 3	芯片 4	芯片 5	芯片 6	芯片 7	芯片 8	芯片 9	芯片 10
芯片封装										
芯片标识										
芯片作用										
写入数据										
读出数据										
收集新数据										
成　绩										
测试人			用时		日期			教师签名		

注：每项正确完成后，在相应的表格内画"√"。

习题 7

1. 填空题

（1）集成电路（IC）内最容易集成的是_____，也能集成小于 1000pF 的电容，但不能集成电感和较大的组件，因此 IC 对外要有许多引脚，将那些_____连到引脚上，组成完整的电路。

（2）滤波电路的作用是让_____的信号顺利地通过，而将其他频段的信号衰减。从性能上可以分为_____（LPF）、_____（HPF）、_____（BPF）和带阻（BEF）4 种滤波器。

（3）当无 13MHz 基准时钟时，数字手机将_____。13MHz 基准时钟偏离正常值，数字手机将_____。

（4）电容器常见故障是开路失效、_____、漏电、介质_____增大和_____量减小。

（5）稳压块主要用于数字手机的各种_____电路，为数字手机正常工作提供稳定、大小合适的电压。

（6）IC 的封装形式各异，用得较多的表面安装 IC 的封装形式有_____（SOP）封装、_____（QFP）封装和_____（BGA）封装等。

（7）摩托罗拉转移卡可以将正常数字手机中的资料"_____"出来，然后再"_____"入故障数字手机，把故障机中_____改写成正确的资料。

2. 是非判断题（正确画 √，错误画 ×）

（1）在数字手机电路中，通常 μF 级的电容一般为有极性的电解电容，而 pF 级的电容器一般为无极性普通电容。（　　）

（2）在所有型号及品牌的手机电路中，都采用相同频率的时钟振荡电路，即 13MHz。（　　）

（3）在拆卸数字手机的元器件时，必须佩戴防静电手腕带，目的是不要弄脏元器件表面。（　　）

3. 选择题（将正确答案的序号填入括号内）

（1）打开某手机外壳时，发现某电阻器表面标有 102，则该电阻器的阻值为（　　）。
A．102Ω　　　　　B．102kΩ　　　　　C．1kΩ　　　　　D．10.2Ω

（2）打开某手机外壳时，发现某电容器表面标有"C3"字样，则该电容器的容量为（　　）。
A．1200pF　　　　B．1.2 pF　　　　　C．3 pF　　　　　D．1000pF

（3）用万用表进行电感的检测时，通常情况下，采用（　　）Ω挡测量电感器的阻值。
A．$R×1$　　　　B．$R×1k$　　　　C．$R×10k$　　　　D．任意

（4）为数字手机提供基准频率时钟电路的是（　　）。
A．稳压电路
B．射频电路
C．13MHz 晶体振荡电路
D．音频信号处理电路

（5）数字手机的时间显示是由（　　）产生的。
A．32.768MHz 的晶体
B．VCO 电路
C．13MHz 晶体振荡电路
D．变容二极管电路

4. 简答题

（1）列出数字手机维修时常用的工具和仪器。
（2）简述发射功率控制的工作原理。
（3）简述数字手机软件故障的常用维修方法有哪几种。
（4）简述 BGA 芯片植锡操作的方法。
（5）什么是数字手机指令秘诀？
（6）如何识别实时时钟电路？
（7）如何识别双工滤波器电路？
（8）中频滤波器有什么特点？
（9）如何识别功率放大器？
（10）在射频电路中微带线起什么作用？微带线耦合器起什么作用？
（11）如何简单判断受话器本身是否有故障？
（12）简述摩托罗拉维修卡的类型和作用。

5. 画图题

（1）画出五脚和六脚稳压块引脚排列图，标明各引脚的功能名称。
（2）定性画出 13MHz 基准时钟波形示意图，并说明在什么单元电路用到该时钟信号。

6. 计算题

（1）用 AT5010 频谱分析仪测量数字手机信号时，如某谱线高出基线三个大格，衰减器为 20dB，则该频率分量的幅度为多少分贝？
（2）对 32.768MHz 的晶体振荡电路进行多少分频，才能达到秒的数量级？

反侵权盗版声明

电子工业出版社依法对本作品享有专有出版权。任何未经权利人书面许可，复制、销售或通过信息网络传播本作品的行为，歪曲、篡改、剽窃本作品的行为，均违反《中华人民共和国著作权法》，其行为人应承担相应的民事责任和行政责任，构成犯罪的，将被依法追究刑事责任。

为了维护市场秩序，保护权利人的合法权益，我社将依法查处和打击侵权盗版的单位和个人。欢迎社会各界人士积极举报侵权盗版行为，本社将奖励举报有功人员，并保证举报人的信息不被泄露。

举报电话：（010）88254396；（010）88258888
传　　真：（010）88254397
E-mail：　dbqq@phei.com.cn
通信地址：北京市万寿路 173 信箱
　　　　　电子工业出版社总编办公室
邮　　编：100036